高等职业院校信息通信类规划教材

通信大数据

主　编　　刘红晶
副主编　　张璐恒　　张绍林
　　　　　翟　皓　　申　荣

北京邮电大学出版社
www.buptpress.com

内 容 简 介

本书是任务驱动式新形态立体化教材,是校企"双元"合作开发的教材。本书的编写目的主要是针对通信业务中存在的问题,通过可视化开发平台实现通信大数据分析,定位问题,提出优化方案。本书以通信数据分析为核心,以大数据平台和可视化工具为基础,结合实际通信场景精心设计任务。本书共9个学习任务,分别为通信大数据基础、常用算法与智能网优平台、重点区域人流监控大数据分析、热点区域大数据分析、职住地问题大数据分析、切换问题大数据分析、弱覆盖问题大数据分析、热门 App 业务质量大数据分析、高误包率问题大数据分析等,旨在帮助读者提升大数据背景下的通信数据分析能力。

本书将理论与实践紧密结合,可以较好地引导读者全方位、多角度、深层次地对通信数据进行探索。本书可以作为普通高等院校、职业院校相关课程的教材,也可以作为广大通信技术爱好者和相关从业人员的自学参考书。

图书在版编目（CIP）数据

通信大数据 / 刘红晶主编 . -- 北京：北京邮电大学出版社，2023.11
ISBN 978-7-5635-6936-6

Ⅰ.①通… Ⅱ.①刘… Ⅲ.①移动数据通信 Ⅳ.①TN929.5

中国国家版本馆 CIP 数据核字(2023)第 112144 号

策划编辑：彭　楠　　**责任编辑：**刘春棠　　**责任校对：**张会良　　**封面设计：**七星博纳

出版发行：北京邮电大学出版社
社　　址：北京市海淀区西土城路 10 号
邮政编码：100876
发 行 部：电话：010-62282185　传真：010-62283578
E-mail：publish@bupt.edu.cn
经　　销：各地新华书店
印　　刷：三河市骏杰印刷有限公司
开　　本：787 mm×1 092 mm　1/16
印　　张：18
字　　数：483 千字
版　　次：2023 年 11 月第 1 版
印　　次：2023 年 11 月第 1 次印刷

ISBN 978-7-5635-6936-6　　　　　　　　　　　　　　　　　　定价：49.00 元

前　　言

近年来,国家对通信行业给予大力的政策扶持,通信行业处于高速发展时期,固定资产投资增速持续加快,在网络运维上,对网络优化的投资比例逐步增大。随着移动通信行业的进一步发展及繁荣,网络优化成为网络部署及运营周期中的重要部分。

现如今,虽然移动通信网络发展良好,其覆盖范围日益增加,但是随之而来的话务密度不均匀以及动态频率不稳定现象不断加剧。这些问题的存在使得移动通信网络的用户通信质量受到严重影响,甚至还会出现失去连接的现象,这就会大大影响用户对通信公司的信任,进而导致通信企业的发展受到严重影响。因此,通信公司需要在日常的工作中,着重优化移动通信网络,为用户提供更高质量的通信服务。

在当前的网络优化工作中,由于 5G 网络的兴起,网络用户数增加,网络测试方面的数据不断增加,测试的场景不断增多,网络结构越来越复杂,测试分析工作量越来越大。数据集中化、数据关联、数据价值挖掘都离不开大数据。基于人力的分析效率低下且对分析人员的技能要求高,而利用大数据技术结合行业无线领域的经验可以让无线网优更智能、更高效。

本书是任务驱动式新形态立体化教材,主要是通过大数据技术对通信数据进行处理和分析,帮助解决以上通信问题。本书共 9 个学习任务,任务一和任务二是对通信大数据、常用算法与智能网优平台等的讲解。任务三到任务七以通信中存在的具体问题为案例,先对案例相关的理论知识进行讲解,然后进行算法设计,最后进行算法开发和实施。案例主要包括重点区域人流监控大数据分析、热点区域大数据分析、职住地问题大数据分析、切换问题大数据分析、弱覆盖问题大数据分析、热门 App 业务质量大数据分析、高误包率问题大数据分析。

位置数据与感知数据是通信大数据中非常有价值的数据,也是目前应用非常广泛的数据。特别说明的是,本书中的案例都源于企业收集的真实案例,我们对数据本身做了脱敏处理并对无效数据进行了剔除。重点区域人流监控大数据分析、热点区域大数据分析、职住地问题大数据分析是基于基站收集的信息,主要依赖 MR 数据和 S1-MME 数据进行的。切换问题大数据分析和弱覆盖问题大数据分析是主要依赖路测数据进行的,包括 DT 和 CQT 测试。热门 App 业务质量大数据分析和高误包率问题大数据分析是基于用户终端所收集的 MR 测试数据进行的,对各类特定的数据字段与数据类型进行优化与解析。

本书旨在帮助学生循序渐进地掌握通信大数据的分析,并能在完成任务的过程中将所学知识融会贯通,具体特点如下。

(1) 理实结合,实用性强

本书以提高学生的实践能力、创新能力、就业能力为目标,融"教""学""做"于一体,体现

"工学交替""任务驱动"的教学思路。每个任务层次清晰、结构合理,按照任务背景、任务描述、任务目标、知识图谱、知识准备、算法分析、任务实施、任务小结、巩固练习等环节详细展开,融知识讲解与技能训练于一体,有助于学生算法开发技能和问题分析能力的持续提高。

(2)校企合作,"双元"为王

本书由学校教师和企业工程师共同编写。书中所有任务均来自企业实际案例,并由高级工程师参与录制了微课程,体现了产教的深度融合和校企"双元"合作开发的精神。

(3)精选行业案例,分类解析实际应用

本书精选通信行业案例,引导读者理解任务场景,运用所学理论知识对重点区域问题、热点区域问题、职住地问题、热门 App 业务质量问题进行分析,不断激发学生的学习欲望,提高学生解决实际问题的能力。通过对不同原因引起的质差路段问题进行分析(如切换问题、弱覆盖问题、高误包率问题等),培养学生的发散性思维和多角度分析问题的能力。书中案例场景真实,分析透彻,优化方案具有一定的指导意义。

(4)配套资源丰富,呈现形式灵活

本书依托"大数据云平台"编写。为了方便教学,本书配有全套教学 PPT 课件、任务相关资料、实验数据资料以及结合知识点开发的有针对性的微课资源。这些资源既可以用于教师教学,也可以用于学生自学,为师生提供了极大的便利。凡选用本书的读者,均可登录北京邮电大学出版社官网 www.buptpress.com 下载配套资源。

本书由刘红晶担任主编,张璐恒、张绍林、翟皓、申荣担任副主编,由刘红晶统稿。

为了帮助读者更好地理解学习内容,在编写的过程中我们参阅了很多相关资料,在此表示感谢! 本书引用的资源版权归原作者所有,如有侵权,请联系编者删除,作者邮箱:yx992117603@163.com。

由于编者水平有限,书中难免存在疏漏之处,衷心希望广大读者批评指正,编者定当继续努力,臻于至善!

编 者

2023 年 3 月

目　　录

任务一　通信大数据基础 ··· 1

【任务背景】 ·· 1

【任务描述】 ·· 1

【任务目标】 ·· 1

【知识图谱】 ·· 2

【知识准备】 ·· 2

【任务小结】 ··· 37

【巩固练习】 ··· 37

任务二　常用算法与智能网优平台 ··· 39

【任务背景】 ··· 39

【任务描述】 ··· 39

【任务目标】 ··· 39

【知识图谱】 ··· 39

【知识准备】 ··· 40

【任务小结】 ··· 54

【巩固练习】 ··· 54

任务三　重点区域人流监控大数据分析 ·· 56

【任务背景】 ··· 56

【任务描述】 ··· 56

【任务目标】 ··· 56

【知识图谱】 ··· 57

【知识准备】 ··· 57

【算法分析】 ··· 69

【任务实施】 ··· 70

【任务小结】 ··· 90

【巩固练习】 ··· 90

任务四　热点区域大数据分析 ··· 91

【任务背景】 ··· 91

【任务描述】…………………………………………………………………………… 91

【任务目标】…………………………………………………………………………… 91

【知识图谱】…………………………………………………………………………… 92

【知识准备】…………………………………………………………………………… 92

【算法分析】…………………………………………………………………………… 103

【任务实施】…………………………………………………………………………… 105

【任务小结】…………………………………………………………………………… 117

【巩固练习】…………………………………………………………………………… 117

任务五　职住地问题大数据分析…………………………………………………… 119

【任务背景】…………………………………………………………………………… 119

【任务描述】…………………………………………………………………………… 119

【任务目标】…………………………………………………………………………… 119

【知识图谱】…………………………………………………………………………… 119

【知识准备】…………………………………………………………………………… 120

【算法分析】…………………………………………………………………………… 126

【任务实施】…………………………………………………………………………… 128

【任务小结】…………………………………………………………………………… 141

【巩固练习】…………………………………………………………………………… 141

任务六　切换问题大数据分析…………………………………………………… 142

【任务背景】…………………………………………………………………………… 142

【任务描述】…………………………………………………………………………… 142

【任务目标】…………………………………………………………………………… 142

【知识图谱】…………………………………………………………………………… 143

【知识准备】…………………………………………………………………………… 143

【算法分析】…………………………………………………………………………… 154

【任务实施】…………………………………………………………………………… 156

【任务小结】…………………………………………………………………………… 171

【巩固练习】…………………………………………………………………………… 171

任务七　弱覆盖问题大数据分析…………………………………………………… 173

【任务背景】…………………………………………………………………………… 173

【任务描述】…………………………………………………………………………… 173

【任务目标】…………………………………………………………………………… 173

【知识图谱】…………………………………………………………………………… 174

【知识准备】…………………………………………………………………………… 174

【算法分析】…………………………………………………………………………… 178

【任务实施】…………………………………………………………………………… 181

【任务小结】…………………………………………………………………………… 209

【巩固练习】⋯⋯⋯⋯⋯⋯⋯⋯⋯⋯⋯⋯⋯⋯⋯⋯⋯⋯⋯⋯⋯⋯⋯⋯⋯⋯⋯⋯⋯ 209

任务八　热门 App 业务质量大数据分析 ⋯⋯⋯⋯⋯⋯⋯⋯⋯⋯⋯⋯⋯ 210

【任务背景】⋯⋯⋯⋯⋯⋯⋯⋯⋯⋯⋯⋯⋯⋯⋯⋯⋯⋯⋯⋯⋯⋯⋯⋯⋯⋯⋯⋯⋯ 210

【任务描述】⋯⋯⋯⋯⋯⋯⋯⋯⋯⋯⋯⋯⋯⋯⋯⋯⋯⋯⋯⋯⋯⋯⋯⋯⋯⋯⋯⋯⋯ 210

【任务目标】⋯⋯⋯⋯⋯⋯⋯⋯⋯⋯⋯⋯⋯⋯⋯⋯⋯⋯⋯⋯⋯⋯⋯⋯⋯⋯⋯⋯⋯ 210

【知识图谱】⋯⋯⋯⋯⋯⋯⋯⋯⋯⋯⋯⋯⋯⋯⋯⋯⋯⋯⋯⋯⋯⋯⋯⋯⋯⋯⋯⋯⋯ 211

【知识准备】⋯⋯⋯⋯⋯⋯⋯⋯⋯⋯⋯⋯⋯⋯⋯⋯⋯⋯⋯⋯⋯⋯⋯⋯⋯⋯⋯⋯⋯ 211

【算法分析】⋯⋯⋯⋯⋯⋯⋯⋯⋯⋯⋯⋯⋯⋯⋯⋯⋯⋯⋯⋯⋯⋯⋯⋯⋯⋯⋯⋯⋯ 226

【任务实施】⋯⋯⋯⋯⋯⋯⋯⋯⋯⋯⋯⋯⋯⋯⋯⋯⋯⋯⋯⋯⋯⋯⋯⋯⋯⋯⋯⋯⋯ 228

【任务小结】⋯⋯⋯⋯⋯⋯⋯⋯⋯⋯⋯⋯⋯⋯⋯⋯⋯⋯⋯⋯⋯⋯⋯⋯⋯⋯⋯⋯⋯ 243

【巩固练习】⋯⋯⋯⋯⋯⋯⋯⋯⋯⋯⋯⋯⋯⋯⋯⋯⋯⋯⋯⋯⋯⋯⋯⋯⋯⋯⋯⋯⋯ 243

任务九　高误包率问题大数据分析 ⋯⋯⋯⋯⋯⋯⋯⋯⋯⋯⋯⋯⋯⋯⋯⋯ 244

【任务背景】⋯⋯⋯⋯⋯⋯⋯⋯⋯⋯⋯⋯⋯⋯⋯⋯⋯⋯⋯⋯⋯⋯⋯⋯⋯⋯⋯⋯⋯ 244

【任务描述】⋯⋯⋯⋯⋯⋯⋯⋯⋯⋯⋯⋯⋯⋯⋯⋯⋯⋯⋯⋯⋯⋯⋯⋯⋯⋯⋯⋯⋯ 244

【任务目标】⋯⋯⋯⋯⋯⋯⋯⋯⋯⋯⋯⋯⋯⋯⋯⋯⋯⋯⋯⋯⋯⋯⋯⋯⋯⋯⋯⋯⋯ 244

【知识图谱】⋯⋯⋯⋯⋯⋯⋯⋯⋯⋯⋯⋯⋯⋯⋯⋯⋯⋯⋯⋯⋯⋯⋯⋯⋯⋯⋯⋯⋯ 245

【知识准备】⋯⋯⋯⋯⋯⋯⋯⋯⋯⋯⋯⋯⋯⋯⋯⋯⋯⋯⋯⋯⋯⋯⋯⋯⋯⋯⋯⋯⋯ 245

【算法分析】⋯⋯⋯⋯⋯⋯⋯⋯⋯⋯⋯⋯⋯⋯⋯⋯⋯⋯⋯⋯⋯⋯⋯⋯⋯⋯⋯⋯⋯ 254

【任务实施】⋯⋯⋯⋯⋯⋯⋯⋯⋯⋯⋯⋯⋯⋯⋯⋯⋯⋯⋯⋯⋯⋯⋯⋯⋯⋯⋯⋯⋯ 256

【任务小结】⋯⋯⋯⋯⋯⋯⋯⋯⋯⋯⋯⋯⋯⋯⋯⋯⋯⋯⋯⋯⋯⋯⋯⋯⋯⋯⋯⋯⋯ 271

【巩固练习】⋯⋯⋯⋯⋯⋯⋯⋯⋯⋯⋯⋯⋯⋯⋯⋯⋯⋯⋯⋯⋯⋯⋯⋯⋯⋯⋯⋯⋯ 271

参考文献 ⋯⋯⋯⋯⋯⋯⋯⋯⋯⋯⋯⋯⋯⋯⋯⋯⋯⋯⋯⋯⋯⋯⋯⋯⋯⋯⋯⋯⋯⋯ 272

附录　智能网优关键参数 ⋯⋯⋯⋯⋯⋯⋯⋯⋯⋯⋯⋯⋯⋯⋯⋯⋯⋯⋯⋯⋯⋯ 273

任务一 通信大数据基础

【任务背景】

5G 的到来加快了移动通信产业链的重构,越来越多的企业成为移动通信产业的重要组成部分。以基础通信运营商为核心的移动通信技术服务市场和增值移动电信业务服务市场不断发展壮大,并由此带来人才需求的大幅增加。目前,国内 5G 网络已实现大规模商用,由此带来了大量的网络优化工作需求。随着 5G 的技术变革,中国三大电信运营商相继提出了新时代网络运维管理中心云网融合的架构要求,对网络优化人员的编程能力和大数据分析能力的要求越来越高。作为新一代的通信人,我们要传承红色通信精神,发扬艰苦奋斗的拼搏精神,勇当网络强国、数字中国、智慧社会主力军。

【任务描述】

本任务主要包含 4 个方面的内容,分别为 5G 网络概述、智能网优关键指标、通信数据源基础以及大数据关键组件。通过对本任务的学习,学生应掌握智能网优关键指标、通信数据源和大数据关键组件的相关知识,对通信大数据有宏观的认识。

【任务目标】

- 理解 5G 网络的主要性能指标;
- 理解智能网优的关键参数和指标;
- 理解通信数据源数据种类;
- 了解大数据关键组件及其原理;
- 具备通过性能指标判断 5G 网络性能的能力;
- 具备获取通信数据源的能力。

【知识图谱】

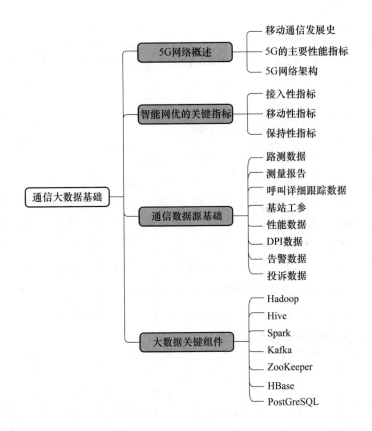

【知识准备】

一、5G 网络概述

（一）移动通信发展史

第一代移动通信系统(1G)出现于 20 世纪 80 年代,是最早的仅限语音业务的蜂窝电话标准,使用的是模拟通信系统。1978 年,美国贝尔实验室开发了先进移动电话业务（AMPS）系统,这是第一个真正意义上具有随时随地通信能力的大容量蜂窝移动通信系统。AMPS 采用频率复用技术,可以保证移动终端在整个服务覆盖区域内自动接入公用电话网,具有更大的容量和更好的语音质量,很好地解决了公用移动通信系统所面临的大容量要求与频谱资源限制的矛盾。20 世纪 80 年代中期,欧洲和日本也纷纷建立了自己的蜂窝移动通信网络,这些蜂窝移动通信网络主要包括英国的 ETACS 系统、北欧的 NMT-450 系统、日本的 NTT/JTACS/NTACS 系统等。

第二代移动通信系统(2G)开始于 20 世纪 80 年代末并完成于 20 世纪 90 年代末,1992 年第一个全球移动通信系统(GSM)开始商用。第二代移动通信系统主要采用的是数字的时分多址(TDMA)技术和码分多址(CDMA)技术,与之对应的是全球主要有 GSM 和 CDMA 两种体制。

第三代移动通信系统(3G)开始于 20 世纪 90 年代末,是支持高速数据传输的蜂窝移动通信系统。第三代数字蜂窝移动通信业务的主要特征是可提供移动宽带多媒体业务,其中高速移动环境下支持 144 kbit/s 速率数据传输,步行和慢速移动环境下支持 384 kbit/s 速率数据传输,室内环境下支持 2 Mbit/s 速率数据传输,并保证高可靠服务质量(QoS)。第三代数字蜂窝移动通信业务包括第二代蜂窝移动通信可提供的所有的业务类型和移动多媒体业务。第三代移动通信系统采用码分多址技术,基本形成了三大主流技术,包括 WCDMA(宽带码分多址)、CDMA2000 和 TD-SCDMA(时分同步码分多址)。WCDMA 是基于 GSM 发展而来的3G 技术规范,是由欧洲提出的宽带 CDMA 技术。CDMA2000 是由 CDMA IS-95 技术发展而来的宽带 CDMA 技术,由美国高通公司为主导提出。TD-SCDMA 是由中国制定的 3G 标准,由中国原邮电部电信科学技术研究院(大唐电信)提出。

第四代移动通信系统(4G)出现于 2010 年代,能提供更高的下载速率。4G 使用了正交频分复用(OFDM)调制技术以及多进多出(MIMO)多天线技术,能充分提高频谱效率和系统容量。根据双工方式的不同,LTE 系统又分为 FDD(频分双工)-LTE 和 TD(时分双工)-LTE。二者最大的区别在于上下行通道分离的双工方式,FDD-LTE 上下行采用频分方式,TD-LTE 则采用时分的方式。除此之外,FDD-LTE 和 TD-LTE 采用了基本一致的技术。

第五代移动通信系统(5G)出现于 2016 年,3GPP 在 3GPP 技术规范组(Technical Specifications Groups,TSG)第 72 次全体会议上就 5G 标准的首个版本——Rel-15 的详细工作计划达成一致。2020 年第一季度,Rel-16 版本冻结;2020 年第二季度,Rel-16 ASN.1 版本发布,如图 1-1 所示。2021 年,中国累计建成并开通 5G 基站超过 142.5 万个,5G 手机终端连接数达到 5.2 亿。

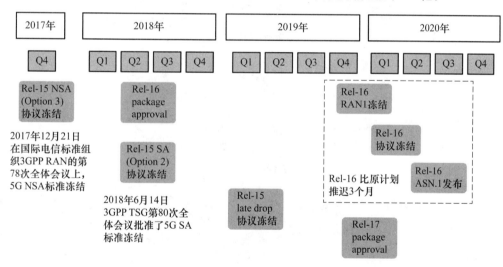

图 1-1　5G 协议标准规划路线

(二)5G 的主要性能目标

国际电信联盟(ITU)使用 8 个指标维度的雷达图来表征 5G 的主要性能指标,如图 1-2 所示。

ITU 还确定了 5G 应适应以下三大主要应用场景:增强型移动宽带(enhanced Mobile BroadBand,eMBB)、超高可靠低时延通信(ultra Reliable & Low Latency Communication,uRLLC)和大规模机器类通信(massive Machine Type of Communication,mMTC)。增强型移动宽带主要聚焦移动通信,超高可靠低时延通信用于自动驾驶和远程医疗,大规模机器类通信用于物联网。三大应用场景的典型业务如图 1-3 所示。

1. 增强型移动宽带

在现有移动宽带业务场景的基础上,对用户体验等性能进行进一步提升,能提供超过

100 Mbit/s的用户体验速率,可以为无线连接、大规模视频流和虚拟现实提供高带宽互联网接入。

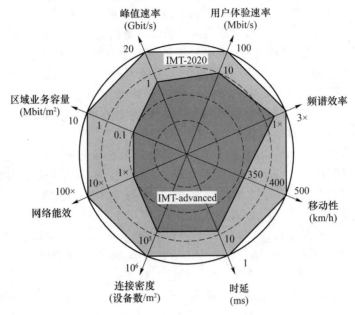

图 1-2　5G 的主要性能指标

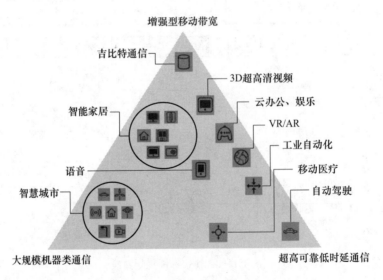

图 1-3　三大应用场景的典型业务

2. 超高可靠低时延通信

可以为 latency 0(执行时间)敏感的联网设备提供多种先进服务,如工厂自动化、自动驾驶、工业互联网、智能电网或机器人手术;要求非常低的时延和极高的可靠性,在时延方面要求空口达到 1 ms 量级,在可靠性方面要求高达 99.999%。

3. 大规模机器类通信

支持海量终端,其特点是低功耗、大连接、低成本等,主要应用包括智慧城市、智能家居、环境监测等。为此,需要引入新的多址接入技术,优化信令流程和业务流程。

三大应用场景对 5G 网络性能指标的要求各有差异,如图 1-4 所示。

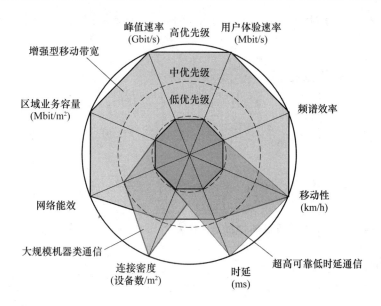

图 1-4　三大应用场景对 5G 性能指标的要求

（三）5G 网络架构

为了更好地支持典型应用场景下的不同业务需求,5G 网络中的无线侧与核心网侧架构均发生了较大的变化。基于用户面与控制面独立的原则,更灵活的网络节点已成为 5G 网络架构中最核心的理念。5G 网络架构如图 1-5 所示。

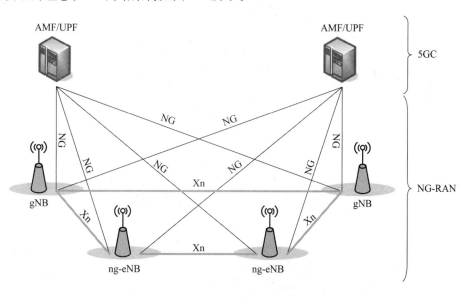

图 1-5　5G 网络架构

在图 1-5 中,NG-RAN 代表 5G 接入网,5GC 代表 5G 核心网。

在 NG-RAN 中,节点只有 gNB(5G 基站)和 ng-eNB(4G 基站支持 eLTE 和 5G 核心网对接)。gNB 负责向用户提供 5G 控制面和用户面功能;根据组网选项的不同,还可能包含 ng-eNB,其负责向用户提供 4G 控制面和用户面功能。

5GC 采用用户面和控制面分离的架构,其中 AMF 是控制面的接入和移动性管理功能,UPF 是用户面的转发功能。

NG-RAN 和 5GC 通过 NG 接口连接，gNB 和 ng-eNB 通过 Xn 接口（NG-RAN node 之间互联）相互连接。

二、智能网优的关键指标

（一）接入性指标

1. 无线接通率

（1）指标定义

$$无线接通率＝RRC（无线资源控制）连接建立成功率×$$
$$E\text{-}RAB（演进的无线接入承载）建立成功率×100\%$$

该指标反映 UE 成功接入网络的性能，一般大于 98% 即处于比较良好的水平。

（2）信令流程

图 1-6 为接入流程信令图。

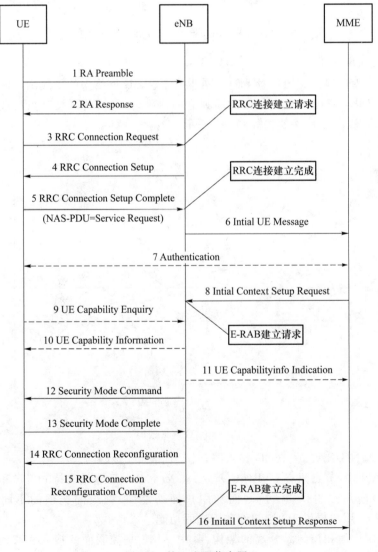

图 1-6　接入流程信令图

（3）分析思路

该指标由 RRC 连接建立成功率以及 E-RAB 建立成功率组合而成，所以要从这两个指标着手分析，以提升无线接通率。

2. RRC 连接建立成功率

（1）指标定义

RRC 连接建立成功率＝RRC 连接建立成功次数/RRC 连接建立请求次数×100%

当处于空闲模式（RRC_IDLE）下的 UE 收到非接入层请求建立信令连接时，UE 将发起 RRC 连接建立过程。收到 RRC 连接建立请求之后 eNB 决定是否建立 RRC 连接。该指标反映 eNB 或者小区的 UE 接纳能力，RRC 连接建立成功意味着 UE 与网络建立了信令连接。RRC 连接建立有两种情况：一种为与业务相关的 RRC 连接建立；另一种为与业务无关（如位置更新、系统间小区重选、注册等）的 RRC 连接建立。

（2）信令流程

图 1-7 为 RRC 连接建立流程图。

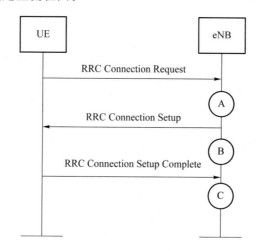

图 1-7　RRC 连接建立流程图

（3）影响指标的因素及优化思路

① 设备故障。

优化手段：加大对全网设备故障、传输故障告警的监控力度及故障的排查力度。

② 终端问题。

优化手段：通过信令采集等手段对比 TOP 终端性能。

③ 空口信号质量。

优化手段：天馈优化，覆盖优化，提升 RSRP、SINR 等。

④ 网络容量。

优化手段：调整小区下最大接入用户数。

⑤ 参数设置。

优化手段：优化最小接收电平、小区选择参数、小区重选参数、4-3 重选参数、邻区核查等。

⑥ 网内网外干扰。

优化手段：对于网外干扰，如 CDMA、WCDMA、TDS 等，可通过扫频确定干扰、提升与 TDL 间隔度等手段来尽量避免干扰；在政府会议、学校考试等放置干扰器的场景中，则采取锁小区等手段来降低对指标的影响。对于网内干扰,可核查 PCI,减少由 PCI MOD3、MOD6 干扰导致的 RRC 连接建立失败。

⑦ 室内外优化。

优化手段:通过路测等手段检查室分泄露,降低由室分泄露导致的乒乓重选或干扰导致的 RRC 连接建立失败。

3. E-RAB 建立成功率

(1) 指标定义

$$E\text{-RAB 建立成功率} = E\text{-RAB 建立成功数}/E\text{-RAB 建立请求数} \times 100\%$$

通过 E-RAB 建立过程,网络成功为用户分配用户面连接,使用户可以进行业务应用。

(2) 信令流程

图 1-8 为 E-RAB 建立流程图。

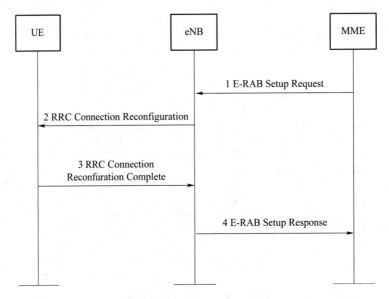

图 1-8　E-RAB 建立流程图

(3) 影响指标的因素及优化思路

① 设备故障。

优化手段:加大对全网设备故障、传输故障告警的监控力度及故障的排查力度。

② 终端问题。

优化手段:通过信令采集等手段对比 TOP 终端性能。

③ 空口信号质量。

优化手段:天馈优化、覆盖优化、提升 RSRP、SINR 等。

④ 参数设置。

优化手段:调整 3-4 重定向、4-4G 宏站-室分重选参数、4-3G 重选参数、4-3G 重定向参数,核查修改 PCI 等。

⑤ 网内网外干扰。

优化手段:与 RRC 连接建立成功率优化手段相同。

⑥ 室内外优化。

优化手段:与 RRC 连接建立成功率优化手段相同。

(二)移动性指标

1. 切换成功率

(1)指标定义

切换成功率＝(S1 切换成功次数＋X2 切换成功次数＋小区内切换成功次数)/

(S1 切换尝试次数＋X2 切换请求次数＋小区内切换请求次数)×100％

切换(Handover)是移动通信系统的一个非常重要的功能。作为无线链路控制的一种手段,切换能够使用户在穿越不同的小区时保持连续的通话。切换成功率是所有原因引起的切换成功次数与所有原因引起的切换请求次数的比值。切换的主要目的是保障通话的连续性,提高通话质量,减少网内越区干扰,为 UE 用户提供更好的服务。

(2)信令流程

① 基站内小区间切换信令流程如图 1-9 所示。

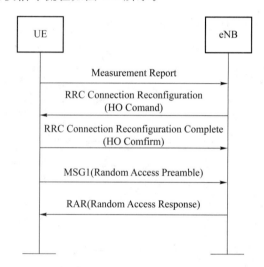

图 1-9　基站内小区间切换信令流程

② 基站间 X2 切换信令流程如图 1-10 所示。

③ 基站间 S1 切换信令流程如图 1-11 所示。

(3)影响指标的因素及优化思路

① 设备故障。

优化手段:加大对全网设备故障、传输故障告警的监控力度及故障的排查力度。

② 终端问题。

优化手段:通过信令采集等手段对比 TOP 终端性能。

③ 空口信号质量。

优化手段:天馈优化,覆盖优化,提升 RSRP、SINR,梳理切换关系等。

④ 参数核查。

优化手段:优化同频测量、异频测量、切换判决参数、小区下最小接入电平等参数。

⑤ 邻区优化。

优化手段:定期核查 X2 告警、冗余邻区,对切换基数较小但失败次数较多的邻区进行增删,或者禁止切换,核查邻区中是否有同 PCI 邻区等。

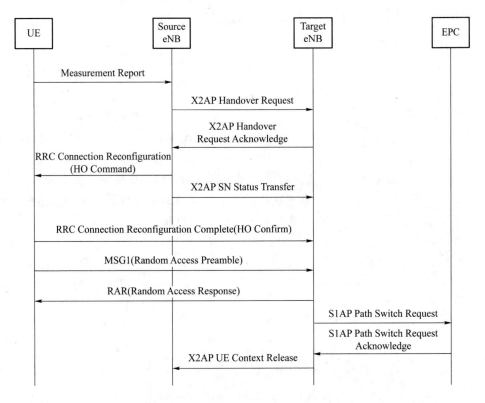

图 1-10　基站间 X2 切换信令流程

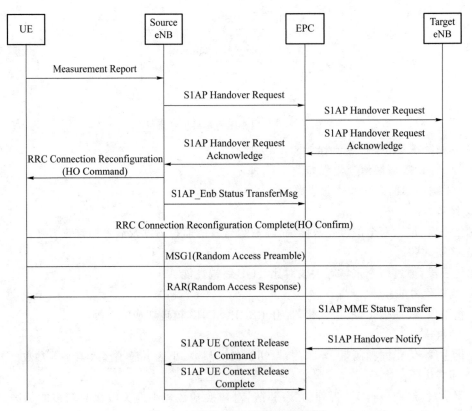

图 1-11　基站间 S1 切换信令流程

⑥ 网内外干扰。

优化手段：对于网外干扰，如 CDMA、WCDMA、TDS 等，可通过扫频确定干扰、提升与 TDL 间离度等手段来尽量避免干扰；在政府会议、学校考试等放置干扰器的场景中，则采取锁小区等手段来降低对指标的影响。对于网内干扰，可核查 PCI，减少因 PCI MOD3、MOD6 干扰导致的切换失败等。

⑦ 室内外优化。

优化手段：根据室分场景进行室内外切换测量、判决、触发时延等参数的精细化调整。

（三）保持性指标

1. 无线掉线率

（1）指标定义

无线掉线率＝eNB 异常请求释放上下文数/初始上下文建立成功次数×100%

该指标指示了 UE Context 异常释放的比例。异常请求释放上下文数通过 UE Context Release Request 中包含异常原因的消息个数统计；初始上下文建立成功，意味着 UE 和 MME 之间已经协调好了数据传输通道。

（2）信令流程

图 1-12 为终端释放信令图。

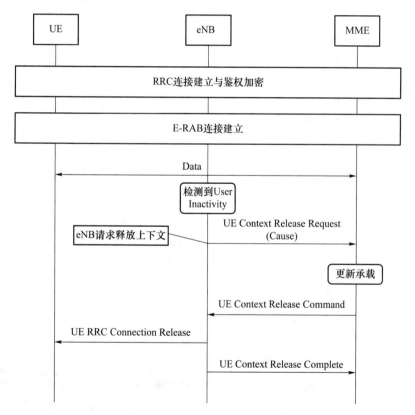

图 1-12　终端释放信令图

（3）影响指标的因素及优化思路

① 设备故障。

优化手段：加大对全网设备故障、传输故障告警的监控力度及故障的排查力度。

② 终端问题。

优化手段:通过信令采集等手段对比 TOP 终端性能。

③ 空口信号质量。

优化手段:通过天馈优化、覆盖优化以及提升 RSRP、SINR 等手段减少因无线环境等因素造成的掉线。

④ 拥塞。

优化手段:调整最小接入电平,调整小区下最大用户数,扩容。

⑤ 参数设置。

优化手段:对小区选择、小区重选、UE 定时器等参数进行优化调整。

⑥ MOD3、MOD6 干扰优化。

优化手段:核查 PCI,避免 PCI 对打、邻区中有相同的 PCI 等。

三、通信数据源基础

通信数据源包含路测(Drive Test,DT)数据、测量报告(MR)、呼叫详细跟踪(Call Detail Trace,CDT)数据、基站工参、性能数据、深度包检测(DPI)数据、告警数据、投诉数据。

(一)路测数据

1. 什么是路测?

① 路测:利用路测仪器采集电平、质量等网络数据,通过分析这些数据发现网络问题,进而针对问题区域做网络优化。路测是无线网络优化的重要组成部分。

② 路测主要用于获得以下数据:

- 服务小区信号强度、业务质量;
- 邻小区的信号强度及信号质量;
- 接入及移动性相关信令过程(重选、切换、重定向)、成功率、时延等,以及相关小区标识码、区域识别码;
- 业务建立成功率、掉线/掉话率、业务质量(如数据速率、接入时延等);
- 手机所处的地理位置信息。

③ 路测的作用主要是网络质量的评估和无线网络的优化。

- 全网关键指标评估;
- 检查网络覆盖质量;
- 定位网络的问题,查找异常事件原因,并进行调整效果对比测试;
- 对小区设置参数进行实地验证;
- 提升业务质量,保证用户体验。

2. 路测的测试指标

路测的测试指标分为 LTE 网络质量和 LTE 用户感知两类。LTE 网络质量又分为 5 类,分别为覆盖、干扰、CSFB、移动性、LTE 速率。网络质量指标并不能全面地反映用户体验,可能出现网络质量评价好但用户体验差的情况。良好的用户感知是运营商吸引用户的关键。路测数据可以统计用户感知类相关指标,真实地反映用户体验。

3. 路测数据的内容

(1) GPS 信息与时间信息

① GPS 信息:Longitude、Latitude、Altitude、Speed。

② 时间信息：日期、时、分、秒、毫秒。

（2）参数信息

① 服务小区参数、UE 状态参数、邻区参数。

② 基本测量参数：RSRP、RSRQ、RS-SINR、TxPower、BLER 等。

③ 业务测量参数：数据速率等。

（3）信令消息

① RRC 层信令：Attach、RRC 连接建立、RRC 重配置（E-RAB 建立、MR、切换等）。

② NAS 消息：如服务请求、Disconnect、Connect 等。

③ 系统消息：SIB3、SIB5、SIB7、SIB11 等。

（4）事件标签

① 测试过程记录信息：如 HTTP 测试开始、测试结束等。

② 事件记录信息：如主页面打开、视频开始播放等。

4. 路测采集设备

路测采集设备分为车载设备和便携设备两种，如图 1-13 和图 1-14 所示。

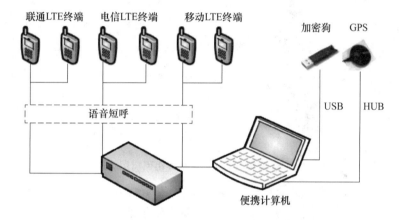

图 1-13　路测采集的车载设备

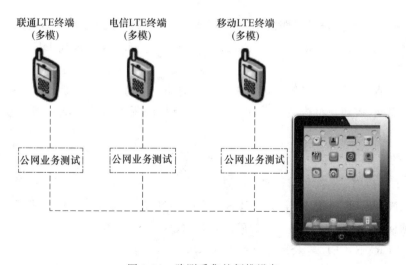

图 1-14　路测采集的便携设备

(二)测量报告

测量报告(MR)主要来自 UE 和 eNB 的物理层、RLC 层以及在无线资源管理过程中计算产生的测量报告。根据 MR 触发方式的不同,MR 分为周期性触发的 MRO 和事件触发的 MRE。周期触发的测量数据写入 MRO 文件,事件触发的测量数据写入 MRE 文件,统计计算的测量数据写入 MRS 文件。

1. MR 数据采集

MR 任务的下发和配置涉及多个网元及软件,其中硬件包括 EPC、EMS(OMMB)、eNB、UE 等,软件包括 Receiver、NDS 等,如图 1-15 所示。

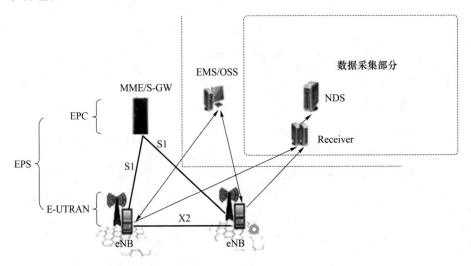

图 1-15　MR 数据采集组网简图

① Receiver(数据采集服务器):收集 CDT、MR、Trace、MDT 等网络数据。

② NDS(数据服务器):主要提供北向接口,提供符合规范的数据。

2. 数据周期

① eNB 或 UE 测量采样周期:eNB 或 UE 对某个测量数据进行测量的周期。该周期可以为 ms2048、ms5120、ms10240、min1、min6、min12、min30、min60,eNB 或 UE 按要求实现对相应数据的测量。

② 统计周期:生成测量报告统计的周期。该周期一般为 15 min 或 15 min 的整数倍。

③ 上报周期:将测量报告统计通过北向接口上报的周期。该周期一般为统计周期的整数倍。

3. MR 的采集项内容

① CELL_LOAD:小区负荷信息。

② EVENT_LTE_MR_INFO/EVENT_GERAN_MR_INFO/EVENT_UTRAN_MR_INFO:事件性测量信息上报(分别为 LTE/GERAN/UTRAN 事件)。

③ UE_SERVE_CELL_RSRP:服务小区 RSRP 信息上报。

④ UE_SERVE_CELL_RSRQ:服务小区 RSRQ 信息上报。

⑤ UE_RxTx_TIME_DIFF:UE 收发时间差上报。

⑥ UE_LTE_NEIGH_CELL_MEAS：UE 所在服务小区的系统内邻区测量，包含同频邻区、异频邻区、未定义邻区等。

⑦ UE_GERAN_NEIGH_CELL_MEAS：UE 所在服务小区的 GERAN 邻区测量。

⑧ UE_UTRAN_NEIGH_CELL_MEAS：UE 所在服务小区的 UTRAN 邻区测量。

⑨ CELL_UL_PDCP_PLR：服务小区 PDCP 上行丢包率。

⑩ CELL_DL_PDCP_PLR：服务小区 PDCP 下行丢包率。

⑪ UE_REAB_TPUT：UE 所承载的流量信息。

⑫ CELL_RECV_INTER_POWER：上行接收的干扰功率，为一个物理资源块（PRB）带宽上的干扰功率，包括热噪声。

⑬ UE_PHR：UE 相对于配置的最大发射功率的余量。

⑭ UE_AOA：天线到达角，一个用户相对于参考方向的估计角度。

⑮ UE_UL_SINR：小区所有用户的上行信噪比。

⑯ UE_UL_DL_BLER：UE 对应 UL 和 DL 的 BLER 统计。

⑰ UE_UL_DL_MCS：UE 对应 UL 和 DL 的 MCS 统计。

⑱ UE_UL_DL_TM：UE 对应 DL 的 TM 统计。

⑲ UE_TIME_ADVANCE：UE 的 Time Advance 信息。

（三）呼叫详细跟踪数据

呼叫详细跟踪（CDT）是一个事前型的实时跟踪工具，信息记录由用户呼叫触发，通过跟踪、采集全面的用户信息，进行网规网优，处理用户投诉，分析故障原因。

1. CDT 相对于路测的优势

CDT 采集设备侧记录手机呼叫过程中的详细数据，包括各种手机信息和内部处理过程的信息，并在呼叫过程结束或掉话时保存记录。CDT 相对于路测有明显的优势。

① CDT 原始数据全部来自实际发生的话务，CDT 比路测和定点测试分布范围广，数据更准确。

② CDT 不受地理位置的限制，对复杂地形的测量效果更佳。

③ CDT 可长期、定点、定时进行监控测试。

④ CDT 可在获得数据后立即对数据进行分析，实时性好。

⑤ CDT 的初始配置和运行费用相对较低。

CDT 所采集的呼叫记录等各种数据可被用于处理用户投诉，统计小区业务、异常呼叫。其特点是全网采集、事先采集，避免用户投诉时才开始跟踪，从而可以获得故障发生时的情况。

2. CDT 数据采集

图 1-16 为 CDT 数据采集组网简图。

3. CDT 数据字段说明

表 1-1 所示为 UE In Cell 下所有 UE 测量的 CDT 数据统计。

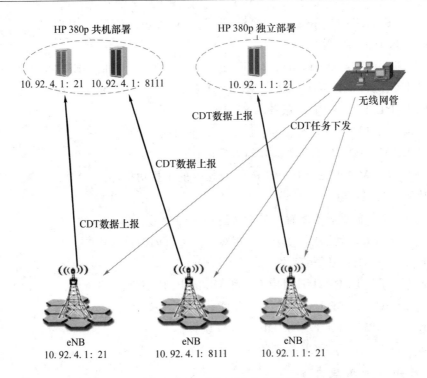

图 1-16　CDT 数据采集组网简图

表 1-1　UE In Cell 下所有 UE 测量的 CDT 数据统计

含义	适配 BPL 类型	适配制式	操作说明
SETUP_INFO	BPL0/BPL1	FDD/TDD	记录 UE 建立过程中的关键信息,将其用于用户接入状态以及整个网络中用户接入性能等的分析
RELEASE_INFO	BPL0/BPL1	FDD/TDD	记录 UE 释放掉话率过程中的关键信息,将其用于用户释放掉话率状态以及整个网络中用户释放掉话率原因等的分析
HANDOVER_INFO	BPL0/BPL1	FDD/TDD	记录 UE 切换过程中的关键信息,将其用于用户切换状态以及整个网络中用户切换等的分析
EVENT_MR_INFO	BPL0/BPL1	FDD/TDD	记录 UE 测量报告中的关键信息,将其用于分析用户服务小区及邻区的信号质量、移动性相关动作等
PERIOD_FREQ_MR_INFO	BPL0/BPL1	FDD/TDD	记录 LTE 小区的周期性测量信息,包括服务小区和 LTE 系统内邻区
RLF_INFO	BPL0/BPL1	FDD/TDD	记录 LTE 小区内 UE 上报的 RLF(无线链路失败)信息,分析发生 RLF 事件的类型
UE_CAPABILITY_INFO	BPL0/BPL1	FDD/TDD	记录 UE 上报的 EUTRAN 能力信息
ERAB_INFO	BPL0/BPL1	FDD/TDD	记录增加的 E-RAB 建立、修改、释放过程中的关键信息,将其用于分析业务相关内容
CELL_THROUGHPUT_INFO	BPL0	FDD	小区下用户面的流量统计,仅 BPL0 用户面上报
DL_CELL_UE_REL_INFO	BPL0	FDD	下行小区 UE 释放信息统计,仅 FDD BPL0 CMAC 上报

含义	适配 BPL 类型	适配制式	操作说明
UL_CELL_UE_REL_INFO	BPL0	FDD	上行小区 UE 释放信息统计,仅 FDD BPL0 CMAC 上报
DL_CELL_UE_RA_INFO	BPL0	FDD	下行小区 UE 随机接入信息统计,仅 FDD BPL0 CMAC 上报
UL_CELL_UE_RA_INFO	BPL0	FDD	上行小区 UE 随机接入信息统计,仅 FDD BPL0 CMAC 上报
DL_CELL_UE_MSG3_FAILURE	BPL0	FDD	下行小区 UE 发送 MSG3 失败信息统计,仅 FDD BPL0 CMAC 上报

表 1-2 为指定 IMSI、GID 测量的 CDT 数据。

表 1-2　指定 IMSI、GID 测量的 CDT 数据

含义	适配 BPL 类型	适配制式	操作说明
SETUP_INFO	BPL0/BPL1	FDD/TDD	记录 UE 建立过程中的关键信息,将其用于用户接入状态以及整个网络中用户接入性能等的分析
RELEASE_INFO	BPL0/BPL1	FDD/TDD	记录 UE 释放掉话率过程中的关键信息,将其用于用户释放掉话率状态以及整个网络中用户释放掉话率原因等的分析
HANDOVER_INFO	BPL0/BPL1	FDD/TDD	记录 UE 切换过程中的关键信息,将其用于用户切换状态以及整个网络中用户切换等的分析
EVENT_MR_INFO	BPL0/BPL1	FDD/TDD	记录 UE 测量报告中的关键信息,将其用于分析用户服务小区及邻区信号质量、移动性相关动作等
ERAB_INFO	BPL0/BPL1	FDD/TDD	记录增加的 E-RAB 建立、修改、释放过程中的关键信息,将其用于分析业务相关内容

(四) 基站工参

基站天线的各个工程参数(简称工参):经纬度、海拔高度、挂高、方位角、机械下倾角等都是基站维护、网络优化中的重要参数。基站天线的工程参数异常会导致话务质量下降,带来众多用户投诉,严重影响用户的 QoE。

表 1-3 为基站工参字段说明。

表 1-3　基站工参字段说明

字段名	类型	字段含义
province	string	省
city	string	市
district	string	区
covertype	string	覆盖类型
enodebname	string	基站名称

字段名	类型	字段含义
enodebid	int	基站 ID
enodebtype	string	基站类型
enodeblon	double	基站经度
enodeblat	double	基站纬度
mcc	string	移动国家号码
mnc	string	移动网络号码
cellname	string	小区名称
cid	int	该参数表示 EUTRAN 小区的小区标识, 该小区标识和 eNB ID 组成 EUTRAN 小区标识, EUTRAN 小区标识加上 PLMN 组成 ECGI,取值范围为 0～255
celltype	string	小区类型
celllon	double	小区经度
celllat	double	小区纬度
active	int	是否激活
tac	int	TAC
height	double	挂高
azimuth	double	方位角
antenna	string	天线
antennagain	double	天线增益
hbwd	double	水平波瓣角
vbwd	double	垂直波瓣角
mechanicaldowntilt	double	机械下倾角
electricaldowntilt	double	电子下倾角
pci	int	物理小区标识,取值范围为 0～503
coverageradius	int	覆盖半径
covercharacter	string	覆盖特性:0 表示室分站,1 表示室外站
pcigroupid	int	PCI 组 ID
eutraband	int	频段
dlband	double	下行频点
dlfrequency	double	下行频率
ulband	double	上行频点
ulfrequency	double	上行频率
maxpower	double	最大功率
celltransmitpower	double	小区传输功率
vendor	string	厂家
areatype	string	覆盖区域类型:0 表示非城市,1 表示现代城区, 2 表示县城,3 表示郊区,4 表示农村
coverroadtype	string	覆盖道路类型:0 表示无,1 表示市区,2 表示县城,3 表示高铁,4 表示高速, 5 表示铁路,6 表示地铁,7 表示航道,8 表示国道,9 表示省道,10 表示县道

（五）性能数据

1. 数据周期

数据周期按照时间统计粒度分为 15 分钟粒度、60 分钟粒度、24 小时粒度、周粒度、月粒度。

2. 关键指标

（1）保持性指标

保持性指标主要包括 E-RAB 掉话率、RRC 掉话率、切换时掉话率。

（2）接入性指标

接入性指标包括 RRC 连接建立成功率、E-RAB 指派成功率、无线接通率等。

（3）移动性指标

移动性指标主要包括频内切换成功率、频间切换成功率、异系统硬切换成功率（LTE→2G、3G 切换成功率）等。

（4）资源类指标

资源类指标主要包括下行控制信道受限、CPU 受限、业务信道受限、能承载的用户数、传输受限等。

（5）系统容量类指标

系统容量类指标主要包括小区级、PS 吞吐量等。

（六）DPI 数据

1. DPI 数据介绍

DPI 是一种基于应用层的流量检测和控制技术。当 IP 数据包、TCP 或 UDP 数据流通过基于 DPI 技术的带宽管理系统时，该系统先通过深入读取 IP 包载荷的内容来对 OSI 七层协议中的应用层信息进行重组，从而得到整个应用程序的内容，然后按照系统定义的管理策略对流量进行整形操作。

DPI 系统先将二进制的网络传输数据解析成一条条可视的报文，再对海量的报文进行一层层的特征分析，最终利用软件的形态可视化功能将结果呈现给运营商网络管理和运营服务单位，以帮助运营商进行更精细化的网络流量管理及其他相关业务的管理。

2. DPI 数据采集

图 1-7 为 DPI 数据采集组网简图。

3. DPI 的主要功能

（1）业务识别

业务识别是 DPI 最基本、最重要的功能，即能够在网络流量中准确辨别出所承载的业务类型。业务识别主要包括对运营商开通的合法业务和运营商需要进行监管的业务进行识别。其中第一类业务可以通过五元组来进行识别，此类业务 IP 地址和端口固定。第二类业务需要通过 DPI 技术来进行深度检测，通过解析数据包来确定业务的具体内容和信息。

（2）业务控制

通过深度包检测将业务识别出来之后，可以根据既定的策略对网络进行配置，从而对业务流实现控制，主要包括转发流向、限制带宽、阻断、整形、丢弃等处理。

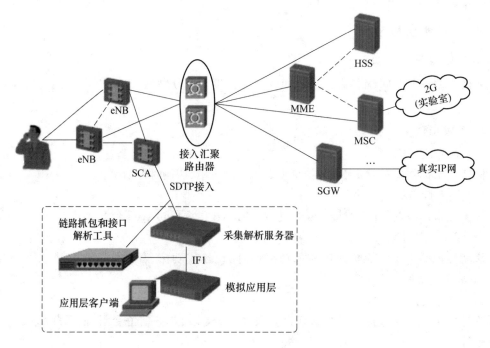

图 1-17 DPI 数据采集组网简图

（3）业务统计

深度包检测技术的业务统计功能是基于识别结果的,对一定时间内的流量行为进行统计,如流量流向、业务占比、访问网站 TOPN 等。同时 DPI 技术可以统计应用类型使用比率调整该业务的服务优先级,也可以统计用户正在使用哪种业务进行视频播放、即时通信、购物支付以及游戏娱乐,还可以统计出消耗网络带宽的非法 P2P、VoIP 业务等。

（七）告警数据

告警数据包括小区、基站、板卡、机房、传输链路等网元的实时告警。

1. 数据周期

告警数据实时上报。提供实时上报全量的告警消息。

2. 告警码

表 1-4 为告警码的详细说明。

表 1-4 告警码的详细说明

4G 告警码	2G 告警码
基带单元处于初始化状态（198097050）	单板处于初始化状态（198092348）
GNSS 天馈链路故障（198096836）	基带单元处于初始化状态（198097050）
RRU 链路断（198097605）	中继电路异常（198000520）
LTE 小区退出服务（198094832）	偶联通路断（198066026）
设备掉电（198092295）	光口接收链路故障（198098319）
小区关断告警（198094858）	天馈驻波比异常（198098465）
内部故障（198098467）	PA 去使能（198098440）

续　表

4G 告警码	2G 告警码
单板处于初始化状态(198092348)	温度异常(198098466)
没有可用的空口时钟源(198092217)	同步丢失(198092215)
网元断链告警(198099803)	E1/T1 链路断(198097109)
基站退出服务(198094833)	小区中断告警(198087342)
用户登录密码输入错误(1050)	站点 ABIS 控制链路断(198087337)
单板通信链路断(198097060)	网元断链告警(198099803)
用户被锁定(1000)	交流停电告警(198092207)
天线校正失败(198094848)	PPP 链路中断(198066029)
GNSS 接收机搜星故障(198096837)	性能门限越界(1513)
S1 用户面路径不可用(198094863)	HDLC 链路断链(198092232)
S1 断链告警(198094830)	PPP 链路断链(198092231)
输入电压异常(198092053)	E1/T1 链路误码率高(198092013)
光口接收链路故障(198098319)	RRU 链路断(198097605)
RRU 光纤时延超限(198100276)	温度传感器异常(198092071)
RRU 未配置(198096551)	FCE 风扇故障(198092069)
性能数据入库延迟(15010001)	输入电压异常(198092053)
进风口温度异常(198092042)	CPU 负荷冲高 FUC 控制方式告警(198087345)
天馈驻波比异常(198098465)	单板 CPU 过载(198002560)
交流停电告警(198092207)	SNTP 对时失败(198092014)
单板不在位(198092072)	线路时钟源异常(198096832)
版本包故障(198097567)	蓄电池告警(198092206)
软件运行异常(198097604)	SCTP 偶联断(198092230)
温度异常(198097061)	设备掉电(198092295)
GNSS 接收机故障(198096835)	光模块不可用(198098318)
基带处理单元芯片故障(198093303)	进风口温度异常(198092042)
RRU 功率检测异常(198098472)	网元不支持配置的参数(198097510)
光模块不可用(198098318)	设备门禁告警(198092044)
PB 链路断(198097606)	用户登录密码输入错误(1050)
以太网物理连接断(198098252)	载波下行链路数据异常(198098471)
SNTP 对时失败(198092014)	整流模块告警(198092208)
同步丢失(198092215)	热电制冷告警(198092209)
单板未配置(198092203)	空调故障(198092048)
温度传感器异常(198092071)	时钟基准源丢失三级告警(198026127)
风扇故障(198098111)	时钟板锁相环工作模式异常(198005405)
CPU 过载告警(198092391)	以太网物理连接断(198098252)
超级小区 CP 退出服务(198094835)	主备单板通信链路断(198005122)
网元不支持配置的参数(198097510)	外部扩展设备故障(198098468)

（八）投诉数据

投诉数据指用户向电信运营商投诉,由接线员记录而产生的投诉工单。

1. 数据周期

投诉数据是事件性的,投诉事件发生才会有投诉数据。

2. 投诉字段

表 1-5 为投诉字段说明。

表 1-5 投诉字段说明

字段名	类型	描述
JOB_NUMBER	VARCHAR2	投诉工单号
msisdn	string	投诉用户手机号码(非联系号码)
area_id	十进制整型	区域 ID
region_id	十进制整型	大区 ID
usercomplainttime	string	用户投诉受理时间(运营商提供), 格式为"yyyy-MM-dd HH:mm:sss"
COMPLAINTS_TYPE	VARCHAR2	投诉类型(1 表示语音,2 表示上网)

四、大数据关键组件

大数据技术通过对海量数据进行分析来提供有价值的产品和服务,已广泛应用于各行各业。企业为了满足自己对各种数据的需求,需要构建大数据平台,常见大数据平台的基本架构如图 1-18 所示。

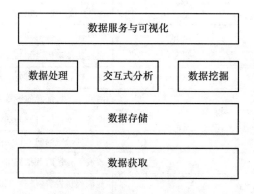

图 1-18　大数据平台的基本架构

（1）数据获取

大数据技术最关键的就是数据,首先要搞清楚有什么样的数据、如何获取数据。大数据的特点可以概括为 4 V。

① Volume:数据量大。

② Variety:多样性,数据可分为结构化数据、半结构化数据和非结构化数据,如图 1-19 所示。

结构化数据	• 有固定的结构、属性、类型等信息,如数据库表中的数据、Excel表格数据等 • 通常存储在二维表中
半结构化数据	• 具有一定的结构,但又灵活可变,如XML文件、HTML文件 • 可转换为结构化数据进行存储
非结构化数据	• 无法用统一的结构来表示,如图片、音频、视频等 • 数据量大时可直接存放在文件系统中

图 1-19　数据的分类

③ Velocity:高速性,数据的创建速度、传输速度、处理速度均快。

④ Value:价值密度低,但通过数据挖掘分析可获得新规律和新知识。

一般通过 ETL(Extract-Transform-Load)工具将分布的、异构数据源中的数据抽取到大数据平台。

（2）数据存储

数据存储是大数据的根基,根据大数据的特点,大数据存储要易扩展、高性能、高可用、低成本。

（3）数据处理、交互式分析与数据挖掘

数据处理一般有两种方法:批处理和流处理。批处理指先收集并存储多项数据记录,再在一次操作中一起处理数据;流处理指持续监视数据源,并在出现新数据事件时实时处理数据。

在实际应用中,通常还需要对数据根据不同的条件进行多维分析查询,即交互式分析,如报表分析、在线话单查询等。

在大数据分析过程中,常需要使用数据挖掘算法和工具来满足一些高级别数据分析的要求,如进行市场细分、对未来一段时间的发展趋势进行预测、产品推荐等。

（4）数据服务与可视化

大数据分析的使用者既有行业专家又有普通用户,因此能够清晰、直观地展示数据分析结果供使用者获取非常重要。常用的可视化工具有 echarts、d3 或 Python 中的 Matplotlib、Seaborn 库等。

目前,Hadoop 是最主流的大数据基础框架,大部分公司的大数据平台都是基于 Hadoop 构建的。

（一）Hadoop

1. Hadoop 简介

拓展阅读

Hadoop 是一个能够对海量数据进行分布式存储和处理的软件框架,包括 HDFS(Hadoop Distributed File System)、MapReduce 和 YARN 三大核心组件。其中:HDFS 为分布式文件系统,负责集群数据分布式存储;MapReduce 为分布式离线计算引擎;YARN 为资源调度系统,负责集群计算任务的资源管理。从广义上来说,Hadoop 通常指 Hadoop 生态系统,包含很多其他的软件框架。

2. Hadoop 的优势

① 高可靠性:Hadoop 底层维护多个数据副本,并且能够在任务失败后自动地重新部署计算任务。

② 高扩展性:Hadoop 在可用的计算机集群间分配数据并完成计算任务,可方便地扩展数以千计的节点。

③ 高效性:Hadoop 能够在节点间动态并行地处理数据,使得处理速度非常快。

④ 成本低:Hadoop 能够使用普通的商业服务器构建集群来分发和处理数据,相比于大型机成本低了很多。

3. HDFS 架构概述

HDFS 将大数据文件切分成若干个小数据块存储在不同的节点。在全分布模式下,HDFS 架构如图 1-20 所示。

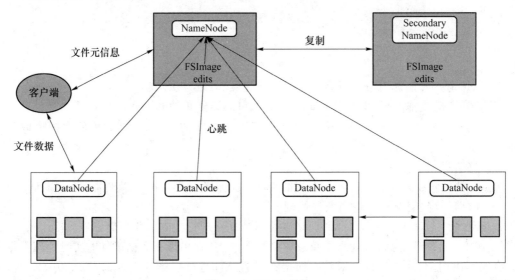

图 1-20　HDFS 架构

① NameNode(NN):HDFS 的管理者,使用 FSImage 存储文件的元数据,如文件名、文件目录结构、文件属性(生成时间、副本数、文件权限),以及每个文件的块列表和块所在的 DataNode 等。HDFS 运行时将 FSImage 加载到内存中,客户端进行写操作时会对内存中的元数据进行修改,同时记录在 edits 中,但不会马上对 FSImage 进行修改。

② DataNode(DN):负责数据的实际存储,在本地文件系统存储文件块数据以及块数据的校验和。

③ Secondary NameNode(2NN):每隔一段时间从 NameNode 复制 FSImage 和 edits 到本地,将两者合并生成新的 FSImage 后再回传给 NameNode。Secondary NameNode 不是 NameNode 的备份,但可以帮助恢复 NameNode。

4. YARN 架构概述

YARN 是 Hadoop 的资源管理器,负责将系统资源分配给在 Hadoop 集群中运行的各种应用程序,其架构如图 1-21 所示。

① ResourceManager(RM):整个集群资源(内存、CPU 等)的管理者,负责处理客户端请求、启动/监控 ApplicationMaster、监控 NodeManager 以及资源的分配调度。

② NodeManager(NM):单个节点服务器资源的管理者,定时向 ResourceManager 汇报节点的资源使用情况和节点中各 Container 的运行状态;负责接收 ResourceManager 发出的资源分配要求,分配具体的 Container 给某个任务。

③ ApplicationMaster(AM):单个任务运行的管理者,客户端向 ResourceManager 提交的

每一个应用程序都必须有一个 ApplicationMaster。ApplicationMaster 首先启动,然后负责监控、管理这个应用程序中所有任务在集群节点上的运行。

④ Container:容器,相当于一台独立的服务器,里面封装了任务运行所需要的资源,如内存、CPU、磁盘、网络等。

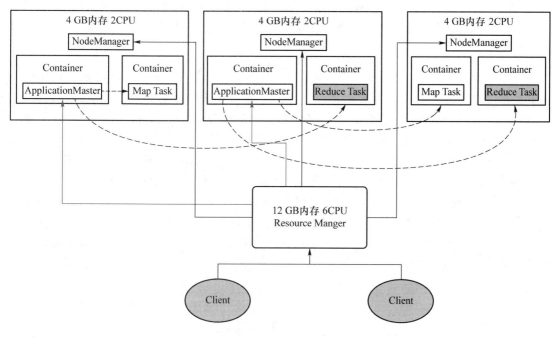

图 1-21　YARN 架构

5. MapReduce 架构概述

MapReduce 将计算过程分为 3 个阶段:Map、Shuffle 和 Reduce。

① Map 阶段并行处理输入数据。

② Shuffle 阶段将 Map 任务输出的处理结果分发给 Reduce 任务,在分发过程中对数据按 key 进行分区、排序、合并。

③ Reduce 阶段读入 Shuffle 处理后的数据并进行汇总。

MapReduce 架构如图 1-22 所示。

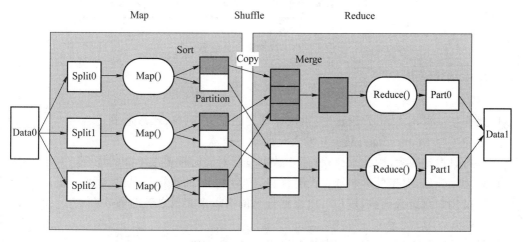

图 1-22　MapReduce 架构图

（二）Hive

1. Hive 简介

Hive 是一个基于 Hadoop 的数据仓库工具,可以将结构化的数据文件映射为一张数据库表,并提供类 SQL 语句 HQL 实现对数据的操作。不同于传统的数据库工具,Hive 将 HQL 语句转换为 MapReduce 任务执行,实现海量数据的提取、分析和操作。

2. 数据仓库

数据仓库是一个集中式存储库,保存了一个或多个不同源的集成数据。数据仓库存储当前数据和历史数据,可用于数据分析和报告创建,从而为企业提供宝贵的业务建议,改善决策。

数据仓库可分为 3 层:源数据层(ODS)、数据仓库层(Data Warehouse,DW)和数据应用层(DA),如图 1-23 所示。其中,数据仓库层又可分为 3 层,分别是数据明细层(Data Warehouse Detail,DWD)、数据中间层(Data Warehouse Middle,DWM)、数据业务层(Data Warehouse Service,DWS)。源数据层用于存放需求分析的原始数据,由于原始数据会存在数据格式不统一、数据缺失或者有重复值的现象,所以源数据层的数据通常需要进行 ETL 操作。数据仓库层用于存放对源数据层进行 ETL 操作后的数据,该层存储的数据是一致的、准确的、干净的。数据应用层用于存放为满足具体的分析需求而构建的数据,数据应用层的数据不一定覆盖所有业务,通常只服务于特定的场景。

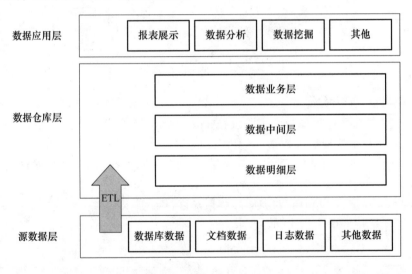

图 1-23　数据模型分层图

3. Hive 的优缺点

（1）优点

① 操作接口采用类 SQL 语法,提供快速开发的能力(简单、容易上手)。

② 避免了写 MapReduce,减少开发人员的学习成本。

③ 执行延迟比较大,因此 Hive 常用于数据分析对实时性要求不高的场合。

④ 处理大数据,对于处理小数据没有优势,因为 Hive 的执行延迟比较大。

⑤ 支持用户自定义函数,用户可以根据自己的需求来实现自己的函数。

（2）缺点

① Hive 的 HQL 表达能力有限。

a. 迭代式算法无法表达。

b. 在数据挖掘方面不擅长。

② Hive 的效率比较低。

a. Hive 自动生成的 MapReduce 任务在通常情况下不够智能化。

b. Hive 调优比较困难,粒度较粗。

4. Hive 架构原理

图 1-24 为 Hive 架构图。

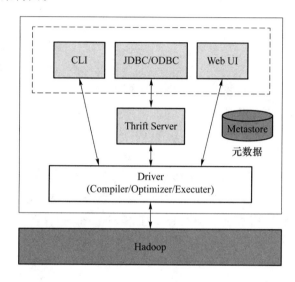

图 1-24　Hive 架构图

(1) 用户接口

CLI:Hive 命令行界面,提供交互式查询。

Thrift Server:允许编程或 JDBC/ODBC 远程访问 Hive。

Web UI:提供浏览器访问 Hive。

(2) 元数据(Metastore)

元数据包括表名、表所属的数据库(默认是 default)、表的拥有者、列/分区字段、表的类型(是不是外部表)、表的数据所在目录等。推荐使用 MySQL 存储 Metastore。

(3) 驱动器(Driver)

编译器(Compiler)、优化器(Optimizer)、执行器(Executer)分别完成 HQL 语句从词法分析、语法分析、编译到优化以及查询计划执行各个阶段的任务。

(4) Hadoop

Hive 处理的数据存储在 HDFS 中,Hive 分析数据底层的实现是 MapReduce,执行程序运行在 Yarn 上。Hive 结合元数据,将 HQL 语句翻译成 MapReduce,提交到 Hadoop 中执行,并将执行返回的结果输出到用户交互接口。

5. Hive 的自定义函数

Hive 提供了众多的内置函数,包括数值计算函数、聚合函数、日期时间函数、条件函数、字符串处理函数等,以满足不同的数据分析需求。当 Hive 提供的内置函数无法满足业务处理需求时,可以自定义函数。常见的自定义函数有以下3种类型。

- UDF(User-Defined Function):支持单行输入、单行输出。

- UDTF(User-Defined Table-generating Function):用户自定义表生成函数,支持单行输入、多行输出。

- UDAF(User-Defined Aggregation Function):用户自定义聚合函数,支持多行输入、单行输出。

自定义函数可以使用Java、Python等语言编写,但通常需要打包成Jar包上传至集群才能在Hive上使用。

(三)Spark

1. Spark 简介

Spark是一个用于大规模数据处理的快速通用的计算引擎,提供了基于内存的计算,比Hadoop MapReduce框架更加快速高效。

Spark遵循"一个软件栈满足不同应用场景"的理念,形成了一个完整的生态系统,如图1-25所示,包含Spark Core、Spark SQL、Spark Streaming、Spark MLlib、Spark GraphX等组件。Spark Core包含Spark最基础、最核心的功能,如内存计算、任务调度、部署模式、存储管理等,主要用于批处理;Spark SQL用于结构化数据处理,提供交互式查询,开发人员可以轻松地使用SQL语句完成数据查询及分析;Spark Streaming是一种流计算框架,支持高吞吐量、可容错处理的实时流数据;Spark MLlib用于机器学习,提供了常见机器学习算法的实现;Spark GraphX用于图计算。

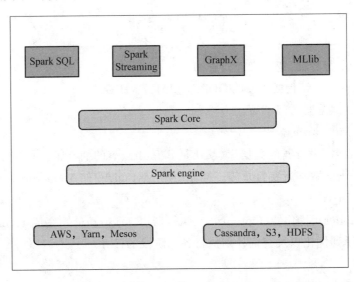

图 1-25　Spark 生态系统

2. Spark 的优点

(1)计算速度快

Spark将每个任务构建成DAG进行计算,内部的计算过程通过弹性分布式数据集(Resilient Distributed Datasets,RDD)在内存中进行计算,相比于Hadoop的MapReduce,效率提升近百倍。

（2）易于使用

Spark 提供了大量的算子函数,开发 Spark 程序可以直接调用这些算子函数就可以实现,无须关注底层的实现;通用的大数据解决方案提供了完整的技术栈,包括 SQL 查询、批处理、流处理、机器学习、图计算等。

（3）支持多种资源管理模式

学习使用中可以采用 local 模型进行任务的调试,在正式环境中可以采用 Standalone、Yarn 等模式,用户可方便地选择合适的资源管理模式进行适配。

3. Spark 运行架构

Spark 运行架构包括集群资源管理器(Cluster Manager)、运行作业任务的工作节点(Worker Node)、每个应用的任务控制节点(Driver Program)、每个工作节点上负责具体任务的执行进程(Executor)等,如图 1-26 所示。

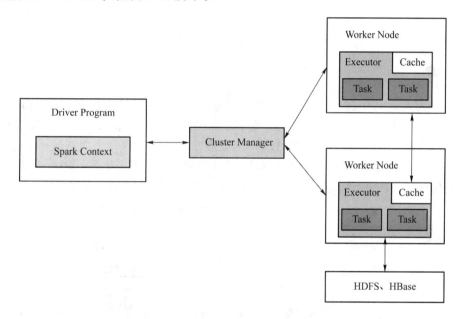

图 1-26 Spark 运行架构

4. Spark 运行基本流程

图 1-27 为 Spark 运行基本流程图。

① 首先为应用构建基本的运行环境,由 Driver 创建一个 Spark Context,进行资源的申请、任务的分配和监控。

② 集群资源管理器为 Executor 分配资源并启动 Executor。

③ Spark Context 根据 RDD 对象的依赖关系构建 DAG 并将其提交给 DAG 调度器解析成阶段(任务集),把一个个任务集提交给任务调度器处理;Executor 向 Spark Context 申请任务,任务调度器将任务发放给 Executor 运行,并提供应用程序代码。

④ 任务在 Executor 上运行,执行结果先被反馈给任务调度器,然后反馈给 DAG 调度器,运行完毕后写入数据并释放所有资源。

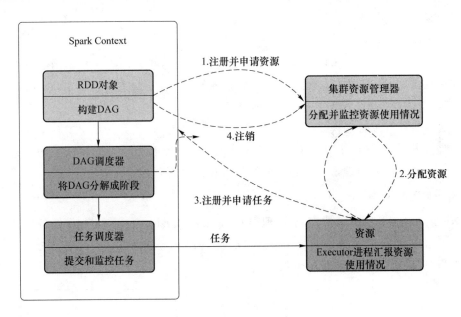

图 1-27　Spark 运行基本流程图

5. RDD

Spark Core 是建立在 RDD 之上的,搞清楚什么是 RDD 以及 RDD 的特性对于理解 Spark 的基本原理非常重要。RDD 是 Spark 提供的核心抽象,全称为 Resilient Distributed Dataset,即弹性分布式数据集,如图 1-28 所示。在数据被 Spark 处理之前,首要任务就是要将数据映射成 RDD。RDD 本质上就是一个只读的分区记录集合,每个 RDD 可以分为多个分区,每个分区是一个数据集片段,被保存到集群中不同的节点上,从而可以在集群的不同节点上进行并行计算。

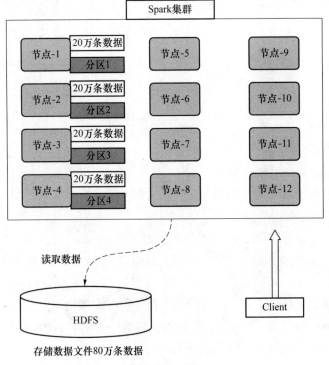

图 1-28　RDD

RDD 上的操作有转换(Transformation)和行动(Action)两种,转换操作制订 RDD 之间的相互依赖关系,接收 RDD 并返回 RDD;行动操作用于执行计算并指定输出的形式,接受 RDD 并返回非 RDD,通常为一个值或结果。RDD 典型的执行过程如下:

• 读入外部数据源创建 RDD;
• RDD 经过一系列的转换操作产生不同的 RDD;
• 最后一个 RDD 经行动操作处理后输出到外部数据源。

RDD 采用了惰性调用,即在 RDD 的执行过程中,Spark 只是记录下在行动之前的转换操作,只有在行动操作时才会执行真正的计算。

(四) Kafka

Kafka 是一个高吞吐量、支持分区和多副本、基于 ZooKeeper 的分布式消息流平台。客户端可以通过 Kafka 发布大量消息,也能实时订阅消费消息。

每条发布在 Kafka 的消息都有一个类别,称为 Topic。一个 Topic 的消息可以保存在一个或多个 Broker 上,但对用户来说,只需制订消息的 Topic 即可生产或消费数据,而不必关心数据存放在何处。

图 1-29 为 Kafka 结构图。

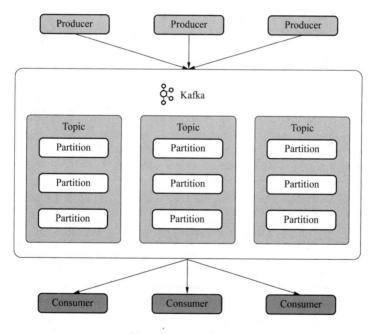

图 1-29　Kafka 结构图

在 Kafka 中主要有 Producer、Broker、Consumer 3 种角色。

① Producer:消息生产者,向 Kafka 集群发送消息,将消息投送到某个 Topic 的 Partition。

② Broker:Kafka 集群中的一台或多台服务器,可理解为 Kafka 的服务器缓存代理。Producer 生产消息后,Kafka 不会直接把消息传递给 Consumer,而是先在 Broker 中存储,持久化在日志中。

③ Consumer:消费者,订阅 Topic 并处理其发布的消息,每个 Consumer 可以订阅多个 Topic。

（五）ZooKeeper

1. ZooKeeper 简介

当前很多应用程序都是由多个独立的服务或程序共同组成的,每个独立的服务或程序都运行在不同的主机上,如何管理主机群上的服务或程序成为一个需求,ZooKeeper 便是应运而生的分布式服务框架,它能够监视集群中各个节点的状态并根据节点提交的反馈进行下一步操作。

2. ZooKeeper 集群架构

图 1-30 为 ZooKeeper 集群架构图。

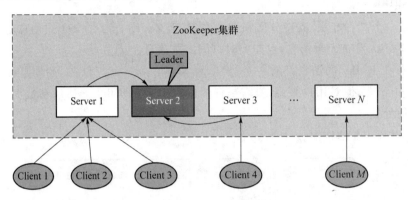

图 1-30　ZooKeeper 集群架构图

ZooKeeper 集群没有采用传统的主从结构,而是引入了 Leader、Follower、Observer 3 种角色,如表 1-6 所示。在 ZooKeeper 集群中选举出一个 Leader,Leader 可以为客户端提供读写服务;Follower 和 Observer 都只能提供读服务。

表 1-6　ZooKeeper 节点角色

角色	描述
Leader	负责进行投票的发起和决议,更新系统状态
Follower	用于接收客户端请求并向客户端返回结果,在选举过程中参与投票
Observer	接收客户端连接,将写请求转发给 Leader。只同步 Leader 的状态,不参加投票过程。目的是扩展系统,提高读取速度

3. ZooKeeper 的特点

① 顺序一致性:对于从同一客户端发起的事务请求,将会严格地按照顺序应用到 ZooKeeper 中去。

② 单一系统映像:不论客户端连接到哪一个 ZooKeeper 服务器上,获得的数据模型都是一致的。

③ 原子性:所有请求的处理结果在整个集群中所有机器上的应用情况是一致的。

④ 可靠性:更改请求被应用后,结果会被持久化。

4. ZooKeeper 的基本原理

ZooKeeper 可以概括为文件系统＋监听通知机制。

（1）文件系统

ZooKeeper 以树形结构将数据存储在内存中,树中的路径就是一个 Znode,每个 Znode 都会保存自己的数据内容和属性信息。如图 1-31 所示,每个子目录项如 NameService 都被称作为 Znode(目录节点),可以增加、删除 Znode。

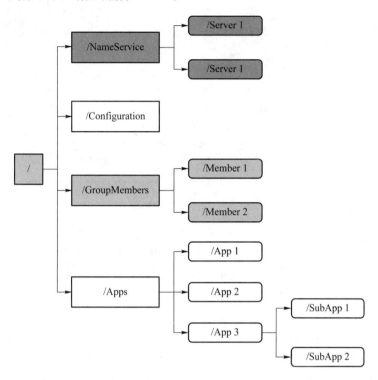

图 1-31　Zookeeper 数据结构

（2）监听通知机制

客户端注册监听它关心的目录节点,当目录节点发生变化(数据被改变、被删除,子目录节点增加、删除)时,ZooKeeper 会通知客户端。

（六）HBase

1. HBase 简介

HBase 是一种分布式、可扩展、高性能、面向列的 NoSQL 数据库。与传统的 RDBMS 不同,HBase 以键值对的方式存储数据,每一行数据都可以有不同的列设计,数据用行键作为唯一标识。

2. HBase 数据模型

（1）逻辑视图

图 1-32 为 HBase 逻辑结构图。

HBase 以表(Table)的方式组织数据,表由行(Row)和列(Column)共同构成,与关系型数据库不同的是 HBase 有一个列簇(Column Family)的概念,它将一列或者多列组织在一起,HBase 的列必须属于某一个列簇。行和列的交叉点称为单元格(Cell),单元格是版本化的。

- Table:表,一个表包含多行数据。
- Row:行,一行数据包含唯一标识 Row_key、多个 Column 及对应的值。

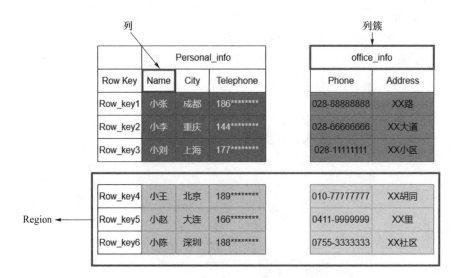

图 1-32　HBase 逻辑结构图

- Column：列，由 Column Family（列簇）和 Qualifier（列名）组成，使用"："相连，如 Personal_info：Name，其中 Peronal _ info 为列簇，Name 为具体的一列。Column Family 在建表时需要指定，用户不能随意增减；一个 Column Family 下可以设置任意多个 Qualifier，即 HBase 中的列可以动态增加。
- TimeStamp：时间戳，每个 Cell 在写入数据时都会默认分配一个时间戳作为该 Cell 的版本，版本越大，表示数据越新。
- Cell：单元格，由（Row，Column，TimeStamp，Type，Value）构成，其中 Type 表示 put（增加）/delete（删除）这样的操作类型，（Row，Column，TimeStamp，Type）构成键 K，Value 字段对应值 V。

（2）物理视图

图 1-33 为 HBase 物理存储结构图。

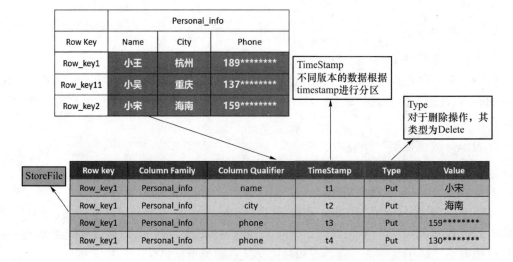

图 1-33　HBase 物理存储结构图

3. HBase 的基本架构

图 1-34 为 HBase 基本架构图。

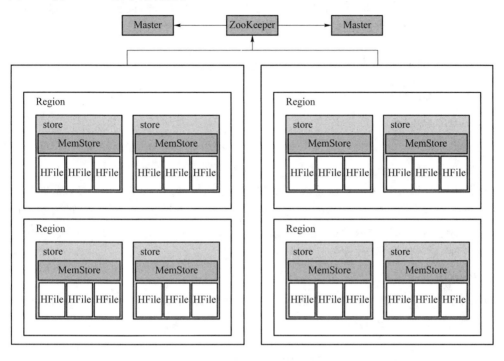

图 1-34　HBase 基本架构图

（1）Master

Master 是所有 Region Server 的管理者，其实现类为 HMaster，主要作用如下。

- 处理客户端的各种请求，包括建表、修改表、权限操作、切分表等。
- 对于 Region Server 的管理：分配 Region 到每个 Region Server，监控每个 Region Server 的状态，负载均衡和故障转移。
- 清理过期日志以及文件。

（2）ZooKeeper

HBase 通过 ZooKeeper 来做 Master 的高可用、Region Server 的监控、元数据的入口以及集群配置的维护等工作。

（3）Region Server

Region Server 主要响应客户端的 IO 请求，是 HBase 中最核心的模块，由 WAL（HLog）、BlockCache 和多个 Region 构成。

- WAL（HLog）：当数据写入 HBase 时，并不是直接写入 HFile 中，而是先写入缓存，再异步刷新落盘。为了防止缓存数据丢失，数据在写入缓存前首先写入了 HLog，以便在缓存数据丢失时从 HLog 恢复数据。
- BlockCache：读缓存，客户端从磁盘读取数据之后通常将数据缓存到系统内存中，后续访问同一行数据时直接从内存中读取而不需要访问磁盘。
- Region：数据表的一个分片，当数据表超过一定阈值时就会水平切分成为两个 Region。通常一张表的 Region 会分布在多个 Region Server 上。一个 Region 由一个或多个

store 组成,表中有多少个列簇(Column Family)就有多少个 store,每个列簇的数据都集中放在一起形成一个存储单位 store。每个 store 由一个 MemStore 和一个或多个 HFile 组成。MemStore 是写缓存,客户端写入数据时首先写到 MemStore 中,当 MemStore 写满之后系统会将数据写入一个 HFile 文件。

(4) HDFS

HDFS 为 HBase 提供最终的底层数据存储服务,同时为 HBase 提供高可用的支持。

(七) PostGreSQL

1. PostGreSQL 简介

PostGreSQL 是一个功能强大的开源对象关系型数据库系统(ORDBMS),它使用和扩展了 SQL 语言,并结合了许多安全存储和扩展最复杂数据工作负载的功能。PostGreSQL 支持大部分的 SQL 标准并且提供了很多其他现代特性,如复杂查询、外键、触发器、视图、事务完整性、多版本并发控制等。同样,PostGreSQL 也可以用许多方法扩展,例如,通过增加新的数据类型、函数、操作符、聚集函数、索引方法、过程语言等。另外,因为许可证的灵活,任何人都可以以任何目的免费使用、修改和分发 PostGreSQL。

2. PostGreSQL 架构

PostGreSQL 的物理架构非常简单,它由共享内存(Shared Memory)、一系列后台进程和数据文件组成,如图 1-35 所示。

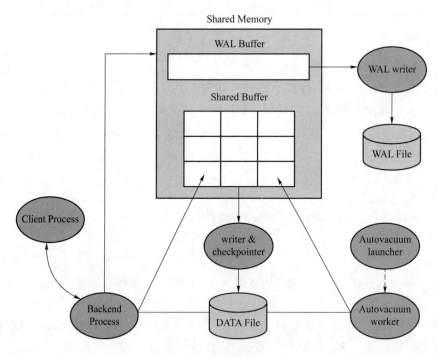

图 1-35　PostGreSQL 架构

共享内存是服务器为数据库缓存和事务日志缓存预留的内存缓存空间。其中最重要的组成部分是 Shared Buffer 和 WAL Buffer。

① Shared Buffer:定义服务器使用的共享内存缓冲区。PostGreSQL 先将表和索引所在页面从持久存储加载到共享缓冲池,然后在内存中对其进行处理。

② WAL Buffer：用来临时存储数据库变化的缓存区域。存储在 WAL Buffer 中的内容会根据提前定义好的时间点参数要求写入磁盘的 WAL 文件中。在备份和恢复的场景下，WAL Buffer 和 WAL 文件是极其重要的。

【任务小结】

本任务主要介绍了 5G 网络概述、智能网优关键指标、通信数据源基础以及大数据关键组件。通过对本任务的学习，学生应掌握网优的关键指标、大数据数据源基础知识和大数据的关键组件。

【巩固练习】

一、选择题

1. 在 5G 三大场景中哪一项为超高可靠低时延通信？（　　　）

A. eMBB　　　　　　B. mMTC　　　　　　C. uRLLC　　　　　　D. MS

2. gNB 和 ng-eNB 通过哪个接口互相连接？（　　　）

A. Xn 接口　　　　　B. NG 接口　　　　　C. Xn-U 接口　　　　D. F1-U 接口

3. 以下哪个选项为呼叫详细跟踪？（　　　）

A. CDT　　　　　　B. DT　　　　　　　C. MR　　　　　　　D. DPI

4. 第四代移动通信系统(4G)采用了哪种调制技术？（　　　）

A. TDMA　　　　　B. CDMA　　　　　C. WCDMA　　　　　D. OFDM

5. 在基站工参中以下哪个为基站类型字段？（　　　）

A. enodebname　　B. enodeblon　　　C. enodeblat　　　　D. enodebtype

6. Hadoop 架构拥有哪些优势？（　　　）

A. 高可靠性　　　　B. 高扩展性　　　　C. 高效性　　　　　D. 高容错性

7. HBase 的基本架构有哪些？（　　　）

A. Region Server　B. Master　　　　　C. ZooKeeper　　　　D. HDFS

二、判断题

1. Hive 是一个基于 Hadoop 的数据仓库工具，可以将结构化的数据文件映射为一张表，并提供类 SQL 查询功能。（　　　）

2. 无线接通率指标反映 UE 成功接入网络的性能，若此时关键指标小于 98%，则处于比较良好的水平。（　　　）

3. DPI 是一种基于数据层的流量检测和控制技术。（　　　）

4. CDT 工具处理所采集的呼叫记录等各种数据可被用于处理用户投诉、统计小区业务、异常呼叫。（　　　）

5. 5GC 采用用户面和控制面分离的架构，其中 UPF 是控制面的接入和移动性管理功能，AMF 是用户面的转发功能。（　　　）

三、填空题

1. 无线接通率＝＿＿＿＿＿＿＿＿＿＿＿＿＿＿＿＿＿＿＿＿＿＿＿＿＿＿＿＿＿＿＿。

2. 国际电信联盟使用 8 个指标维度的雷达图来表征 5G 的主要性能指标,这 8 个指标分别是_____、_____、_____、_____、_____、_____、_____、_____。

3. DT 数据的 GPS 信息主要为哪些字段? _____、_____、_____、_____。

4. ZooKeeper 是一个_____,是_____的一个子项目,主要是用来解决分布式应用中经常遇到的一些_____问题。

5. HBase 是一种_____、_____、面向列的_____数据库。

拓展阅读

任务二 常用算法与智能网优平台

【任务背景】

随着 5G 的兴起,通信的数据量剧增,通信大数据分析成为各运营商必须掌握的网络优化手段,同时通信大数据分析在指导城市建设等方面有着非常重要的地位。目前,结构化查询语言(Structured Query Language,SQL)和 Python 是进行大数据分析的重要工具。在本书的数据分析任务中,我们主要采用 SQL 语言在大数据云平台上进行数据的处理和分析。基于目前对数据分析师的市场需求,在学习中我们要不断培养数据思维,提高逻辑推理能力,着力培养创新精神和实践能力。

【任务描述】

本任务包含两方面的内容,即 SQL 算法和智能网优平台。通过对本任务的学习,学生应掌握 SQL 常用语句、可视化平台的四大功能模块、任务看板的主要特性和功能。

【任务目标】

- 理解 SQL 算法的基本语法和功能;
- 理解智能网优平台的架构;
- 具备编写 SQL 语句的能力;
- 具备使用网优平台进行基础操作的能力。

【知识图谱】

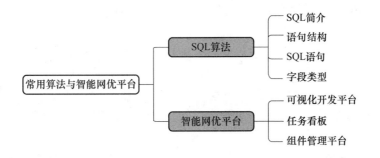

【知识准备】

一、SQL 算法

（一）SQL 简介

SQL 是一种特殊目的的编程语言，是一种数据库查询和程序设计语言，用于存取数据以及查询、更新和管理关系数据库系统。

结构化查询语言是高级的非过程化编程语言，允许用户在高层数据结构上工作。它不要求用户指定对数据的存放方法，也不需要用户了解具体的数据存放方式，所以具有完全不同底层结构的不同数据库系统可以使用相同的结构化查询语言作为数据输入与管理的接口。结构化查询语言的语句可以嵌套，这使它具有极大的灵活性和强大的功能。

（二）语句结构

SQL 语言集数据查询语言（Data Query Language，DQL）、数据操纵语言（Data Manipulation Language，DML）、数据定义语言（Data Definition Language，DDL）和数据控制语言（Data Control Language，DCL）功能于一体，充分体现了关系数据语言的特点和优点。

① 数据查询语言：其语句也称为数据检索语句，用以从表中获得数据，确定数据怎样在应用程序中给出。保留字 select 是 DQL（也是所有 SQL）中用得最多的动词，其他 DQL 常用的保留字有 where、order by、group by 和 having。这些 DQL 保留字常与其他类型的 SQL 语句一起使用。

② 数据操作语言：其语句包括动词 insert、update 和 delete。它们分别被用于添加、修改和删除操作。

③ 数据控制语言：其语句通过 GRANT 或 REVOKE 实现权限控制，确定单个用户和用户组对数据库对象的访问。某些 RDBMS 可用 GRANT 或 REVOKE 控制对表单个列的访问。

④ 数据定义语言：其语句包括动词 create、alter 和 drop，用于在数据库中创建、修改、删除表，为表加入索引等。

（三）SQL 语句

1. 创建数据库

```
create database database-name
```

2. 修改数据库

```
alter database database-name
```

3. 删除数据库

```
drop database database-name
```

4. 创建新表

```
create table tabname(col1 type1 [not null] [primary key],col2 type2 [not null],…)
```

5. 删除新表

```
drop table tabname
```

6. 增加一个列

```
alter table tabname add column col type
```

7. 添加主键

```
alter table tabname add primary key(col)
```

8. 删除主键

```
alter table tabname drop primary key(col)
```

9. 创建索引

```
create [unique] index idxname on tabname(col….)
```

10. 删除索引

```
drop index idxname
```

11. 创建视图

```
create view viewname as select statement
```

12. 删除视图

```
drop view viewname
```

13. 简单的表操作 SQL 语句

（1）选择

```
select * from table1 where 条件
```

（2）插入

```
insert into table1(field1,field2) values(value1,value2)
```

（3）删除

```
delete from table1 where
```

（4）范围更新

```
update table1 set field1 = value1 where
```

（5）范围查找

```
select * from table1 where field1 like '% value1 %'
```

（6）排序

```
select * from table1 order by field1,field2 [desc]
```

（7）总数

```
select count(field1| * ) as totalcount from table1
```

（8）求和

```
select sum(field1) as sumvalue from table1
```

（9）平均

```
select avg(field1) as avgvalue from table1
```

（10）最大

```
select max(field1) as maxvalue from table1
```

（11）最小

```
select min(field1) as minvalue from table1
```

14. case 语句

要替换查询结果中的数据,则要使用查询中的 case 表达式,格式为

```
case
    when 条件 1 then 表达式 1
    when 条件 2 then 表达式 2
    …
    else 表达式
end
```

15. 连接查询

① left(outer)join:左外连接(左连接),结果集既包括连接表的匹配行,也包括左连接表的所有行。

② right(outer)join:右外连接(右连接),结果集既包括连接表的匹配行,也包括右连接表的所有行。

③ full/cross(outer)join:全外连接,不仅包括符号连接表的匹配行,还包括两个连接表中的所有记录。

交叉连接
与内连接

外连接

16. 分区

select 语句查询一般会扫描整个表的内容,会消耗很多时间去扫描一些不需要的字段。有时候只需要扫描表中我们关心的一部分数据,因此建表时引入了分区(Partition)的概念。

分区是指根据一定的规则将一个大表分解成多个更小的部分,这里的规则一般就是指利用分区规则将表进行水平切分,而逻辑上并没有发生变化。但实际上,表已经被拆分成了多个物理对象,每个分区被划分成一个独立的对象。相对于没有分区的表而言,分区的表有很多优势,包括并发统计查询、快速归档删除分区数据、分散存储、提高查询性能等。分区的作用是提高数据表的查询效率,控制任务依赖的调度过程。

17. 临时表

创建临时表的目的是过滤出各表数据,以备后续高效使用,同时防止多层嵌套而导致代码过长,提高代码的易读性。

创建临时表的语法:

临时表

```
cache table 表名 as
```

删除表的操作:

```
drop table if exists 表名
```

先判断临时表是否存在,若存在就删除,目的是防止多次调试时,出现临时表已创建导致无法多次调试的问题。

18. 开窗函数

开窗函数也叫分析函数,有两类:一类是聚合开窗函数;另一类是排序开窗函数。与聚合函数一样,开窗函数也是对组进行聚合计算,但是它不像普通聚合函数那样每组只返回一个值,可以为每组返回多个值并在每一行的最后一列添加聚合函数的结果,使用起来非常方便。

开窗函数的基本语法:

```
函数名(列名)over([partition by  <用于分组的字段>]
            order by  <用于分组的字段> )
```

（四）字段类型

数据库表中的字段类型有二进制数据类型、字符数据类型、Unicode 数据类型、日期和时间数据类型、数值型数据类型、特殊数据类型等。

1. 二进制数据类型

二进制数据类型是以二进制字符的格式来存储字符串的，如"01110110"。该类型主要有 3 种：binary、varbinary、image，数据范围如表 2-1 所示。

表 2-1　二进制数据类型

数据类型	范围	存储长度
binary(n)	n 的取值范围为 1～8 000 个字节	固定长度，当插入的数据长度小于固定长度时，系统会自动补充 0x00，直到长度达到固定长度为止
varbinary(n|max)	n 的取值范围为 1～8 000 个字节；max 是指最大存储空间，是 $2^{31}-1$ 个字节	varbinary(n)：可变长度，输入数据的实际长度 varbinary(max)：输入数据的实际长度再加 2 个字节
image	1～$2^{31}-1$ 个字节	可变长度，输入数据的实际长度

2. 字符数据类型

字符型数据被放在单引号（' '）中，用于区别其他类型的数据。该类型主要有 3 种，即 char、varchar 和 text，如表 2-2 所示。char 类型为定长字符串，使用时需设定长度，若不设定，默认是 1。varchar 类型为变长字符串，使用时必须设定其长度，即最多可存储的字符个数。

表 2-2　字符型数据类型

数据类型	长度	描述
char(n)	1～8 000 个字符	固定长度类型，例如，定义数据类型是 char(5)，那么就表示该类型可以存储 5 个字符，即使存入 2 个字符，剩下的 3 个字符也会用空格补齐
varchar(n)	1～8 000 个字符	可变长度类型，例如，定义数据类型是 varchar(5)，表示该类型可以存储 5 个字符，如果存储了 2 个字符，字符长度就是 2 而不是 5
text	最多可以存储 2 147 483 647 个字符	用来存储大量字符

3. Unicode 数据类型

Unicode 数据类型包括 Nchar、Nvarchar 和 Ntext，用于存储 Unicode 字符。Unicode 是双字节字符编码标准，一个字符用 2 个字节来存储。

4. 日期和时间数据类型

日期和时间数据类型是用来存储日期和时间数据的。该类型主要有 4 种，如表 2-3 所示。

43

表 2-3　日期和时间数据类型

数据类型	范围	存储长度
date	公元元年 1 月 1 日到公元 9999 年 12 月 31 日 精确到一天	固定 3 个字节
time	00:00:00.0000000 到 23:59:59.9999999 精确到 100 ns	固定 5 个字节
datetime2	日期范围:公元元年 1 月 1 日到公元 9999 年 12 月 31 日 时间范围:00:00:00 到 23:59:59.9999999 精确到 100 ns	精度小于 3 时为 6 个字节,精度为 4 和 5 时为 7 个字节,所有其他精度则需要 8 个字节
datetimeoffset	日期范围:公元元年 1 月 1 日到公元 9999 年 12 月 31 日 时间范围:00:00:00 到 23:59:59.9999999 时区偏移量范围:-14:00 到+14:00 精确到 100 ns	默认值为 10 个字节的固定大小,默认秒的小数部分精度为 100 ns

5. 数值型数据类型

数值型数据类型包括整数型、浮点型和货币型。

（1）整数类型

整数类型是数据库中最基本的数据类型。常用的整数类型如表 2-4 所示。

表 2-4　整数型数据

数据类型	存储占用字节数	带符号数的取值范围	无符号数的取值范围
tinyint	1 字节	$-2^7 \sim 2^7-1$	$0 \sim 2^8-1$
smallint	2 字节	$-2^{15} \sim 2^{15}-1$	$0 \sim 2^{16}-1$
mediumint	3 字节	$-2^{23} \sim 2^{23}-1$	$0 \sim 2^{24}-1$
int(integer)	4 字节	$-2^{31} \sim 2^{31}-1$	$0 \sim 2^{32}-1$
bigint	8 字节	$-2^{63} \sim 2^{63}-1$	$0 \sim 2^{64}-1$

（2）浮点型

Float:单精度浮点型,4 个字节,有 6～7 个有效数字。

Double:双精度浮点型,8 个字节,大约有 20 个有效数字。

Decimal:定点小数类型,整数部分最长 35 位,小数部分最长 30 位。格式为 decimal(总位数,小数部分位数)。

（3）货币型

货币型是用来定义货币数据的。货币型数据的类型如表 2-5 所示。

表 2-5　货币型数据

数据类型	范围	存储长度
money	-922 337 203 685 477.580 8～922 337 203 685 477.580 7	8 字节
smallmoney	-214 748.364 8 到 214 748.364 7	4 字节

二、智能网优平台

面对 5G 时期通信网络的新型网络架构、多频段复杂组网、数据量爆炸式增长等情况，原来由人工采用少量种类数据来分析解决网络优化问题的手段已经不足以支撑 5G 的运维要求。智能网优平台是基于大数据技术，借助于大数据技术的数据采集清洗能力，完成数据统一采集、监控和处理的人工智能化网络优化教学平台。智能网优平台通过案例包实训教学能够帮助学生掌握 5G 智能网络优化的基本概念，以及如何通过大数据编程解决网络优化问题，提高学生的编程能力和 5G 智能网络优化能力。该平台主要架构如图 2-1 所示。

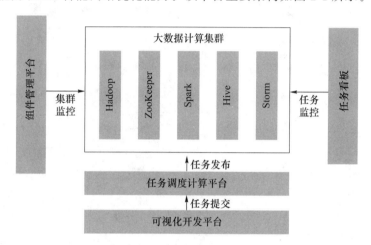

图 2-1　平台架构与方案

智能网优平台由 5 部分构成，分别为组件管理平台、大数据计算集群、任务看板、任务调度计算平台、可视化开发平台。其中，组件管理平台负责对集群组件进行管理监控，大数据计算集群负责数据计算，任务看板负责对算法任务进行监控，任务调度计算平台负责对算力的调配，可视化开发平台负责数据输入输出和算法开发。

智能网优平台通过原始数据采集，经过大数据算法计算，输出网优分析结论。智能网优平台在学习中最常用的两个子平台是可视化开发平台和任务看板。

（一）可视化开发平台

可视化开发平台面向的对象是基于大数据平台做应用开发的业务人员和职业学校中的学生，其具有以下四大特性。

① 项目内有多级管理目录；实操全程记录，便于跟踪和继承。

② 拥有数据和算法两种视图，同时拥有拖拽式和联动式两种开发模式。

可视化开发
平台介绍

③ 在执行在线开发、调试等操作时，不仅可以引用项目内外部数据源，还可以从生产环境同步真实数据，该功能可以将数据表批量发布到生产环境，实现开发环境和生产环境的高效联动。

④ 开发环境与生产环境共用集群资源，逻辑上相互隔离，保证生产安全。

图 2-2 所示为可视化开发平台界面。

可视化开发包含四大功能模块，分别是应用开发、数据管理、配置管理、资源管理。

图 2-2 可视化开发平台界面

（1）应用开发

应用开发包含数据视图和算法视图，数据视图提供数据的输入和输出功能，算法视图提供算法的编写功能。该平台的应用开发是一种创新的开发模式，它有别于传统的视角开发模式，是基于数据视图的开发模式，它把传统的算法与数据转换进行了封装，让算法工程师专注于数据设计。

（2）数据管理

数据管理支持数据的导入导出，包含我的数据、我的订阅、导入表 3 项。我的数据支持用户批量进行配置、批量提交开发库、批量发布生产、批量从开发库删除、批量生产下线。我的订阅支持用户订阅其他租户的表及数据，用于项目的开发调试。在数据管理中可以将别的项目的表导进本项目来引用。但是导入表必须符合大数据计算平台开发的目录规范，且为 zip 包。导入表后会按照项目结构展示，只允许查阅和拖拽引用，不可以修改及删除。

（3）配置管理

配置管理包含租户配置、调度配置、空间配置。租户配置是指管理员在云平台给每个租户配置独立的资源和存储空间。调度配置是指给每个租户进行算力和存储的配置。空间配置是指在空间维度对厂家和省份进行存储配置，提升并行运算的效率。

（4）资源管理

资源管理可以调用 jar 包，对算法开发进行支撑。在 Hadoop 和 Spark 等大数据平台中，jar 文件通常用于打包实现自定义功能的 Java 类库，如自定义的 MapReduce 程序、自定义的 Spark 算子等。

通常可单击项目下的"资源管理"，并上传 jar 包。选取文件后，再单击"上传"按钮，如图 2-3 所示。

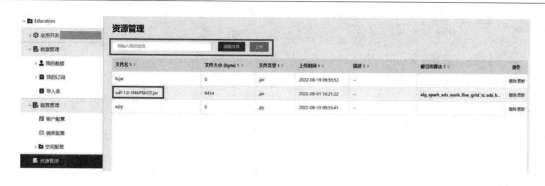

图 2-3　导入 jar 包

此外，利用可视化开发平台可对错误的画布、表元、算法、数据等进行删除，具体内容如下。

（1）删除画布

右击应用开发下的目录，在弹出的快捷菜单中单击"删除"命令，即可将该画布删除，如图 2-4 所示。

图 2-4　删除画布

（2）删除表元数据

通过以下两种方法可以删除表元数据：

① 在视图中删除节点；

② 在数据管理模块中，依次单击我的数据→操作→删除元数据，如图 2-5 所示。

删除表元数据，表节点被删除，会联动删除伴生算法；在删除无伴生算法的表节点时只删除表元数据。

（3）删除算法

右击算法节点，在弹出的快捷菜单中单击"删除"命令，则将该算法节点删除，同时会联动删除该算法的输出表。

（4）删除算法元数据

删除元数据会把该算法的元数据删除，对应的算法列表中的该条记录、算法视图中的该算法节点、该算法对应的输出表均一并被删除。具体方法如图 2-6 所示。

图 2-5 删除表元数据

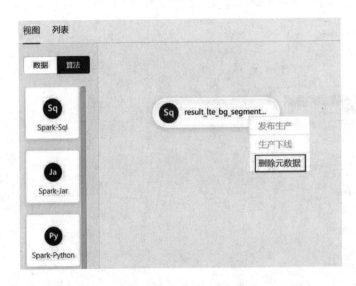

图 2-6 删除算法元数据

（5）从开发库中删除

将表元数据从平台表的开发目录中删除，在开发库中删除该表，删除表的数据。

（6）删除元数据

删除元数据会把该表的元数据删除。对应的我的数据列表中的该条记录、数据视图中的该表节点、该表的伴生算法均一并被删除。在以下情况下，表的元数据不可删除：

① 表已经提交开发库；

② 表已经发布生产。

将表下线或从开发库中删除后，可以将元数据删除。

（二）任务看板

任务调试完成后，需要对智能网优平台进行任务监控，并查看任务运行状态。任务看板包含概览、任务列表、血缘关系、资源使用四大模块。

任务看板

1．概览

① 平台管理的所有项目支持以应用树的方式进行展示。

② 支持按日期进行项目状态的统计，当天的所有任务数支持按饼图进行统计；支持统计当天的计划任务数和实际完成任务数的比率，支持统计当天任务的完成率。

③ 支持展示入库任务完成趋势和已完成任务趋势。

任务看板界面的概览如图 2-7 所示。

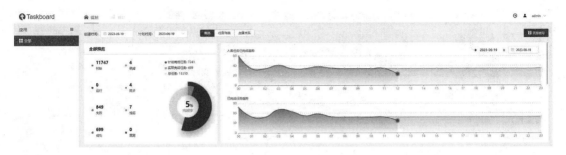

图 2-7 任务看板界面的概览

2．任务列表

针对任务列表中的任务，可以执行筛选、清空筛选、调序、停止、补采和日志下载等操作，如图 2-8 所示。

图 2-8 任务看板界面的任务列表

3．血缘关系

血缘关系支持算法中任务血缘的展示。图 2-9 展示了 9 个任务具有血缘关系。

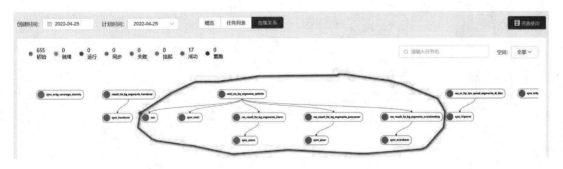

图 2-9 任务看板界面的血缘关系

4．资源使用

资源使用支持展示调度器的资源使用率趋势和任务执行情况，包含就绪任务、执行中任务、执行完成任务的统计，如图 2-10 所示。

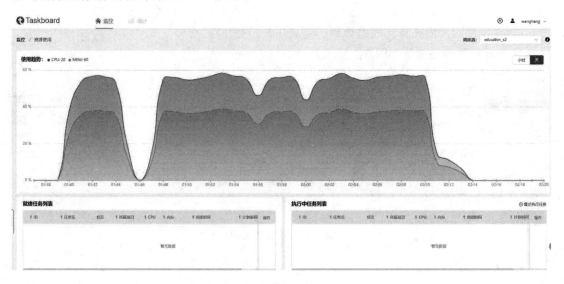

图 2-10　任务看板界面的资源使用

（三）组件管理平台

组件管理平台也叫集群管理中心，它基于服务器（Server）、代理（Agent）和基础设施组件实现了对集群中主机的操作控制以及集群访问的管理控制。

集群管理中心负责集群的创建和管理，支持集群部署、集群管理、告警管理、资源管理、主机管理、服务管理、配置管理等一站式集群监控运维服务。

（1）查看集群健康状况

指标页展示了集群的关键指标，如图 2-11 所示。

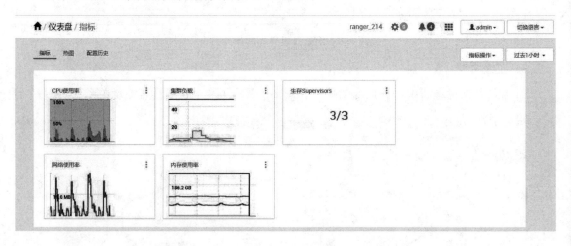

图 2-11　集群指标

① CPU 使用率：集群总体的 CPU 信息，包括系统、用户。

② 集群负载：集群总体的负载信息，包括节点总数、CPU 总数、运行的进程数和 1 小时的负载。

③ 网络使用率：集群总体的网络带宽占用率，包括 in-and-out。

④ 内存使用率：集群总体的内存使用率，包括 cached、swapped、used 和 shared 的内存。

（2）查看集群热图

热图页面使用图形和不同的颜色来表示和区分集群磁盘、CPU、内存总体利用率。图 2-12 中右侧的长方形代表集群中的每个主机，颜色代表使用率。

把鼠标指针移动到长方形上将弹出一个独立的窗口，该窗口展示了该主机的一些详细信息，如该主机安装的组件、物理资源的占用情况等。

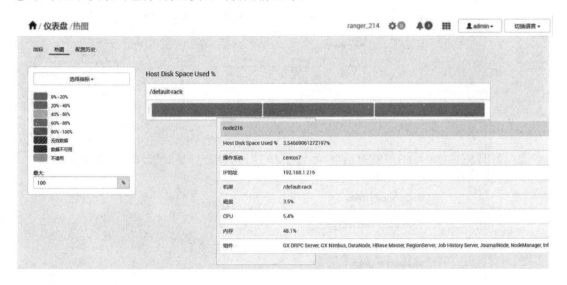

图 2-12　集群热图

（3）查看服务配置历史

配置历史页面记录了服务配置修改的操作历史，如图 2-13 所示。

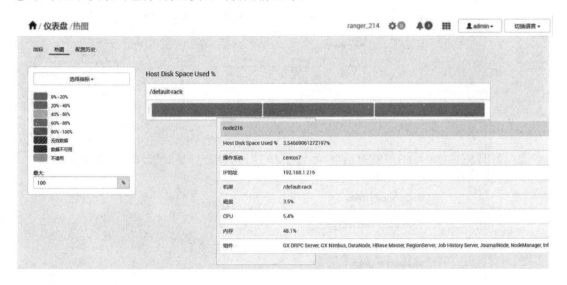

图 2-13　服务配置历史

① 管理主机:具有添加主机、删除主机、监控主机、查找主机、维护主机的功能。

② 管理服务:管理服务包含增加服务、删除服务、监控服务、维护服务、管理服务配置的版本、查看服务版本、查看审计日志等 7 项功能。

(4) 管理 HDFS

重新均衡 HDFS 块要启动一个平衡过程,遵循以下步骤。

① 在 Hadoop 服务页面中,单击"操作"按钮,选择"Rebalance HDFS",如图 2-14 所示。

图 2-14　均衡 HDFS

② 弹出"Rebalance HDFS"对话框,如图 2-15 所示,设置好参数后,单击"启动"按钮。

图 2-15　"Rebalance HDFS"对话框

(5) 管理告警

① 监控告警:大数据集群预定义了一些告警,使用告警来监视集群的健康状况,帮助我们识别和排除问题。

② 查看告警详情:通过单击告警定义名称,可以查看告警详细信息,如图 2-16 所示。

③ 搜索或筛选告警:根据告警状态、告警定义名称、上一次状态更改、告警定义关联的服务等来筛选告警,如图 2-17 所示。

④ 修改告警属性:修改检查间隔、阈值、描述、严重程度等,如图 2-18 所示。

⑤ 修改告警检查次数:可以修改全局告警检查次数和单个告警检查次数。

⑥ 禁用/开启告警:在告警信息状态中,可以禁用和启用告警,如图 2-19 所示。

⑦ 预定义的告警(Alerts)。

• ZooKeeper 预定义的告警:ZooKeeper 服务发出的告警的说明、潜在的原因及可能的解决方法。

- CManage 预定义的告警:CManage 服务发出的告警的说明、潜在的原因及可能的解决方法。
- CManage Metrics 预定义的告警:CManage Metrics 服务发出的告警的说明、潜在的原因及可能的解决方法。

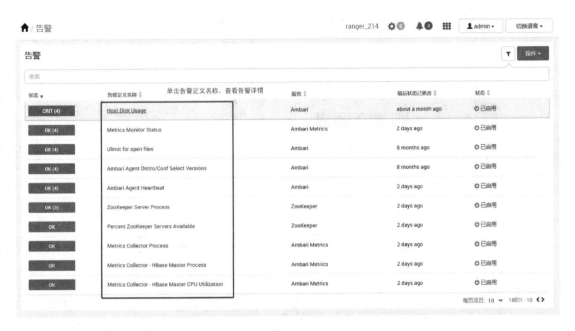

图 2-16　查看告警详情

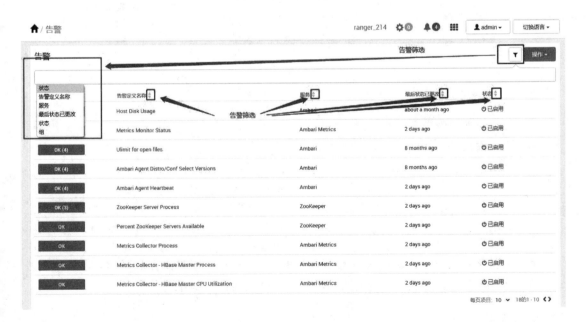

图 2-17　搜索/筛选告警

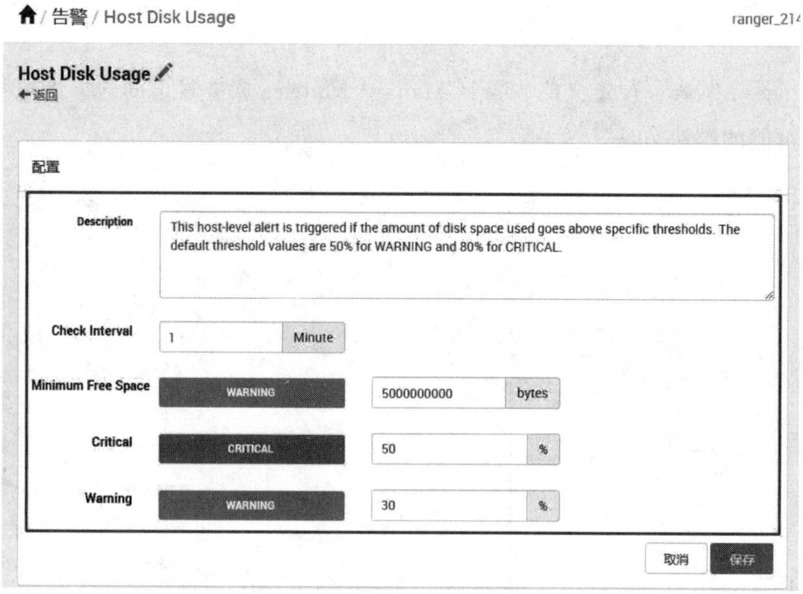

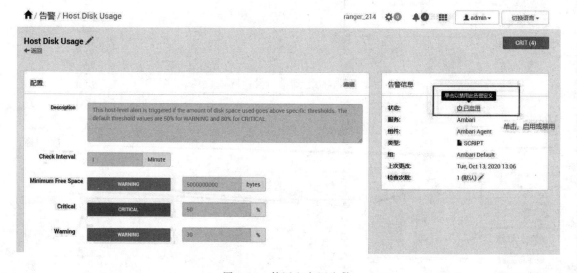

图 2-18　修改告警属性

图 2-19　禁用和启用告警

【任务小结】

本任务主要介绍了 SQL 算法以及智能网优平台。通过对本任务的学习,学生应掌握 SQL 算法的常用语句、可视化平台的四大功能、任务看板的主要功能。

【巩固练习】

一、选择题

1. 在以下 SQL 语句中哪一项为创建数据库的语句?(　　)

A. create database database-name　　　B. alter database database-name

C. drop database database-name　　　　D. create table tabname

2. 在以下选项中哪一项为数据定义语言?(　　)

A. TCL　　　　　B. CCL　　　　　C. DDL　　　　　D. DCL

3. 在以下选项中哪一项为增加一个列的语句?(　　)

A. alter table tabname add primary key(column)

B. alter table tabname add column col type

C. alter table tabname drop primary key(column)

D. create [unique] index idxname on tabname(column)

4. 在下列运算符中哪一个不是比较运算符的表达式?(　　)

A. <>　　　　　B. <=　　　　　C. >　　　　　D. >=

5. 以下哪些数据类型为浮点型?(　　)

A. float　　　　B. double　　　　C. bigint　　　　D. decimal

6. 以下哪些为字符数据类型?(　　)

A. binary　　　　B. char　　　　C. image　　　　D. text

二、判断题

1. 结构化查询语言是一种数据库查询和程序设计语言。(　　)

2. DML 是数据控制语言,包括 insert、update 和 delete 操作。(　　)

3. 智能网优平台由 4 部分构成,分别为组件管理平台、大数据计算集群、任务看板、可视化开发平台。(　　)

4. "!＝"运算符的解释为:等于,用于比较对象是否相等。(　　)

三、填空题

1. 应用开发包含_____和_____,数据视图提供数据的_____和_____功能,算法视图提供_____功能。

2. 可视化开发平台配置管理包含_____、_____、_____。

3. 组件管理平台也叫_____,它基于_____、_____和_____实现了对集群中主机的_____以及集群访问的_____。

4. 任务看板包含_____、_____、_____、_____四大模块。

拓展阅读

任务三　重点区域人流监控大数据分析

【任务背景】

重点区域案例:在对成都市户外媒体广告投放的分析中,需要对重点区域进行价格行情、流量等调查。重点区域主要是市内商业繁华区域:春熙路、盐市口、东大街以及骡马市商业圈。以春熙路为中心,东、西、南、北即东大街、盐市口、骡马市、天府广场等商业街、金融街及文化街,该区是成都市乃至西南地区的经济、文化、政治、金融中心。该区户外广告牌除受市民及旅游者关注外,还频频出现于有关新闻报道的镜头中。目前该地区日人流量约 90 万,车流量约 50 万。在该地区重点投放广告才能得到相应的收益回报。

随着经济的发展和城市化进程的加速,城市规模不断扩大,城市人口也越发集中。电子设备被普及之后,语音业务量正在不断增加,当人群过于密集的时候便会出现通话断断续续,影响人们正常使用的情况。针对重点公共场所,可以应用人群数量和人群密度的监测技术。一是人员计数技术,简单来说,就是数人头,对进入某一区域的人员数量进行统计,从而获得重点区域人员的总体数量;二是智能视频监控技术,目前很多场所都安装有摄像头,可以对图像中的人群密度进行识别和评估。目前,重点区域人流量可视化实时监控系统能够实时分析当前重点区域内访问移动基站的人数,并根据人流量密度计算口径,统计出该区域的人流量密度情况。

在进行重点区域人流监控大数据分析的时候,我们要提升自我的社会责任意识与公共利益意识,了解这些数据对社会生活可能造成的影响,明确自己在大数据应用中的责任,并落实到实践中积极维护公共利益。

【任务描述】

在本任务中,我们将以成都市户外媒体广告投放地点为例,对一些重点区域进行价格行情、流量等调查,"春熙路商业圈"作为本任务分析的重点区域,我们将会每天收集人流量数据进行统计分析。

本任务主要包含 3 个方面的内容:一是相关理论知识,包括重点区域人流监控的现实应用、高话务问题优化分析方法;二是重点区域人流监控大数据的算法分析;三是完成重点区域人流监控的大数据算法开发和平台实操。

【任务目标】

- 理解高话务优化的分析方法;
- 理解对重点区域人流监控问题的算法设计思路;

- 具备对重点区域人流监控问题进行优化分析的能力；
- 具备重点区域人流监控问题的算法开发能力。

【知识图谱】

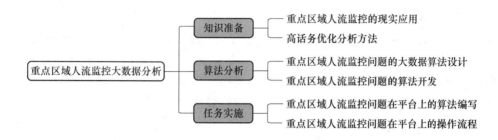

【知识准备】

一、重点区域人流监控的现实应用

重点区域的概念起源于 20 世纪 60 年代,当时,世界各国都在寻求提高经济发展水平和改善人民生活水平的新方法。于是,政府开始考虑将一部分区域内的资源用于支持其他区域发展的想法。随着时间的推移,重点区域的定义发生了很大的变化。重点区域指的是政府认为具有优势的地区,是政府重点投入资源以加快发展的区域。政府将以开发重点区域的方式,在重点区域内进行基础设施建设、推广新技术应用和投资就业等活动,强化重点区域支持政策,为重点区域发展提供经济和技术支持。重点区域的发展有利于经济增长,也有助于改善人民生活,因为重点区域可以提供就业机会、优质的教育服务和支持设施,从而改善民生状况。重点开发区域是指具有一定经济基础,资源环境承载力较强,进一步集聚人口和经济条件较好,开发潜力较大的区域。对于重点开发区域,需要完善基础设施,改善投资创业环境,促进产业集群发展,壮大经济规模,加快工业化和城镇化进程。后重点区域泛指有某些方面独特特征的区域。

随着经济发展和城市化进程的加快,城市规模不断扩大,城市人口也越发集中。重点区域人流量可视化实时监控系统能够实时分析当前重点区域内访问移动基站的人数,并根据人流量密度计算口径,统计出该区域的人流量密度情况。同时,该系统在对交通枢纽、商业圈、旅游景点、大型活动区域进行实时监控的同时,还能根据人流量密度发出红色、橙色、黄色、绿色预警,提供相关区域最近 24 小时人数变化曲线。当每百平方米区域内人数大于 60 时,系统就会发出红色预警,城市管理人员就可及时采取交通疏导、人流疏散等措施。

二、高话务优化分析方法

（一）高话务场景需求分析

突发性高话务场景是指在节假日、重要活动、重大事件等特殊时间内,用户在某些场所大量聚集,从而产生比平时多得多的话务。由于话务的突发性和巨量性,这些场所的覆盖小区往往会出现大量的拥塞,从而影响用户的通话质量,严重时可能导致网络退服,甚至危及网络安全。

因此,在制订保障方案时,必须正视如下几个难点。

1. 网络评估工作量大

对高话务场景的准确把握需要细致的评估工作,评估场景需要划分更小的粒度分别考虑;在评估网络指标时,要了解场景环境特点、用户群体、业务类型,综合考虑多种因素才能准确估算容量,制订符合实际情况的解决方案。

2. 业务需求量大

对于室内场景,如果要保证覆盖质量和容量,不可避免地要使用室内分布系统(简称室分系统)。在通常情况下,一栋普通楼宇也就安装一个信源,但是如果出现大容量业务容量需求(如会议室、宴会厅、体育场等),此时通过传统的室内分布系统方案进行话务吸收无法保证业务质量,因此需要对目标覆盖区域进行多个小区的覆盖。

3. 信号复用难度大

由于覆盖场景的面积过于集中,且展馆或会场内无信号隔断,信号均以可视环境传播,小区间隔离度较小,信号复用难度较大。若目标覆盖区域小区越多,则小区之间的干扰越大,从而导致每个小区的业务容量和质量均下降。

4. 频率资源有限

各个电信运营商只有 2~3 个频点,不能满足高话务扩容的需求。

5. 用户优先级别高

对于一些 VVIP 用户,为保障其体验或者测试需要,需确保这类用户时刻被优先调度,优先分配资源,必要的时候还可抢占资源。

为了更好地指导现场制订合理的保障方案,根据突发性高话务出现的时间和地点,可将突发性高话务场景分为重大会议场景、导致大量用户聚集的特殊节日或活动场景等,下面将逐一分析各场景的特点。

(二)高话务场景规划与评估

1. 高话务场景评估分类

高话务场景评估分类主要根据规模、用户行为进行,如表 3-1 所示。

表 3-1 高话务场景评估分类

场景分类		场景特点(建筑特点、用户特点)
赛事活动	国际/地方赛事	该场景一般在大型体育场馆举行,包含室内室外区域,建筑功能区明显,有固定的运动员休息区、比赛区、观众席、停车场等,可以较为准确地预测用户数量,用户活跃区主要在观众席
	专项比赛	
政治活动	选举会议	一般在会议中心、露天广场,用户密集,用户数量难以预测
	集会	一般在大型广场、大型行政会议中心,用户数量难以预测
	国际/国家/省部级会议	主要在会议中心室,且主要在室内,保障级别高,会议室、洗手间、休息室等均要求实现良好覆盖,用户主要有与会官员、外宾、新闻记者等,可以较为准确地预测数量
商业活动	演唱会	一般在大型场馆、歌剧院或露天场所,用户数量可以较为准确地预测
	啤酒/美食节	一般在露天场所、美食城等商业区域,用户数量难以预测
	商品/艺术展会	一般在商业中心/艺术中心的建筑物内,人流量大,建筑物内对美观程度要求高,施工难度大,用户数量难以预测

场景分类		场景特点(建筑特点、用户特点)
交通枢纽	机场	功能区区分明显,有候机厅、登机口、停车场、商品店铺等区域,高端用户群体居多,用户数量难以预测
	火车站	火车站功能区明确,主要有售票厅、广场、候车厅,假日人流量剧增,话务特点明显,用户数量难以预测
	汽车站	主要有售票厅、候车厅、室外广场,假日人流量增多,用户数量难以预测
	港口/渡口	集中在口岸、海岸场景,主要有售票厅、广场,在假日期间旅游时节易出现高话务情况,用户数量难以预测
生活保障类	促销商场	一般为商场大厅、商场露天广场,用户数量难以预测
	联谊会	一般为类似于军民联谊、相亲联谊的室内/露天场所,用户数量可以较为准确地估算
	节日的聚集场所(陵园、公墓、江/海滩)	该场景时段性强,一般在室外露天场所,用户数量难以预测
	节日期间的公园/游乐园/风景区	该场景时段性强,在法定长、短假期间,话务易出现高峰,用户数量难以预测
	开学期间的学校	一般在高校开学、学校运动会、学校联赛期间易出现高话务,用户数难以预测
其他	影院	情人节、圣诞节等节日易出现话务高峰,场景建筑简单,布局单一,用户数量容易预测
	集团客户会议	该场景突发性强,一般在室内,用户要求高,用户数量能够相对准确地预测
	歌舞表演/义演	与演唱会场景类似
	临时会议保障	该场景突发性强,级别高,一般在室内,用户要求高,设备安装可能处于低话务状态,用户数量能够相对准确地预测
	客户要求保障场所	该场景突发性强,级别较高,用户数量能够相对准确地预测

注意:大、中、小型场景主要与场景面积、用户规模相关。

2. 高话务场景区域

不同场景的大小、规模、建筑结构各不相同,且在同一场景的各个区域内用户群体、人流量不同,覆盖与容量需求有所不同,因此评估区域应当细化区别。以运动场馆为例,可以将评估区域进行分类,如表 3-2 所示。

表 3-2　高话务场景区域分类

功能区	说明
观众席	场馆的观众席、电影院、歌剧院等场景是用户活跃的主体区域,占地面积大,峰值时话务需求量大
比赛场区	话务需求量相对较小,有室内和室外的区域,无线环境相对复杂
电梯	话务需求量相对较小,电梯厢损耗大,需要保证连续覆盖
露天停车场	话务需求量相对较小,有室内和室外的区域,无线环境相对复杂
地下停车场	地下停车场话务需求量较小,无线环境简单,对容量要求不高

功能区	说明
广场	场馆的室外广场或类似的街区等场景,室外信号相对复杂,需要保证一定的容量
运动员休息室	容量要求一般,要保证良好的用户体验
新闻发布厅	话务需求量大,品牌效应明显,保障级别高
洗手间	洗手间墙体对信号的遮挡比较严重,话务需求一般,但是需要保证连续覆盖
VIP 房间	级别较高,覆盖容量要求高

3. 评估相关指标

高话务场景评估指标如表 3-3 所示。

表 3-3　高话务场景评估指标

相关指标	说明
RSRP 覆盖率	根据测试轨迹可以判断信号覆盖水平,定位弱覆盖区
SINR 覆盖率	在一定程度上反映用户体验的情况,定位体验差异的区域
DL/ ULThroughput (下行吞吐速率/上行吞吐速率)	当 DT、CQT、测试条件允许时,在测试区域内可以根据用户体验的轨迹进行压力测试
小区数	当前区域小区数量,反映了该区域内所能支持的容量
载波配置情况	后续容量估算与方案实施需要考虑
区域内的话务峰值	计算该区域内的人数,进而确定总流量

4. 评估方法

(1)覆盖评估

① 评估步骤。

a. 确定测试计划,选定评估区域,选择有代表性的位置或路线。

b. 在覆盖区域按照预定路线或位置进行 DT/CQT 打点记录。

c. 数据统计,处理 RSRP 覆盖率、SINR 覆盖率以及上下行的平均吞吐量。

d. 根据测试结果判断弱覆盖区、平均吞吐量以及周边覆盖情况。

e. 根据 DT 结果,统计小区在覆盖区出现的数量,便于后期扩容评估。

② 覆盖评估案例

某一历史街区景点长 1 600 m,宽约 3 m,沿街两边为商家店铺。结合基站信息表,DT 评估如图 3-1 所示。

SINR/DL Throughput 基本满足覆盖要求,RSRP 有一段路不满足覆盖要求,需要调整优化或增加设备增强 RSRP 覆盖。

(2)容量评估

容量评估是高话务场景的核心,准确地预测容量是制订合理方案的关键因素,也是高话务场景面临的挑战。

① 基于话务模型的容量规划流程如图 3-2 所示,容量规划如表 3-4 所示。

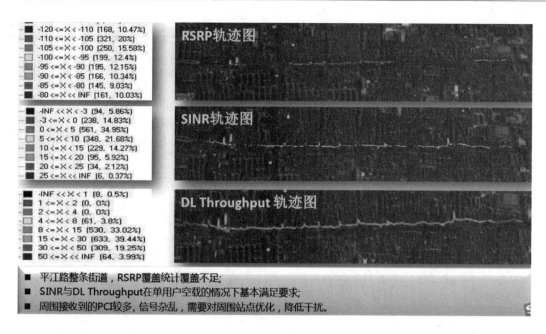

- 平江路整条街道，RSRP覆盖统计覆盖不足；
- SINR与DL Throughput在单用户空载的情况下基本满足要求；
- 周围接收到的PCI较多，信号杂乱，需要对周围站点优化，降低干扰。

图 3-1　覆盖评估图

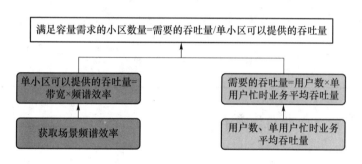

图 3-2　容量规划流程

表 3-4　容量规划表

单站容量	容量需求
单站点(小区)的平均吞吐量等于频谱效率乘以带宽	容量需求和用户规模、用户习惯等相关，这些数据可以从现网的网管数据中提取

② 用户数预测

• 情况一：用户数可准确统计。

主要应对的场景如场景分类中的会议室、场馆、歌剧院等，可根据此类场景的座位数、售票数准确统计用户数。

• 情况二：用户数需估算统计。

主要应对的场景是广场、特殊节日交通枢纽(机场、火车站、客运站、码头)、海滩、公园、游乐园、景点等区域。此类区域可以划定用户活跃区，估算区域面积，根据人口密度取值计算，如表 3-5 所示。

表 3-5　分场景用户数估算表

场景		活跃区定位	估算方法	说明
火车站	候车厅	用户集中候车厅、售票厅	候车厅:座位数＋空旷面积×人口密度 候车厅:面积×人口密度 广场:面积×人口密度	计算时应分别考虑不同功能区的情况,针对每个功能区取值计算
	广场	密集区域集中在火车站出入口处	广场面积×人口密度	人口密度参考值为 2～5 人/m²
码头		售票点、等候区	面积×人口密度	人口密度参考值为 3～5 人/m²
游乐园		活跃区主要在单元景点、检票处、道路上	面积×人口密度	活跃区应区别考虑,例如,检票处设为人口密度为 3～5 人/m²,道路可设为 1～3 人/m²,根据道路宽度与实际容纳人数合理取值
公园		道路、休息区	面积×人口密度	道路可设为 1～3 人/m²
海滩		沙滩区域、道路	面积×人口密度	人口密度参考值取 1～3 人/m²

(三) 高话务场景工程改造方案

1. 工程改造依据

为保障用户感知,推荐工程改造标准为单小区在线用户数 400,激活用户数 200。

经现场评估,当网络无法满足预估的突发性高话务场景需求或无法保证用户感知度时,建议对覆盖区域站点进行工程改造扩容,通常可以采用拆分超级小区、增加小区、增加站点等方式来增加网络容量,以满足高话务场景需求。

2. 室外宏站扩容工程改造方案

(1) 超级小区拆分扩容方案

在室外宏站覆盖下,为减少相邻小区间的干扰和邻近小区切换,通常将某些场景的若干小区组建为超级小区。其优势在于解决上述两点问题,缺点是降低了室外宏站的容量。因此,在高话务保障覆盖区域,如有超级小区组网,建议酌情进行超级小区拆分。该操作不涉及工程改造,仅需进行配置数据变更。

如图 3-3 所示,3 个 RRU 组成一个超级小区,可以减少 RRU 之间的同频干扰,但 3 个 RRU 组成超级小区后,只有 1 个小区的容量。

超级小区拆分后的组网方案如图 3-4 所示。通过超级小区拆分,网络容量从 1 个小区的容量提升至 3 个小区的容量。

（2）增加 RRU 的异频同覆盖小区扩容方案

异频同覆盖小区扩容要求新增异频段 RRU。如图 3-5 所示，以 S111 扩容 S222 为例介绍异频同覆盖小区扩容方案，室分系统扩容方案基本与之相同，也适用于改造为 FDD＋TDD 双模的情况。

（3）增加基站扩容方案

若现场高话务场景无法通过异频同覆盖扩容解决，则建议新增一套基站来扩大容量。新增站点设备组网方案如图 3-6 所示。

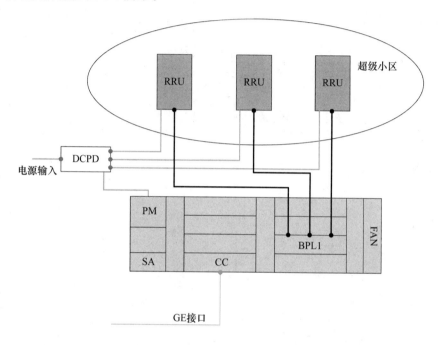

图 3-3　超级小区拆分前的组网方案

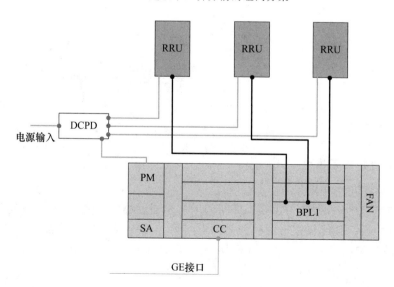

图 3-4　超级小区拆分后的组网方案

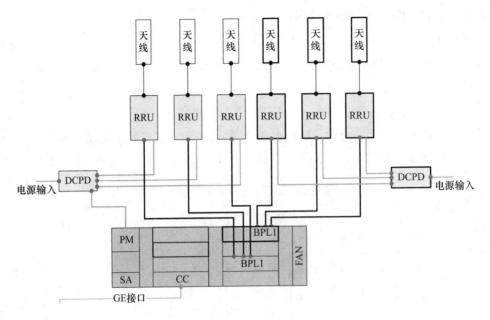

图 3-5　增加 RRU 的异频同覆盖小区扩容方案

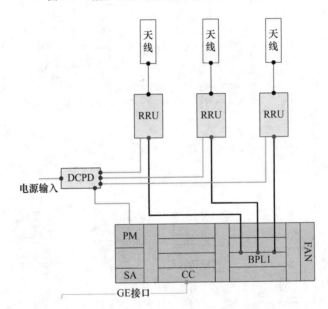

图 3-6　新增站点设备组网方案

3. 室分站点扩容工程改造方案

（1）超级小区拆分方案

在室分覆盖系统中,为减少相邻小区间的干扰和邻近小区切换,通常将室分系统中若干小区组建为超级小区。其优势在于解决上述两点问题,但缺点是降低了室分系统的容量。因此,在高话务保障覆盖区域,如有超级小区组网,建议酌情进行超级小区拆分。该操作不涉及工程改造,仅需进行配置数据变更。

（2）单通道改为双通道扩容方案

为了提高用户体验,将现有的单通道室分系统改造为双通道室分系统,如图3-7所示。涉及注释：天线（Antenna）、合路器（Combiner）。

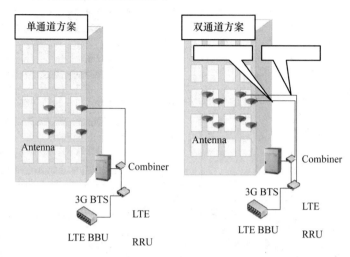

图 3-7 单通道改为双通道扩容方案

（3）异频 RRU 同覆盖小区扩容方案

异频同覆盖小区扩容要求新增异频段 RRU，同时要求室分系统支持异频的频段，如图 3-8 所示。

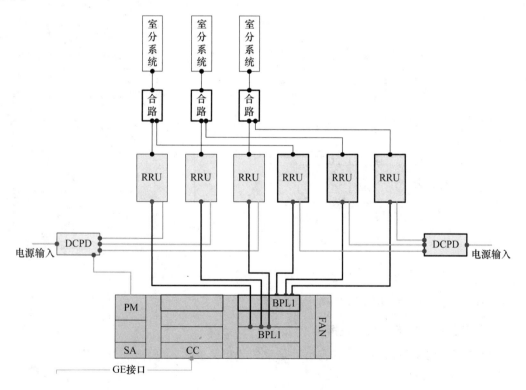

图 3-8 异频同覆盖小区扩容后设备组网方案

（4）增加同频 RRU 扩容方案

增加同频 RRU 主要是为了增加容量，把现有的室分覆盖区域分别用几个信源进行覆盖，来满足大用户量需求，如图 3-9、图 3-10 所示。

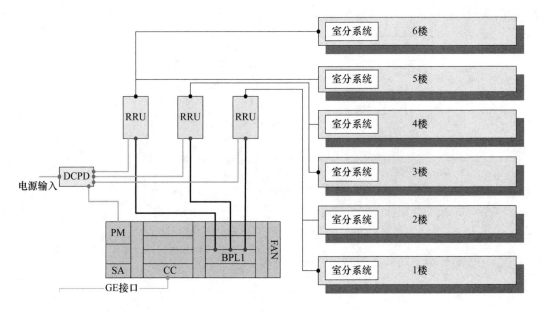

图 3-9　室分现网设备组网方案

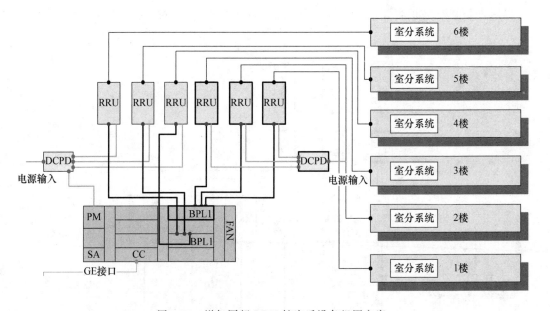

图 3-10　增加同频 RRU 扩容后设备组网方案

（四）高话务场景网优参数调整指导

1. 空闲态用户均衡参数调整指导

空闲态用户均衡的相关参数其实也就是重选的相关参数，主要涉及以下几个。

① 重选优先级设定。

② 服务小区最小接收电平、频内重选最小接收电平、频间重选最小接收电平，三者设置保持一致，按照运营商要求来配置。

③ 服务小区最小 RSRQ 要求、频内重选最小 RSRQ 要求、频间重选最小 RSRQ 要求，三者设置保持一致，按照运营商要求来配置，如果运营商未做要求，统一保持为默认值即可。

④ 关闭基于 RSRQ 的重选,即只使用 RSRP 作为重选的判决。

⑤ 重选测量相关门限参数设置,涉及 S-IntraSearch-P、S-IntraSearch-Q、S-NonIntraSearch-P、S-NonIntraSearch-Q。其中,以标注为 P 的两个门限参数为主。

⑥ 重选判决相关门限参数设置。

- 同优先级重选判决:涉及服务小区重选迟滞、邻区的重选特定偏置。
- 高优先级重选判决:涉及目标小区的 S 值门限,由于建议关闭基于 RSRQ 的重选,所以只需考虑 RSRP 的 S 值门限。
- 低优先级重选判决:涉及服务小区、目标小区的 S 值门限,由于建议关闭基于 RSRQ 的重选,所以只需考虑 RSRP 的 S 值门限。

⑦ 重选定时器设置。

2. 连接态负荷均衡参数调整指导

连接态负荷均衡有盲切方式和基于测量的方式。

盲切通常是用于同站多载波的情况,此时两个小区的覆盖一致,就可以在这两个小区之间做盲切的负荷均衡,如果 A 小区覆盖范围被 B 小区覆盖范围所包含,那么只能做从 A 小区向 B 小区的盲切负荷均衡,而从 B 小区向 A 小区的负荷均衡得使用基于测量的负荷均衡。

基于测量的负荷均衡的大致思路是,当某小区开启负荷均衡功能后,其会周期性检查自身的负荷状况,如果认为自身的负荷超过了负荷门限,那么就会指示部分 UE 对异频邻区甚至同频邻区做 A4 事件测量,然后根据上报的 A4 事件 MR 消息,并根据 X2 链路获取对应邻区的负荷,如果邻区的负荷也低于一定的门限,就会指示部分 UE 做切换,切换到负荷相对较轻、信号强度也还过得去的邻区上,实现负荷均衡的目的。

在实际应用中,负荷均衡通常用于异频场景(包含 TD LTE),同频的不同小区间做负荷均衡效果可能未必好,因为刚被负荷均衡到空闲小区的用户可能会重新发起基于覆盖的切换而要求返回负荷重的小区。当然,同频邻区的负荷均衡目前应用经验的确也很少,需要进一步积累经验。

参数调整主要针对室内和室外场景,双载波、多载波、异频同覆盖场景的小区基于负荷的切换,具体包括以下场景。

① 同站双载波负荷均衡场景,此时可以采用盲切或者基于测量的负荷均衡。

② 基站间负荷均衡场景,此时只能采用基于测量的负荷均衡。

3. 信令面的参数调整

(1) CFI 配置

该参数指示了高层为小区配置的 CFI,控制信号占用每个子帧的前 n 个 OFDM 符号,n 由 CFI 给出。该参数采用后台配置,可以配 1、2、3 动态调整。在相同的信道条件下,CFI=3 时的吞吐量较 CFI=1 要小,但是每个 TTI 可以支持更多的用户调度,如表 3-6 所示。

表 3-6　CFI 配置表

参数表	Parameter Name	Short Name	Range and Step	Default Value	Unit
EUtranCellFDD	CFI Selection	CFI	0:Auto-Adjusted,1:1,2:2,3:3,4:4	2[2]	N/A

现在的版本已经实现了 CFI 自适应功能,即依据一个调整周期内上下行总共分配的 CCE 个数以及分配失败的 CCE 个数的总和来判定下一个周期需要的 CCE 总数,从而决定 CFI。

32 个 TTI 为一个调整周期。分配 CCE 的个数与激活用户数和业务类型有关。在普通商用网络下可以设置为"0：Auto-Adjusted"。在高话务保障场景下，建议设置为 3。

（2）控制面 user-inactive

将控制面 user-inactive 定时器的时间从 10 s 增加到 1 min。降低信令交互数量，减少对 CC 的冲击。此处 1 min 为建议值，现场可以根据实际情况来灵活处理。总之，这个定时器的时间设置得越长，信令面的负荷就越小。但相应地这会增加用户面的负荷和资源占用，所以该定时器的修改需要适当、逐步调整，避免一次性设置过于极端的值。

（3）跟踪区（TA）规划

整个高话务区域通常不会很大，因此需要确保这个区域内的 LTE 小区处于同一个 TA 下。

（4）测量参数设置

为了减少过多的 MR 消息对 CPU 的冲击，可以做如下检查。

- 事件触发周期报告次数 reportAmount 不要设置为"无限制"，避免无法切换时 UE 反复上报 MR 消息而增加网络负荷。
- 从事件发生到上报的时间差 timeToTrigger 可以临时调整为大一些，主要是预防乒乓切换增加信令开销，对系统增加额外的负担。
- 周期性下行 RSRP 测量开关 rsrpPeriodMeasSwitchDl 需要关闭，减少信令开销，降低网络负荷。
- 检查 A1/A2 门限，确保 A1＞A2，并临时将两者差距拉大到 10 dB 以上，减少重配置消息对 CC 的冲击。

（5）T302 定时器

T302 用于控制从 eUTRAN 拒绝 UE 的 RRC 连接建立到 UE 下一次发起 RRC 连接建立过程的时间。UE 接收 RRC Connection Reject 信息后得到其中的参数 waitTime，定时器 T302 的取值由 waitTime 决定。在网络发生拥塞后，eNB 会拒绝 RRC 连接建立请求，并且 UE 会重新发送 RRC 连接建立请求，在系统拥塞情况下 UE 在间隔较短时间内的反复重试不利于系统拥塞的解除。因此，建议增大 T302 定时器设置时间（推荐 16 s），增加在 RRC 连接建立拒绝后延长惩罚的时间。

关闭高话务基站进行中的 MR、CDT 任务，减少 CC 处理负荷。

（五）高话务场景用户级保障方案指导

1. 黑白名单方案指导

个别保障场景常常要求某一终端独享一个小区的带宽，此时可以通过设置黑白名单的方式来达到只让特定的终端接入该小区的目的。

该方案的原理为在 Attach 和 TAU 流程中的 MME 鉴权阶段，禁止终端接入网络，其配置方法如下。

① 高话务场景用户级保障。

② 收集需要重点保障 UE 的 IMSI 号。

③ 在核心网 MME 处将"支持基于 IMSI 号段的 TAI 区域限制"功能打开。

④ 配置 MME（TA），这个 TA 就是保障区域所对应的 TA。

⑤ 配置 MME 基于 IMSI 号段的限制区域（将演示区域需要用到的 IMSI 号与演示区域对

应的 TA 相关联)。

2. ARP 方案指导

提前收集现场 VVIP 用户的 IMSI,协调核心网 HSS 修改这些用户的分配保留优先级 (Allocation Retention Priority,ARP)为最高,保障这部分用户总是被优先调度。

【算法分析】

一、算法设计

重点区域人流监控用于防范公共安全事件的发生,例如,景区、车站等区域的人流监控可以防止人员踩踏事件发生。本设计对划定的重点区域内的人员数据做聚合分析,按时间维度统计划定区域内的人员数量,最终输出以天为时间维度的人员监控数量。

数据来源:基站下发的测量报告数据存储在基站服务器中,对其进行加密脱敏后,首先通过数据接口拉取到本地处理计算服务器,然后处理计算的服务器进行首次数据的预处理,如过滤掉无效数据等,最后推送到要分析的数据表作为我们后续使用的输入表。

算法设计逻辑如图 3-11 所示,设计思路如下。

① 根据需求设计并创建结果表 ads_user_stat(重点区域结果表)。

② 由于我们需要的是重点区域人流量,而无线数据是用户在每个时刻某一点的行为(事件)数据,所以我们首先要对 MR 数据采样点进行位置过滤,筛选出符合重点区域要求的采样点数据。

③ 对重点区域按天进行用户量统计。算法体现:以日期为分组(group by p_date),计算用户的数量〔聚合函数 count(用户 ID)〕。

④ 对划定的重点区域内的人员数据做聚合分析,按时间维度统计划定区域内的人员数量,最终输出以天为时间维度的人员监控数量。

⑤ 将分析出来的数据结果写入结果表 ads_user_stat(重点区域结果表)中。

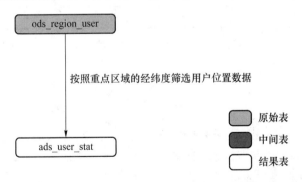

图 3-11　重点区域人流监控算法建模流程

说明:在图 3-11 中,ods_region_user(用户发生事件表)对应数据仓库中的数据运营层 (Operational Data Store,ODS);ads_user_stat(重点区域结果表)对应数据仓库中的数据应用层(Application,App)。

二、表字段

（一）输入表

ods_region_user 的字段说明如表 3-7 所示，它记录了每次发生通信事件（测量、切换等连接态事件）的用户及位置信息。

表 3-7 ods_region_user 字段说明

字段名	字符类型	字段说明
user_id	string	用户 IMSI（已脱敏处理）
user_num	string	用户电话号码（已脱敏处理）
procedure_starttime	string	MR 数据产生时间
enbid	int	基站编号
cellid	int	基站小区编号
lon	double	MR 上报经度
lat	double	MR 上报纬度
p_date	string	MR 上报日期
p_hour	string	MR 上报时间

（二）输出表

通过对原始数据表 ods_region_user 进行分析，获得 ads_user_stat（重点区域结果表）的数据信息，如表 3-8 所示。

表 3-8 ads_user_stat 字段说明

字段名	字符类型	字段说明
p_date	int	人流监控日期
user_stat	int	人流数量

【任务实施】

1. 注册

访问大数据云平台，进入账号注册界面，如图 3-12 所示，输入用户名、密码、确认密码、邮箱、手机号、验证码等信息进行账号注册。账号注册完毕后，需要管理员授权才可以使用。

重点区域问题自动
分析算法与实操

2. 登录

进入大数据云平台账号登录界面，如图 3-13 所示，输入正确的用户名、密码及验证码登录。

3. 新建项目

单击新建项目，如图 3-14 所示，填写项目名称和项目描述，完成项目创建。

图 3-12　账号注册界面

图 3-13　账号登录界面

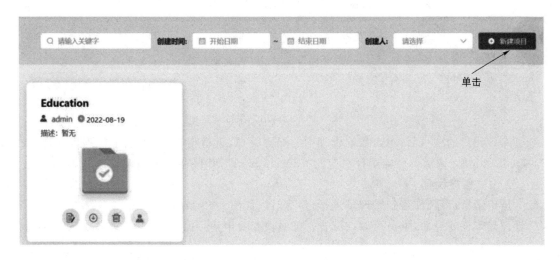

图 3-14　新建项目

项目名称：必填，只能由英文、数字、下划线组成，长度为 3～255 个字符，如 Education 项目。

项目描述：选填。

4. 申请租户

（1）管理员租户设置

通过管理员账号进入平台中，如图 3-15 所示。

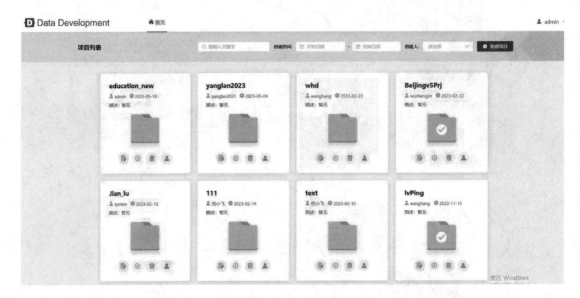

图 3-15 登录管理员账号

在已创建的用户项目列表中，可通过查询的方式快速定位到指定的项目，如图 3-16 所示。

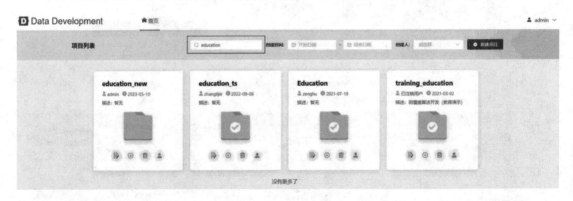

图 3-16 查询用户项目

进入该用户的项目后，单击数据管理中的配置管理，进行租户配置，在下拉列表中选择租户，如 education。调试调度器选择对应的"education_s1"，并保存配置，如图 3-17 所示。

（2）用户租户设置

学员申请租户后，需告知管理员进行租户配置，如图 3-18 所示。

管理员审核通过后，学员可以在配置管理模块查看申请到的租户情况，如图 3-19 所示。

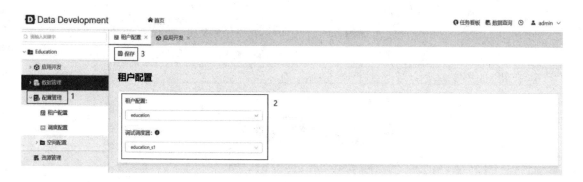

图 3-17　配置用户租户

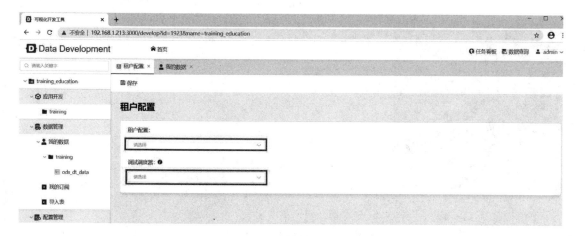

图 3-18　租户配置

图 3-19　查看租户配置

5. 新建目录

可视化开发平台支持项目按功能划分，以目录的形式进行项目功能管理，一个目录即一个功能,右侧是对应该功能的画布。

单击进入 Education 项目,在项目树中右击"应用开发"模块,在弹出的快捷菜单中选择"新建目录",如图 3-20 所示。弹出"新建目录"对话框,输入目录名称"zhongdianquyu",单击"确定"按钮,如图 3-21 所示。

图 3-20 新建目录

图 3-21 新建目录

新建目录成功,就会在左侧项目树中显示该级目录。单击目录 zhongdianquyu,就会显示该目录对应的画布,如图 3-22 所示。

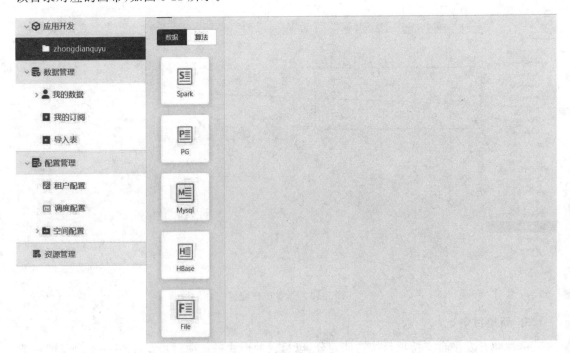

图 3-22 目录及其画布

6. 建表

通过"拉取"的方式新建一张数据表,并定义好表存储的数据库 education_tc 和表名 ads_user_stat_tc,版本号可不填,伴生算法选择"否",如图 3-23 所示。单击"确定"按钮后,在画布上显示 ads_user_stat_tc 表,如图 3-24 所示。

说明:数据库的名称和表的名称是唯一的,学生可以创建自己的数据库和数据表。在实际教学中,为了便于管理,学生使用的数据库"库名"可以由管理员根据实际情况提前设定。本书中的数据库名统一设为"education_tc",除公用的数据表外,学生自己创建的"表名"可以加上后缀"_学号"。

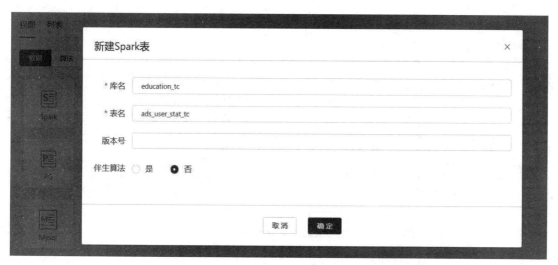

图 3-23　新建 Spark 表

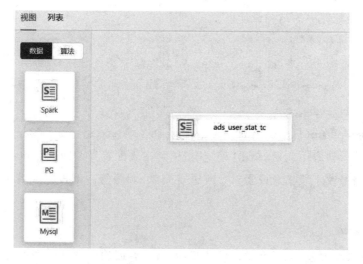

图 3-24　ads_user_stat_tc 表

7. 表配置

表创建成功后,需要进一步进行表配置,设置表结构。双击"ads_user_stat_tc"表,打开表配置界面,可以看到这张表的基本配置,包括之前定义的表名和库名。

表结构的设计可以采用以下两种方式。

① 通过界面操作,在普通字段列表中单击"添加",设置字段名、字符类型、注释等,在分区字段列表中添加分区信息,包括分区类型、分区名、字段类型、变量、格式、持续时间等,如图 3-25 所示。

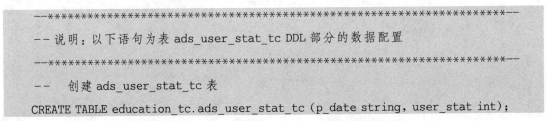

图 3-25　表配置

② 通过数据定义语言(DDL)定义字段和字段类型。

两种建表方式之间是联动的,即表结构设计后会自动生成 SQL 语句;反之,写 SQL 语句会自动匹配填写表配置中的结构设计。

```
--**************************************************************--
--说明:以下语句为表 ads_user_stat_tc DDL 部分的数据配置
--**************************************************************--
--　创建 ads_user_stat_tc 表
CREATE TABLE education_tc.ads_user_stat_tc (p_date string, user_stat int);
```

通过 DDL 写入建表语句后,单击"确定"按钮。在表配置界面即可看到字段信息已经自动填充,也可以重新修改字段信息或者对字段进行删除、调序等。配置完成后单击"保存"按钮,如图 3-26 所示。

8. 数据表发布

上线表包含提交开发库、发布生产库两步,发布生产成功后方可后续使用。

提交开发库是指将表元数据提交到平台表的开发目录,在开发库中建表。如果表的配置有修改,而结构未修改,重新提交只更新表配置,表结构不变。数据表配置完成后,需要提交数据表至开发环境,因为调试都是在开发库完成的。

表提交开发库支持以下两种方式:

① 在数据视图中右键单击表节点,选择"提交开发库",如图 3-27 所示;

图 3-26　表配置保存

图 3-27　ads_user_stat_tc 表提交开发库

②　在首页"数据管理"中单击"我的数据",在打开的页面中选择需要提交的数据表,在操作列执行"提交开发库",也可以批量提交开发库或批量从开发库删除。

发布生产是指将表元数据提交到平台表的生产目录,在生产库中建表。如果已发布的表有修改,则显出该表与生产环境版本不一致,需要重新发布。

发布生产支持以下两种方式:

①　在数据视图中右键单击表节点,选择"发布生产",如图 3-28 所示;

②　在首页"数据管理"中单击"我的数据",在打开的页面中选择需要发布生产的数据表,在操作列执行"发布生产",也可以批量发布生产或批量上产下线。

本次任务选择在数据视图中进行发布。右击 ads_user_stat_tc 表节点,选择"提交开发库",如图 3-27 所示。然后右击表,选择"发布生产",如图 3-28 所示,即可完成数据表的发布。

图 3-28 ads_user_stat_tc 表发布生产

9. 算法开发

数据管理操作完成后,将界面切换到算法视图进行算法开发。算法算子支持 Spark-Sql 算法、Jar 算法、Python 算法、Pg 同步算法、Hbase 同步算法。本任务我们选用 Spark-Sql 算法。拖拽 Spark-Sql 算子到画布上,弹出"新建算法"对话框,输入算法信息即可创建算法,如图 3-29 所示。

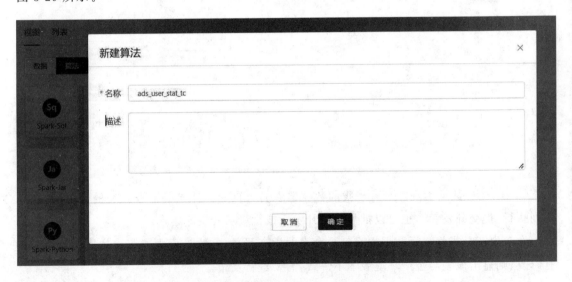

图 3-29 新建 ads_user_stat_tc 算法

注意:创建算法的名称与创建表名称一致,此处以及后续图中的算法名称仅供参考。

建好算法后会在算法视图中显示该算法节点,如图 3-30 所示。双击算法节点或在左侧项目中单击算法,会进入算法开发页面。

双击所创建的"算法",编写重点区域人流监控大数据分析的算法。

图 3-30　算法画布

```
-- 本算法的主要作用是将划定的重点区域的用户数据筛选出来
drop table if exists temp_dwd_user_num;
cache table temp_dwd_user_num as
select user_id,
       user_num,
       procedure_starttime,
       enbid,
       cellid,
       lon,
       lat,
       p_date
from education.ods_region_user
where lon <= 117.03635
  and lon >= 113.835525
  and lat <= 23.75977
  and lat >= 22.52763;
-- 筛选符合要求的数据插入 education_tc.ads_user_stat_tc 表
insert overwrite table education_tc.ads_user_stat_tc
select
       p_date,
       count(user_num) as user_stat
from temp_dwd_user_num
group by p_date;
```

注释：
① overwrite，每次执行都会将数据重刷。它可以防止多次执行导致的数据重复问题。
insert overwrite table education_tc.ads_user_stat_tc
② 统计重点区域的人员数量，并按照天统计：
count(user_num) as user_stat
count 会遍历所有该字段，如果为 null 则跳过，否则取出并累加，最后返回的是非 null
的总和。

10. 算法配置

双击算法节点或在左侧项目中单击算法,会进入算法开发页面。对于 Spark-Sql 类的算法,算法开发页面有 SQL 脚本编辑区以及算法配置和资源配置两个 tab 页面,如图 3-31 所示。

算法配置包括基础配置、任务实例化配置、输入数据配置、输出数据配置、高级配置。

基础配置包括算法名称、版本号、描述、语言、类型、驱动类型。

语言指算法实现的自然语言,支持 Sql、Jar、Python 类型。语言可进行切换。

类型指算法的类型,可支持 Spark 和 Spark-datasync。类型不可以修改,由创建算子的类型决定。

在基础配置模块中驱动类型包括 data 和 time。选择 data 表示数据驱动,需要结合输入数据牌和置信度来判断该任务是否满足执行条件;选择 time 表示时间驱动,定时执行任务。

图 3-31 算法开发页面

算法开发完成后,要进行配置,才可执行。在 ads_user_stat_tc 算法开发页面中,单击右侧的"算法配置"标签,进入界面后,基础配置模块"驱动类型"选择"time",任务实例化配置可不进行配置,如图 3-32、图 3-33 所示。在输入数据配置中,在选择数据节点处选择原始表 ods_region_user进行关联,如图 3-34 所示。在输出数据配置中,选择前面所创建的 ads_user_stat_tc 表,如图 3-35 所示。

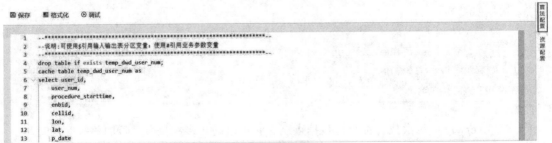

图 3-32 算法配置的位置

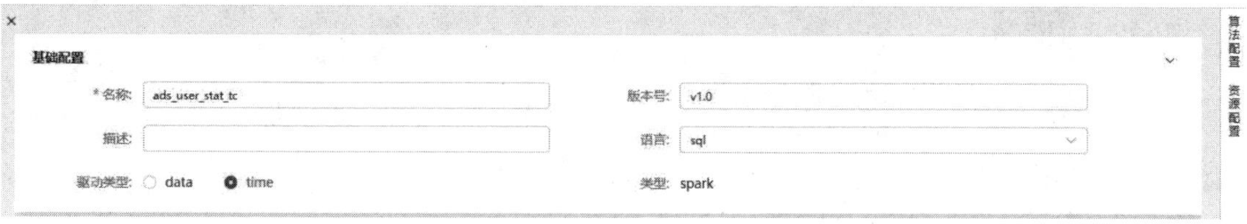

图 3-33　ads_user_stat_tc算法配置

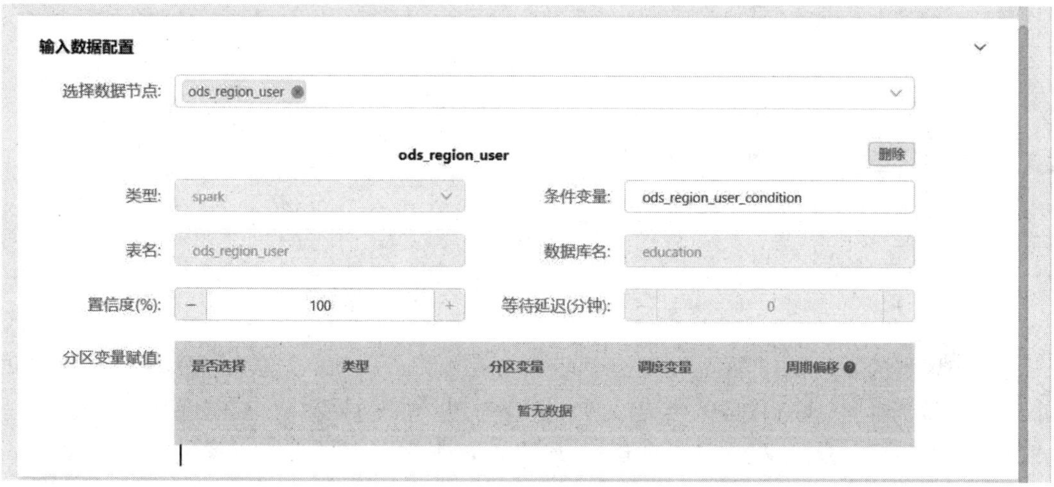

图 3-34　ads_user_stat_tc输入数据配置

图 3-35　ads_user_stat_tc输出数据配置

单击"调试"按钮,可以在运行日志中看到运行结果,如图 3-36 所示。

11．算法发布

算法开发完成并通过算法检查后,可进行发布生产环境。算法发布时会检查依赖算法和依赖算法的输出表是否已发布。如果未发布并且满足发布条件,则会在发布弹框中以列表的形式呈现出来,由用户选择是否一起发布。算法发布时会将输出表一起发布。发布时可以选择生成哪些天的任务,重复发布的场景可以对上次发布的任务进行覆盖更新。

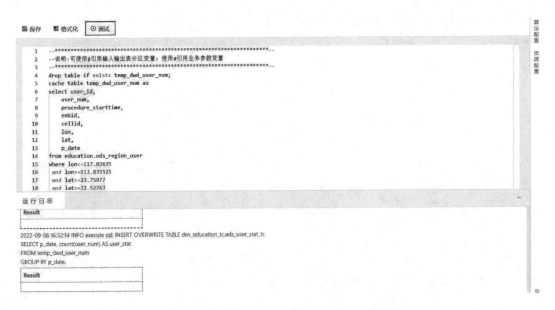

图 3-36　调试结果

右击配置好的 ads_user_stat_tc 算法,选择"发布生产"。在算法发布时选择开始时间和结束时间为默认时间(执行任务的当天时间),注意勾选"是否重新生成已存在的任务"复选框,单击"确定"按钮后,将算法发布到生产环境,如图 3-37 所示。

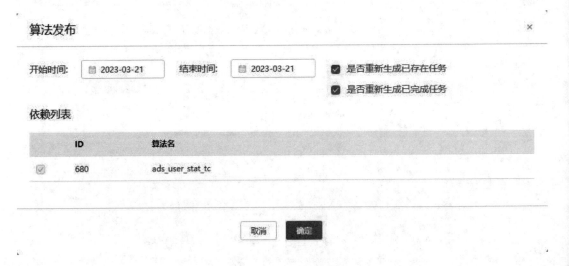

图 3-37　ads_user_stat_tc 算法发布

12. 任务监控

通过上述的步骤,可以在数据视图中看到本任务中所有表的依赖关系,如图 3-38 所示。

算法发布到生产环境进行数据清洗后,可以通过单击右上角的任务看板去查看清洗任务的运行状态和结果,如图 3-39、图 3-40 所示。创建时间和计划时间可以选当天执行任务的时间,看是否有运行数量。由于在本任务的算法配置中,已经将驱动类型配置为"时间"驱动、以"天"为任务的方式进行,所以可以在任务看板的界面看出,在以"天"为任务的方式下,有一条数据被收集并且成功运行,这样就可以通过数据查询查询到数据表中的内容。

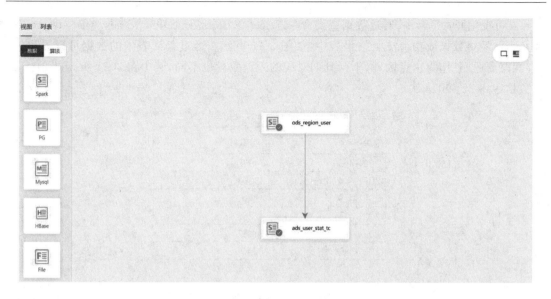

图 3-38　最终呈现表数据模型

图 3-39　任务看板的位置

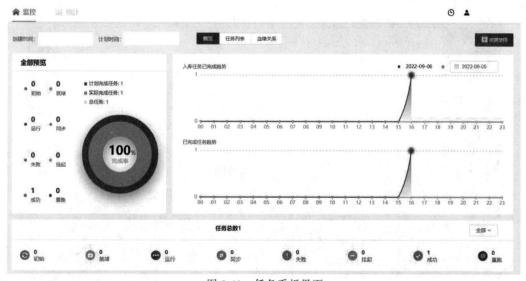

图 3-40　任务看板界面

在可视化开发平台中,通过数据查询命令"select ＊ from education_tc. ads_user_stat_tc;"查询是否已经将数据成功清洗至结果表中,如图 3-41 所示。通过查询表中的数据可以看出,以"春熙路商业圈"作为重点区域,不同日期对应的人流数量也不同,其中在 2021 年 3 月 21 日人流数量达到 22 490 人次。

→ select * from education_tc.ads_user_stat_tc;
→

p_date	user_stat
2021-4-6	14939
2021-4-4	13003
2021-4-5	11836
2021-4-3	12266
2021-4-2	14853
2021-3-31	22490

图 3-41　数据查询结果

综上,经过算法分析,我们可以获取重点区域的每日人流量大小。接下来,我们可以针对实际场景,采用知识准备中的高话务优化方式对该重点区域进行网络优化。另外,若该重点区域为交通枢纽,则该数据结果可以用于大屏展示历史人流量,指导工作人员开展疏通工作;若该重点区域为疫情重点防控区域,则可以根据该区域的人流量大小初步判断后续疫情扩散的可能性,从而指导疫情的防护工作等;若该重点区域为公园,则可以依据日人流量统计指导公园方面增设安全点等工作。

13. 数据同步

数据同步是指数据完成清洗计算后,要将清洗的结果保存到后续方便查询的关系型数据库,我们这里主要介绍同步到 Postgre 数据库(简称 PG 库),它是关系型数据库中的一种。将数据同步 PG 库,也需要提前在 PG 库中新建存储清洗数据的 PG 表。

在可视化开发平台中拖拽 PG 图标,新建 PG 表,自定义库名和表名,同时勾选伴生算法选项"是",如图 3-42 所示。

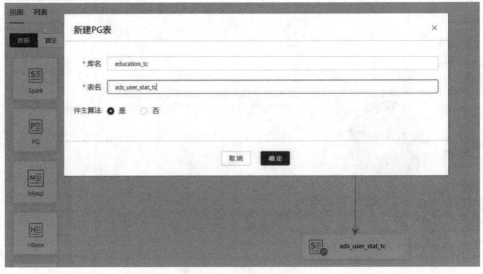

图 3-42　新建 PG 表

注意:新建 PG 表的库名需与结果表数据库名一致。

拖拽 ads_user_stat_tc 结果表的箭头,将其连接至新建的"ads_user_stat_tc"PG 表,如图 3-43 所示。

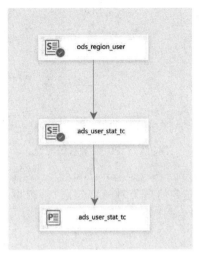

图 3-43　连接 PG 表

创建"ads_user_stat_tc"PG 表时勾选了伴生算法"是",所以会发现在算法视图中自动生成了"alg_pgsync_ads_user_stat_tc"伴生算法,如图 3-44 所示。双击该算法进行算法配置,选择默认的数据去向,同步时是否覆盖选择"是",同步字段不要选分区字段,如图 3-45 所示。

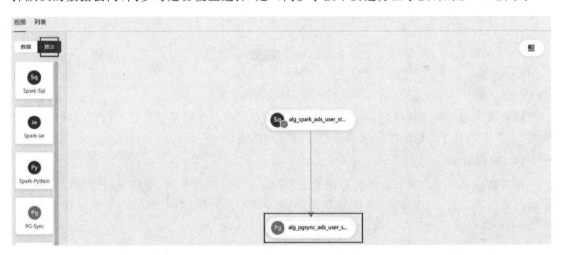

图 3-44　PG 数据同步算法在画布中的位置

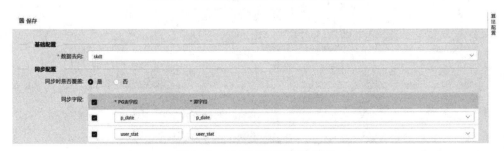

图 3-45　PG 数据同步算法配置

单击右侧的"算法配置"标签,对算法进行其他配置,驱动类型选择"time",如图 3-46 所示。

注意:"驱动类型"需与 ads_user_stat_tc 算法配置中的"驱动类型"一致。采用时间驱动类型,则清洗任务完成后,同步任务按计划时间运行。

图 3-46　PG 数据基础配置

将算法配置好后,右击"alg_pgsync_ads_user_stat_tc"算法,选择"发布生产",配置算法发布时间,选默认时间即可(执行任务的当天时间),勾选"是否重新生成已存在任务"复选框,单击"确定"按钮后,将算法发布到生产环境,如图 3-47 所示。

图 3-47　PG 数据同步算法发布

将算法发布到生产环境后,可以去任务看板查看任务的执行情况。任务执行成功后,可以通过 SKA 工具从 PG 数据库提取信息进行可视化呈现。

14. 数据展示

在大数据平台清洗完数据并将数据推送到指定的 PG 数据库后,需要我们用 SKA 来做数据的最后呈现。进入 SKA 界面,账号和密码由工作人员提供,本书中的任务账号仅供参考,如图 3-48 所示。

图 3-48　SKA 登录界面

打开 SKA 工具,单击"工具"菜单进入"自定义指标编辑器",如图 3-49 所示。

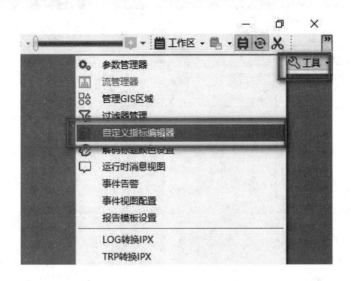

图 3-49　自定义指标编辑器

在弹出的自定义编辑器中,右击"Connection",选择添加的链接数据类型,在当前场景下使用"Postgresql"连接,如图 3-50 所示。

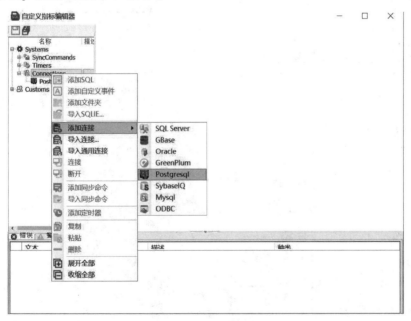

图 3-50　添加 PG 库连接

在弹出的对话框中设置连接的 PG 数据库参数,包括 User Name、Password、IP、端口和数据库名等,如图 3-51 所示(根据实际情况设置,仅作参考)。

右击所添加的连接,单击"连接"按钮,成功后可在状态一栏查看到电脑图标和主机图标间的"×"符号消失,若未成功则需要重新配置直至成功,如图 3-52 所示。

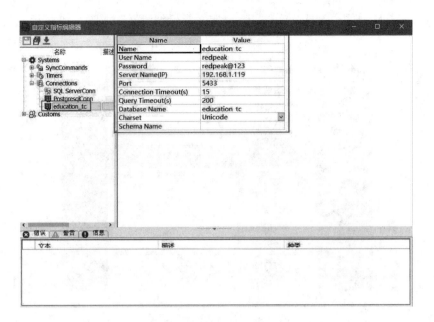

图 3-51　PG 库连接配置

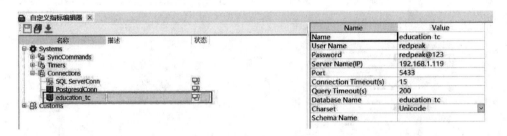

图 3-52　连接库

设置好连接后在 Parameters 处右击选择"添加 SQL",如图 3-53 所示。

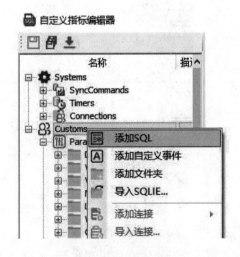

图 3-53　添加 SQL

　　根据需求,可以在配置中输入查询语句,进行数据的检索。在本任务中,通过查询命令 "select * from ads_user_stat_tc"可以查询数据是否成功同步至 PG 数据库。如图 3-54 所示,具体步骤如下：

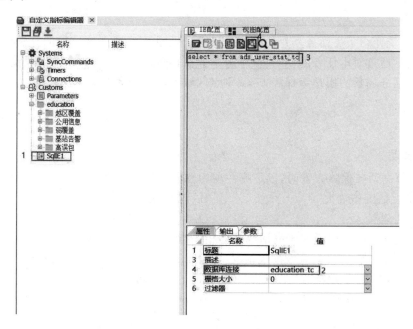

图 3-54　在 SKA 上查询结果表

① 添加 SqlIE1，并单击 SqlIE1；

② 在右侧弹出的对话框下面的属性中选择"数据库连接"，在下拉菜单中选择自己创建的连接名称；

③ 在右侧弹出的输入框中输入 SQL 语句 select * from ads_user_stat_tc；

④ 单击右上角的放大镜标识（预览数据），可以查询到符合要求的数据内容，如图 3-55 所示。

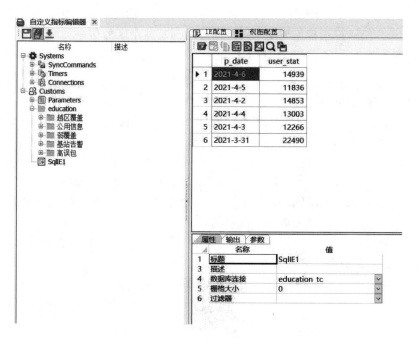

图 3-55　SKA 数据呈现

【任务小结】

本任务系统介绍了高话务场景的优化分析方法及重点区域人流监控的算法设计、算法开发、算法实现。通过对本任务的学习,学生应掌握高话务场景的工程改造方案、高话务场景的参数修改、高话务场景的用户级保障方案、重点区域人流监控大数据算法开发。

【巩固练习】

一、选择题

1. 在制订高话务保障方案时,以下哪一项为错误的难点内容?(　　)

A. 网络评估工作量大　　　　　　　　B. 信号复用难度大

C. 业务需求量大　　　　　　　　　　D. 用户优先级别低

2. 以下选项中哪一项不属于高话务评估相关指标?(　　)

A. SINR 覆盖率　　　B. 载波配置情况　　　C. dl_bler　　　　D. RSRP 覆盖率

3. 以下选项中哪个选项为 MR 数据产生时间的字段名?(　　)

A. procedure_starttime　　　　　　　B. enbid

C. cellid　　　　　　　　　　　　　D. p_date

二、判断题

1. 突发性高话务场景是指在节假日、重要活动、重大事件等特殊时间内,用户在某些场所大量聚集,从而产生比平时多得多的话务。(　　)

2. 当出现因为消息推送导致大量用户同时接入的场景时,如果系统 CPU 负荷因此冲高的话,则需要提高 nB 参数来降低短时间内寻呼的数量。(　　)

3. 高话务场景评估分类集会的场景特点为在会议中心、露天广场,用户密集,用户数量难以预测。(　　)

4. 对于大量用户同时接入的场景,可启用 AC-Barring 功能。即当接入量较大时,系统通过按概率允许用户接入拉长接入周期来减少同一时刻基站小区的信令负荷。(　　)

三、填空题

1. 容量估算是_____场景的_____,准确地_____是制订合理方案的_____,也是高话务场景面临的挑战。

2. 在室外宏站覆盖下,为减少相邻小区间的_____和邻近小区_____,通常将某些场景的若干小区组建为_____。

3. 不同场景的_____、_____、_____各不相同,且在同一场景内的各个区域内_____、_____不同,_____需求有所不同,因此评估区域应当细化区别。

4. 个别保障场景中常常要求_____独享一个小区的带宽,此时可以通过设置_____的方式来达到只让_____接入该小区的目的。

5. 服务小区_____、_____重选最小接收电平、_____重选最小接收电平,三者设置保持一致,按照运营商要求来配置。

拓展阅读

任务四 热点区域大数据分析

【任务背景】

热点区域案例:以深圳市某工作日的手机位置数据为例,用户数约 1 600 万,每一条记录包括用户 ID、记录时间以及所在基站的经纬度,其中,用户 ID 经过隐私处理。手机数据通过手机基站进行定位,共提取出 5 952 个基站。基站在城市中分布不均匀,在郊区分布较稀疏,在市中心分布较密集,一些基站间的距离甚至小于 10 m。基站间信号跳动会产生定位误差,为了尽量减少这种误差带来的影响,用 500 m×500 m 的网格对深圳市进行划分,排除不包含基站的网格(这些网格主要位于山地、水系等人群活动稀少的区域),共得到 2 801 个网格,对网格内网络信号下人员的流动情况进行分析。统计出人流量密集区域,即热点区域,对这些区域进行标记识别,后期管理者可根据这些人群聚集消散的时间特点,建设或优化一些基础设施(如设置公交站、地铁站等),以满足人群的移动需求。

在无线网络中,在一些热点区域(如大学校园、火车站、机场、CBD 等),由于人流量变动大,经常会因容量受限而导致用户使用感变差。热点区域的交通运输、道路拥堵情况、防灾防火情况等都是需要重点关注的,所以对热点区域的统计就显得尤为重要。

随着基于位置服务应用的普及、位置感知设备定位精度的提高,产生大量用户定位和移动轨迹数据。这些轨迹数据不仅具有时间属性,还具有空间属性。基于时空轨迹数据的典型应用包括人群活动热点区域识别、用户地点推荐、用户轨迹聚类等。基于时空轨迹数据的热点区域识别指的是根据用户移动轨迹和位置数据,采用空间聚类算法,识别出商业较发达、居民出行量较大且人群比较密集的热点区域,可为电信运营商基站流量优化、基站选址等提供有用的参考信息。基于位置数据的热点区域识别主要涉及热点区域的覆盖面积限定和基于空间数据聚类的热点区域识别算法等方面。在精准位置数据的获取和基于位置服务的应用普及过程中,北斗系统发挥了很大的作用,提升了用户体验,满足了用户的多元化需求。我们在网络优化的过程中要不断发扬追求卓越的新时代北斗精神。

【任务描述】

本任务将收集"交通枢纽场景"下的热点区域。学习内容涉及 3 个方面:一是相关理论知识的学习,包括传统室内分布系统、室内分布系统器件、室内分布系统典型场景应用解决方案;二是完成热点区域大数据算法分析;三是完成热点区域大数据算法开发和平台实操。

【任务目标】

· 理解传统室内分布系统的分类和组成元素;

- 认识室内分布系统器件;
- 理解室内分布系统典型场景应用解决方案;
- 具备热点区域传统室分和数字室分的设计能力;
- 具备热点区域大数据问题的分析能力;
- 具备热点区域大数据算法的设计能力;
- 具备热点区域大数据问题分析的算法开发能力。

【知识图谱】

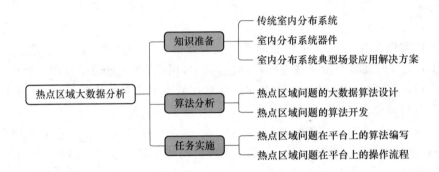

【知识准备】

热点区域即关注时段内人流量密集的区域,如周杰伦演唱会当晚的演唱会现场、春运期间的火车站/机场、早晚高峰的地铁口/公交站、节假日的游乐园等。关注这样的区域可以对该类热点区域的无线网络、交通指挥、园区管理和人员安排等都有很好的指导作用,例如,演唱会现场可以安排紧急通信车辆加大无线网络的支撑力度,对演唱会附近交通进行适当管制和红绿灯策略调整,等等。所以,定义好热点区域就显得相当重要。我们将一天内单位区域内的活跃人流数量达到一定门限的区域定义为热点区域。例如,定义热点区域为小区日平均流量大于100 GB 的站点覆盖的区域。从运营商 5G 流量统计的信息看,热点区域主要是校园、工厂宿舍、高档写字楼、医院、高档小区、机场、火车站等区域。对于热点区域的通信问题,主要是通过室内分布系统建设加以解决。

一、传统室内分布系统

最初的移动通信网络都是基于宏站提供的,但是随着用户对室内通信质量要求的提高,加之室内环境的复杂性,宏站已经满足不了用户的通信要求,室内分布系统就诞生了。

室内分布系统通常由信号源和分布系统组成。信号源是指对基站信源的引用或基站拉远单元,分布系统由功分器、耦合器、合路器等各种无源器件,干线放大器(简称干放)等有源器件以及室内天线组成。

(一)无源室内分布系统

无源系统是由耦合器、合路器、功分器、同轴电缆及室内天线组成的。分布系统通过耦合器、功分器等无源器件对信号进行分路,并通过同轴电缆将信号均匀地分布到室内天线获得均匀信号,解决室内覆盖问题,如图 4-1 所示。

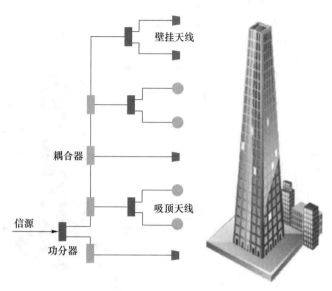

图 4-1　传统无源室内分布系统示意图

(二) 有源室内分布系统

相对于无源室内分布系统,有源室内分布系统加入了干放,补偿了线路损耗,增大了室内分析系统的覆盖范围,如图 4-2 所示。

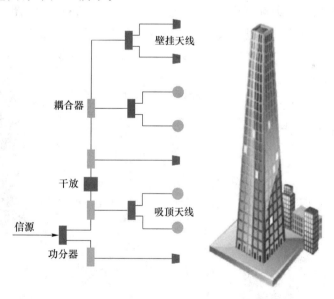

图 4-2　传统有源室内分布系统示意图

优点:覆盖范围增大。

缺点:有源器件的稳定性不如无源器件,维护成本增加;干放会引入底噪,影响系统总体性能。

(三) 分布式室内分布系统

采用 BBU＋RRU 方式作为信号源,覆盖范围大,如图 4-3 所示。

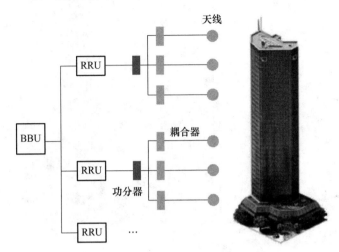

图 4-3　分布式室内分布系统示意图

(四) 直放站室内分布系统

直放站是对信号源增强的一种无线中转设备,分为无线直放站和光纤直放站。无线直放站通过天线接收基站信号,将信号放大后重发至覆盖区域的设备。光纤直放站分为近端和远端,近端将基站信号通过线缆耦合接入,通过光纤传输至远端进行放大输出。光纤直放站信号质量好,无线直放站容易受到干扰。直放站室内分布系统如图 4-4 所示。

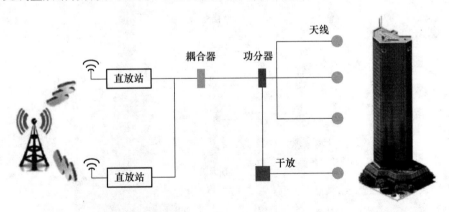

图 4-4　直放站室内分布系统示意图

(五) 双通道室内分布系统

LTE 系统是 MIMO 系统,天线是 2T4R(2 发 4 收),当一路输出时,速率会减半,所以要达到 LTE 系统的峰值速率,需要搭建双通道室内系统,以满足对速率和容量要求高的区域,如体育馆和购物中心。相对于单通道室内分布系统,双通道室内分布系统建设成本高,建设难度大,周期长。双通道室内分布系统如图 4-5 所示。

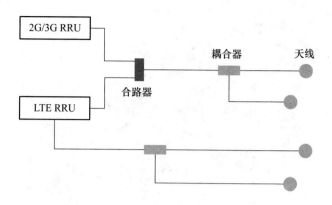

图 4-5 双通道室内分布系统示意图

二、室内分布系统器件

室内分布系统器件包括无源器件和有源器件。无源器件是室内分布系统的重要组成部分，主要有功分器、耦合器、合路器、馈线、接头等。有源器件主要有系统合路平台（Point of Interface，POI）和干放。

（一）功分器

功分器是将功率进行均匀分配的无源器件，如图 4-6 所示。功分器主要分为二功分器、三功分器、四功分器 3 种。功分器有两个损耗，分别是插入损耗和分配损耗。

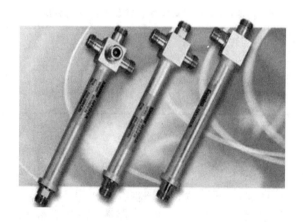

图 4-6 功分器实物实例图

（二）耦合器

把功率按比例分配给端口的器件就是耦合器，如图 4-7 所示。耦合器的端口分为输入端口、耦合端口和输出端口 3 个端口，如图 4-8 所示。

耦合器直通端损耗与耦合度的关系如表 4-1 所示。耦合器的耦合度越大，直通端的分配损耗越小，直通端的插入损耗一般取 0.3～0.5 dB。

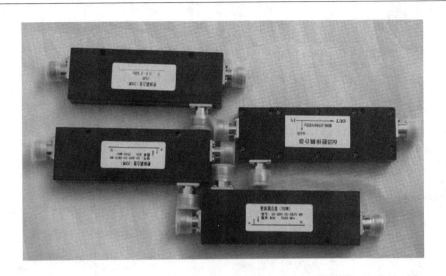

图 4-7 耦合器实物实例图

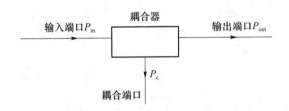

图 4-8 耦合器功率分布图

表 4-1 耦合器直通端损耗与耦合度的关系

耦合度/dB	5	6	7	10	12	15	20	25	30
分配损耗/dB	1.65	1.26	0.97	0.46	0.28	0.14	0.04	0.01	0.00
插入损耗/dB	0.50	0.50	0.50	0.50	0.50	0.50	0.50	0.50	0.50
直通端总损耗/dB	2.15	1.76	1.47	0.96	0.78	0.64	0.54	0.51	0.50

（三）合路器

合路器一般用于发射端,其作用是将两路或者多路从不同发射机发出的射频信号合为一路送到天线发射的射频器件,同时避免各个端口信号之间相互影响,如图 4-9 所示。合路器一般有两个或多个输入端口,只有一个输出端口。合路器的相关指标如表 4-2 所示。

图 4-9 合路器器件图

表 4-2　合路器的相关指标

项目	指标	
插入损耗	联通 LTE	<1.0 dB
	移动 GSM900	<1.0 dB
	移动 TD-LTE	<1.0 dB
基站端驻波比		<1.3

（四）馈线

馈线用于室内分布系统中射频信号的传输。室内分布系统是利用微蜂窝或直放站的输出再加上射频电缆通过天线来覆盖一座大厦内部，射频电缆主要工作在 100～3 000 MHz。表 4-3 所示为射频电缆的相关参数。

表 4-3　射频电缆的相关参数

类型	外形	常用	特点	使用
编织外导体射频同轴电缆	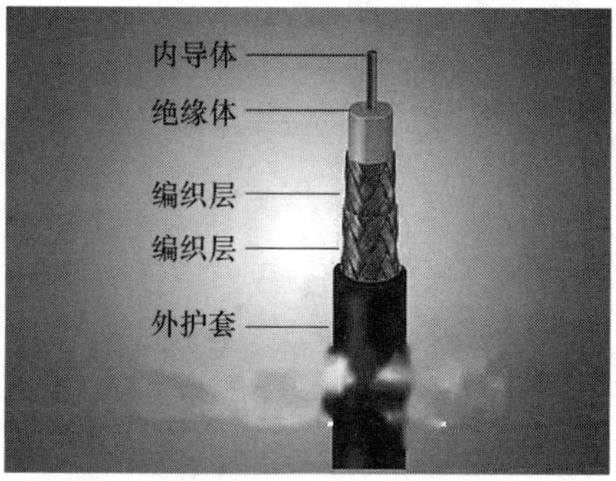	5D、7D、8D、10D、12D	比较柔软，可以有较大的弯折度	适合室内的穿插走线
皱纹铜管外导体射频同轴电缆	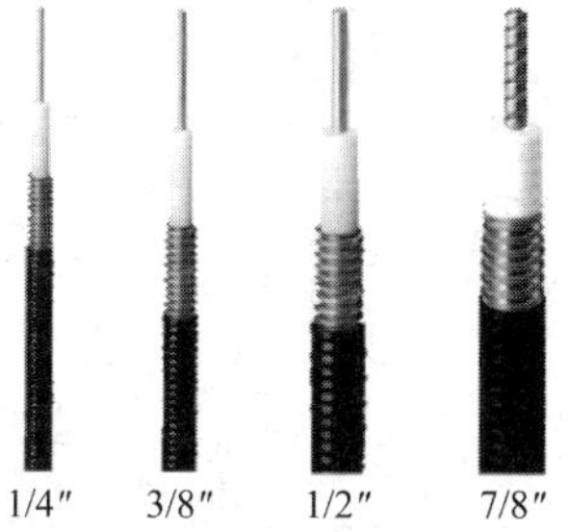	1/2、7/8 等	电缆硬度较大，对于信号的衰减小，屏蔽性也好	较多用于信号源的传输

（五）接头

馈线与设备以及不同类型线缆之间一般采用可拆卸的射频连接器进行连接。连接器俗称接头。常用的接头类型有 SMA 型、N 型、DIN 型、BNC 型，如图 4-10 所示。

（六）全向吸顶天线

全向吸顶天线是指天线的水平波瓣宽度为 360°。全向吸顶天线如图 4-11 所示，一般安装在房间、大厅、走廊等场所的天花板上。全向吸顶天线的增益较小，一般都在 2～5 dBi。表 4-4所示为全向吸顶天线的相关参数指标。

SMA型接头　　　　　N型接头(直式 公型)　　　　N型接头(弯式 公型)

DIN型接头(直式 母型)　　　DIN型接头(直式 公型)　　　BNC型接头

图 4-10　接头器件图

图 4-11　全向吸顶天线器件图

表 4-4　全向吸顶天线的相关参数指标

频率范围/MHz	806～960	1 710～2 690
30°辐射角方向增益/dBi	N/A	≤－6
85°辐射角方向增益/dBi	≥1.5	≥2
V面增益/dBi	≥1.5	≥3.0
电压驻波比	<1.5	
极化方式	垂直	
功率容限/W	50	
三阶互调	≤－107	
接口型号	N-F	

三、室内分布系统典型场景应用解决方案

(一) 交通枢纽场景

交通枢纽场景以机场、火车站、汽车站等场景为例进行介绍。

1. 机场

机场网络主要覆盖值机厅、候机厅、出发厅,图 4-12 为机场室内网络示意图,图 4-13 为机场航站楼内天线覆盖图。

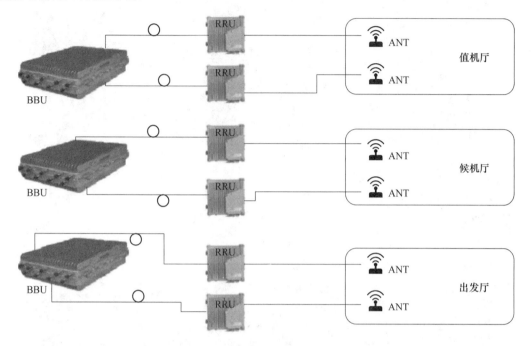

图 4-12 机场室内网络示意图

图 4-13 机场航站楼内天线覆盖图

2. 火车站、汽车站

对于候车厅、售票处,当吊顶较低时,采用全向吸顶天线覆盖;当吊顶较高(8 m 以上)时,采用定向板状进行覆盖。

进出站点的过道可用吸顶天线覆盖。

站台:此区域一般比较空旷,穿透损耗小,高话务,高流量,一般采用壁挂天线覆盖。
图 4-14 所示为车站类场景功能区覆盖方案。

图 4-14　车站类场景功能区覆盖方案

(二) 大型场馆类场景

大型场馆主要有体育场馆、会展中心、图书馆、博物馆等。
大型体育场馆建筑结构分为半开放式(如鸟巢)和全封闭式(如广州体育馆)。
图 4-15 为体育场馆室内覆盖示意图。

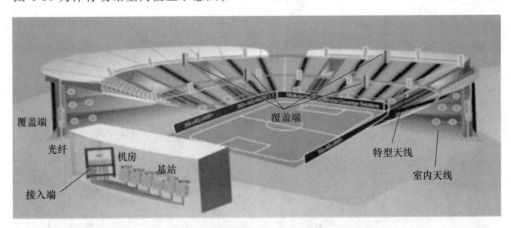

图 4-15　体育场馆室内覆盖示意图

体育场馆的看台容量大、小区密度大,为严格控制小区间的干扰及切换区域,建议采用赋型天线覆盖。赋型天线是定向天线的一种,如图 4-16 所示,其好处是主瓣覆盖区域之外急速滚降,旁瓣获得严格控制。

图 4-16　赋型天线挂装示意图

　　对于体育场馆室内功能区,室内通道、办公区采用全向吸顶天线覆盖;贵宾区、地下停车场可以采用定向壁挂天线或全向吸顶天线覆盖;对于房间纵深超过 4 m 的情况,建议天线进房间覆盖。

　　对于场馆外区域,采用美化天线隐蔽安装方式进行覆盖,如图 4-17 所示。

图 4-17　场馆外区域综合覆盖

(三) 商务楼宇内场景

　　商务楼宇包括写字楼、酒店、公寓、商场等综合性建筑。办公区、普通会议室可采用板状天线靠墙安装或吸顶天线。走廊区域每隔 12～15 m 安装一个吸顶天线;靠近窗边的信号宜泄露区域采用定向天线从窗边往内覆盖;进深超过 10 m 的开阔办公区、会议室的吸顶天线宜放在房间内部;高速、超高速电梯宜采用泄露电缆覆盖;低速电梯和中速电梯采用板状定向天线,3层 1 副天线,如图 4-18 所示。

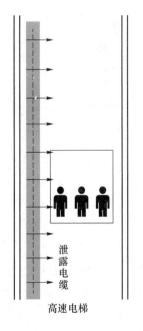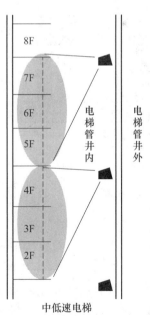

图 4-18　电梯场景覆盖示意图

高层写字楼基于切换和干扰原因,采用垂直分区,裙楼单层面积较大采用水平分区。

(四)住宅小区场景

住宅小区可分为别墅小区、多层小区、高层/环抱小区、独栋高层等。

别墅小区采用路灯天线、广告牌天线等美化天线覆盖,天线设置在小区道路中间位置。

6层以下的多层小区可以采用美化型路灯定向天线;7～8层的多层小区可以使用射灯定向天线。

高层小区可以在走廊、房门口等地方布放天线。中高层室外综合手段是采用楼顶射灯定向天线下倾覆盖中高层,地面路灯全向覆盖低层,楼中间采用壁挂美化天线覆盖中层,如图4-19所示。

由于独栋高层建筑周围阻挡较少,要谨慎设置射灯定向天线上倾或者下倾方式,避免对别的小区产生干扰。

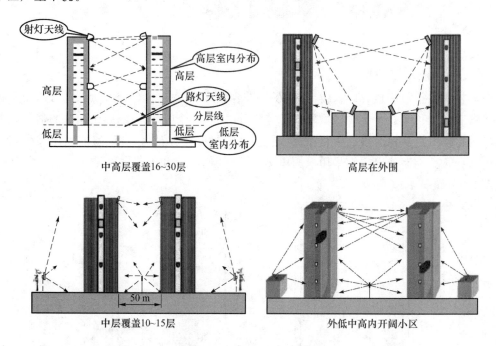

图 4-19　高层小区覆盖简要示意图

(五)学校校园场景

校园场景分为室内区域和室外区域,前者包括教学楼、宿舍楼、行政楼、食堂、图书馆、大礼堂、体育馆,后者包括道路、广场、操场,如图4-20所示。

教学楼建筑楼层较低,建筑物横向较宽,需建设室内分布系统覆盖;宿舍区建筑物密集,排列较为规则,学生众多,话务量集中,较低的宿舍楼(10层以下)可以采用地面全向天线或定向天线覆盖楼宇下层,较高的楼层(10层及以上)可以采用壁挂天线在楼宇中上部进行楼宇间中高层互打;办公楼结构和商业写字楼差别不大,可以参考商业写字楼的覆盖方案;图书馆容纳人员较多,室分覆盖容易,可参考体育场馆的覆盖方案。

图 4-20　校园内场景示意图

【算法分析】

一、算法设计

若在一定时间内用户数量达到某个数值,则判定该区域为热点区域。热点区域分析是店铺选址、交通枢纽规划等应用的基础。本算法选取 7 天带经纬度信息的 MR 数据作为输入数据源,通过位置数据栅格化,最终分析出用户数达到一定门限的热点栅格。

数据来源:基站下发的测量报告数据存储在基站服务器中,对其进行加密脱敏后,首先通过数据接口拉取到本地处理计算服务器,然后处理计算的服务器进行首次数据的预处理,如过滤掉无效数据等,最后推送到要分析的数据表作为我们后续使用的输入表。

算法设计逻辑如图 4-21 所示,设计思路如下。

① 由于我们需要的是热点区域,而无线数据是用户在每个时刻某一点的行为(事件)数据,所以首先要对 MR 数据采样点数据进行区域化(栅格化)。我们可以借助于一些现有的算法手段,对单点的数据进行栅格化处理,这里我们把 100 m×100 m 的正方形拟为一个区域。在算法中我们从原始数据表 ods_region_user(用户发生事件表)获取经纬度,导入并使用栅格化处理 UDF 函数 lonlat_grid(lon,lat,100,false)将经纬度信息转化为 100 m×100 m 的区域化数据。

② 对每个栅格化的区域进行用户量统计,并判断是否满足我们设定的门限值,筛选出满足条件的区域及相对应的用户量。在算法中,我们用聚合函数 count(用户 ID)计算用户数据数量,并判断用户数量是否>100:having count(user_id)>100。

③ 创建结果表 ads_hot_grid(热点区域结果表),写入数据。

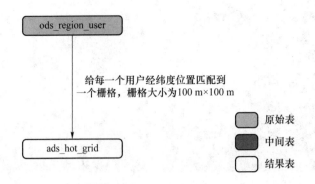

图 4-21　热点区域大数据分析算法建模流程

二、表字段

（一）输入表

输入表 ods_region_user（用户发生事件表）如表 4-5 所示，记录了每次发生通信事件（测量、切换等连接态事件）的用户及位置信息。

表 4-5　ods_region_user

字 段 名	字符类型	字段说明
user_id	string	用户 IMSI（已脱敏处理）
user_num	string	用户电话号码（已脱敏处理）
procedure_starttime	string	MR 数据产生时间
enbid	int	基站编号
cellid	int	基站小区编号
lon	double	MR 上报经度
lat	double	MR 上报纬度
p_date	string	MR 上报日期
p_hour	string	MR 上报时间

（二）输出表

通过对原始数据表 ods_region_user 进行分析，获得输出表 ads_hot_grid（热点区域结果表）的数据信息，如表 4-6 所示。

表 4-6　ads_hot_grid

字段名	字符类型	字段说明
user_num	int	用户 IMSI（已脱敏处理）
lon_center	double	热点栅格经度
lat_center	double	热点栅格纬度
gridx	int	热点栅格 x 轴值
gridy	int	热点栅格 y 轴值

【任务实施】

1. 新建目录

登录可视化开发平台，单击进入 Education 项目，在项目树中右击
"应用开发"模块，在弹出的对话框内输入目录名"redianquyu"，单击
"确定"按钮，如图 4-22 所示。

图 4-22 新建目录

2. 建表

拖拽表类型中 Spark 表的算子到画布中，在弹出的"新建 Spark 表"对话框中，定义好表存
储的数据库名 education_tc 和表名 ads_hot_grid_tc，版本号可不填，伴生算法选择"否"，单击
"确定"按钮，如图 4-23 所示。单击"确定"按钮后，在画布上显示 ads_hot_grid_tc 表，如
图 4-24 所示。

图 4-23 新建 Spark 表

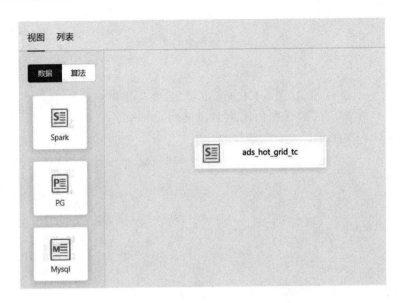

图 4-24　ads_hot_grid_tc 表

3. 表配置

定义好表名和库名后,需要给这张表定义字段及字段类型。双击画布中的 Spark 算法,可以通过添加操作选择字段,也可以通过 DDL 建表语句来定义字段和字段类型,字段名称和字段类型要与输入的数据表一一匹配,如图 4-25 所示(此处不添加分区字段)。

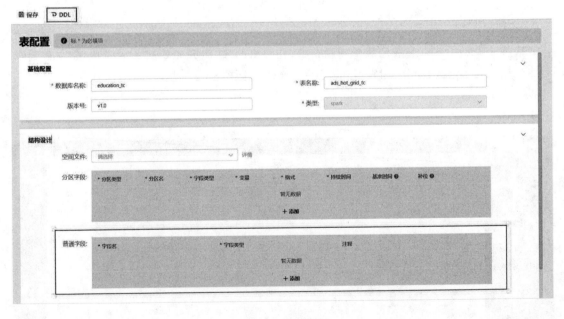

图 4-25　表配置

```
CREATE TABLE education_tc.ads_hot_grid_tc (
    user_num int,
    Lon_center double,
```

```
    Lat_center double,
    gridx int,
    gridy int
);
```

通过 DDL 写入建表语句后,单击"确定"按钮。在表配置界面即可看到字段信息已经自动填充,也可以重新修改字段信息或者对字段进行删除、调序等,如图 4-26 所示。

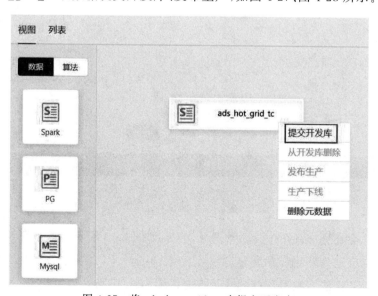

图 4-26　普通字段

4. 数据表发布

将 ads_hot_grid_tc 表数据提交开发库、发布生产,如图 4-27、图 4-28 所示。

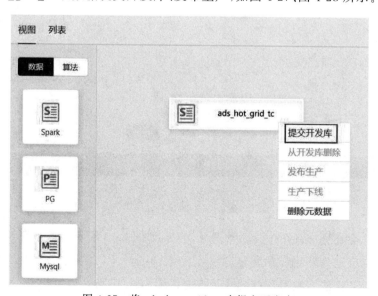

图 4-27　将 ads_hot_grid_tc 表提交开发库

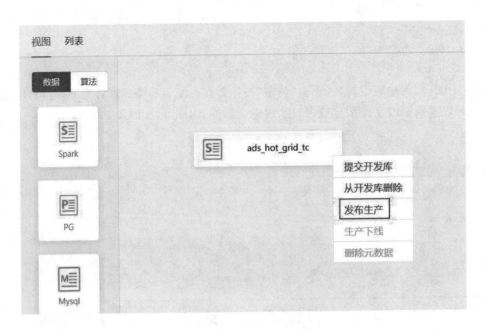

图 4-28　将 ads_hot_grid_tc 表发布生产

5. 算法开发

拖拽 Spark-Sql 算子到画布上,弹出"新建算法"对话框,输入算法信息即可创建算法,如图 4-29 所示。

图 4-29　新建算法

算法建好后,会在算法视图中显示该算法节点,如图 4-30 所示。双击算法节点或在左侧项目中单击算法,会进入算法开发页面。

双击所创建的"算法",填写热点区域问题的算法 SQL 代码。

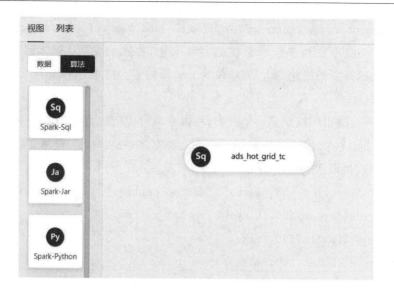

图 4-30　算法画布

```
-- 本算法用于对数据源进行栅格化,并将热点栅格筛选出来
create temporary function lonlat_grid as "com.hwg.udf.MySequence";
insert overwrite table education.ads_hot_grid
select
        count(user_id) as user_num,
        lonlat_grid(lon,lat,100,false)[0] as lon_center,
        lonlat_grid(lon,lat,100,false)[1] as lat_center,
        lonlat_grid(lon,lat,100,false)[2] as gridx,
        lonlat_grid(lon,lat,100,false)[3] as gridy
from education.ods_region_user
where lon > 0 and lat > 0
group by
lonlat_grid(lon,lat,100,false)[2],
lonlat_grid(lon,lat,100,false)[3],
lonlat_grid(lon,lat,100,false)[0],
lonlat_grid(lon,lat,100,false)[1]
having count(user_id) > 100;
```

注释:

　　UDF(User Defined Functions)是用户自定义函数的缩写,是在 Hive、Pig 等大数据平台中使用的一种机制,可以让用户根据自己的需求编写自定义的函数,以便在查询和数据处理中使用。UDF 可以用 Java、Python 等语言编写,但通常需要打包成 Jar 文件才能在 Hive、Pig 等平台上使用。

　　本算法引用 jar 包中的 UDF 函数,创建临时 UDF 函数,从而实现有经纬度的数据栅格化处理,方便根据栅格汇聚指标使用。该函数通过输入对应的参数后将某经纬度点标记为唯一的方形区域内:

```
create temporary function lonlat_grid as "com.hwg.udf.MySequence";
```

在 lonlat_grid(参数 1,参数 2,参数 3,参数 4)中,参数 1、参数 2 输入的分别为经度、纬度;参数 3 输入的是要栅格化的大小(单位为 m),即将多大的正方形作为一个区域;参数 4 输入 false 即可。

该函数执行后输出的结果是一个列表,所以获取对应信息需要知道每一个位置输出的值代表什么。输出 4 个元素,依次分别为中心点经度、中心点纬度、栅格化后 x 轴编号、栅格化后 y 轴编号,提取用 lonlat_grid()[0]~ lonlat_grid()[3]:

```
lonlat_grid(lon,lat,100,false)[0] as lon_center,

lonlat_grid(lon,lat,100,false)[1] as lat_center,

lonlat_grid(lon,lat,100,false)[2] as gridx,

lonlat_grid(lon,lat,100,false)[3] as gridy
```

6. 算法配置

在 ads_hot_grid_tc 算法开发页面中,单击页面右侧的"资源配置",导入 SQL 依赖的外部 Jar 包,如图 4-31 所示。

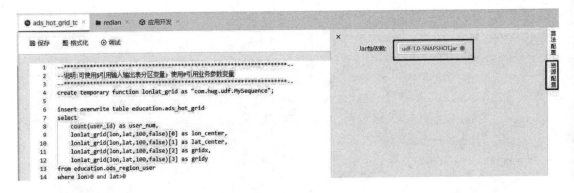

图 4-31　导入 Jar 包

单击右侧的"算法配置",进入界面后,基础配置模块中的"驱动类型"选择"time",任务实例化配置可不进行配置,如图 4-32 所示。在输入数据配置中,在选择数据节点处将原始表 ods_region_user 选择出来进行关联,如图 4-33 所示。在输出数据配置中,选择前面所创建的 ads_hot_grid_tc 表,如图 4-34 所示。

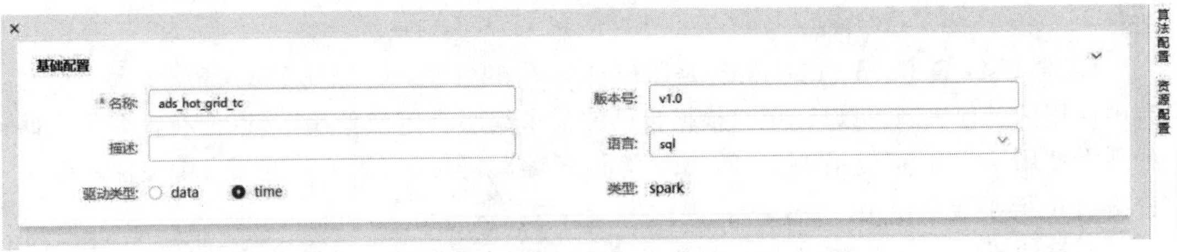

图 4-32　ads_hot_grid_tc 算法配置

图 4-33　ads_hot_grid_tc 输入数据配置

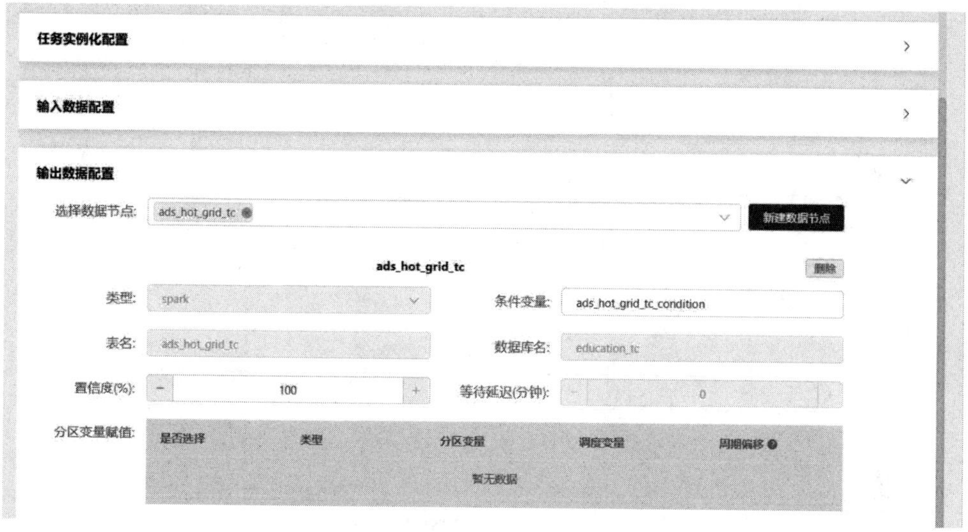

图 4-34　ads_hot_grid_tc 输出数据配置

单击"调试"按钮，可以在运行日志中看到运行结果，如图 4-35 所示。

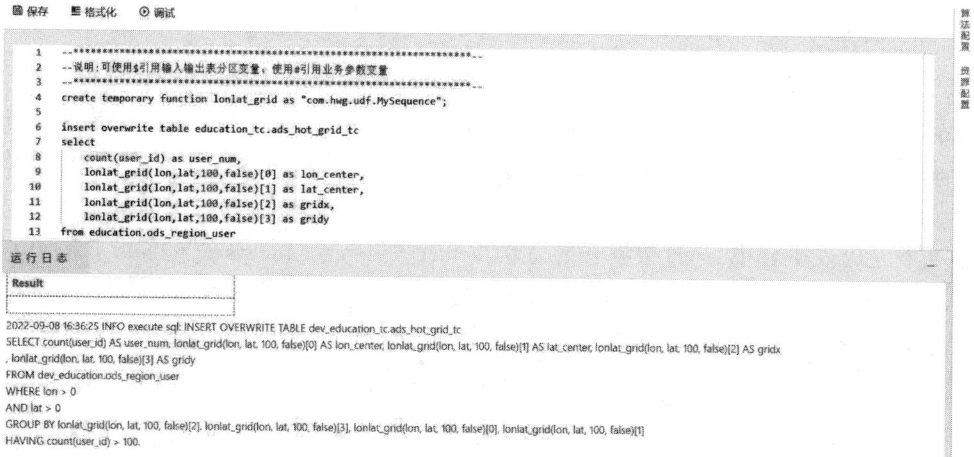

图 4-35　调试结果

111

7. 算法发布

右击配置好的 ads_hot_grid_tc 算法,选择"发布生产",如图 4-36 所示。在算法发布时选择开始时间和结束时间为默认时间(执行任务的当天时间),注意勾选"是否重新生成已存在任务"复选框,单击"确定"按钮后,将算法发布到生产环境,如图 4-37 所示。

图 4-36　ads_hot_grid_tc 算法发布

图 4-37　ads_hot_grid_tc 算法发布

8. 任务监控

通过上述的步骤,可以在数据视图中看到本任务中所有表的依赖关系,如图 4-38 所示。

算法发布生产环境进行数据清洗后,可以通过单击右上角的任务看板查看清洗任务的运行状态和结果,如图 4-39 所示。创建时间和计划时间可以选当天执行任务的时间,看是否有运行数量。

在可视化开发平台中,通过数据查询命令"select * from education_tc.ads_hot_grid_tc;"查询是否已经将数据成功清洗至结果表中,如图 4-40 所示。

经过算法分析,我们得到了以上热点区域,在 user_num 列的用户数量均超过了设定的热点区域门限值 100。接下来,我们可以根据这些热点区域人流量的大小、时间特征等信息,在交通规划、基站规划、应急处置、基站建设等方面对此类区域采取不同的优化措施。以下措施仅供参考。

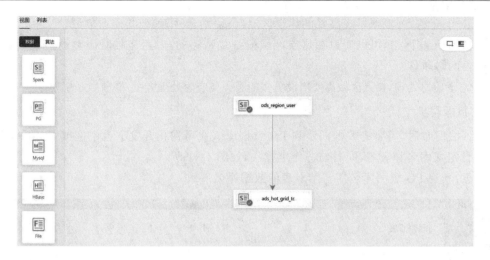

图 4-38　最终呈现表数据模型

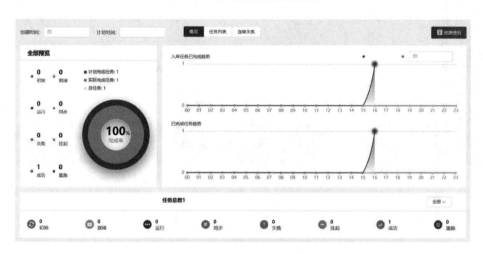

图 4-39　任务看板界面

→ select * from education_tc.ads_hot_grid_tc;

user_num	Lon_center	Lat_center	gridx	gridy
458	113.92758	22.58409	11716900	2514100
102	113.89938	22.57241	11714000	2512800
647	113.9305	22.5823	11717200	2513900
140	113.86633	22.57241	11710600	2512800
14147	113.83813	22.59667	11707700	2515500
3913	113.93439	22.57511	11717600	2513100
622	113.92855	22.58319	11717000	2514000
263	113.92272	22.5778	11716400	2513400
321	113.93633	22.57511	11717800	2513100
8195	113.92175	22.57511	11716300	2513100
1265	113.94411	22.54277	11718600	2509500
182	113.92855	22.5805	11717000	2513700
497	113.92369	22.58858	11716500	2514600
307	113.93147	22.58499	11717300	2514200
1054	113.92953	22.58499	11717100	2514200
177	113.88285	22.55804	11712300	2511200
319	113.94606	22.58499	11718800	2514200
164	113.93342	22.57691	11717500	2513300

图 4-40　数据查询结果(部分)

① 对于交通,可根据早晚高峰的热点区域(公交站台)增加公共交通数量。

② 对于无线网络,可以通过在热点区域配备基站移动车、适当临时调整周边基站参数等方法改善网络质量。

③ 对于应急处理,热点区域需要增设更多的服务和应急处理方案,提前做好规划,防患于未然。

9. 数据同步

在算法发布后,需要将数据同步到 PG 数据库。在可视化开发平台中拖拽 PG 图标,新建 PG 表,自定义库名和表名,同时勾选伴生算法,如图 4-41 所示。

注意:新建 PG 表的库名需与结果表的数据库名一致。

图 4-41　新建 PG 表

拖拽结果表 ads_hot_grid_tc 的箭头,将其连接至"ads_hot_grid_tc"PG 表,如图 4-42 所示。

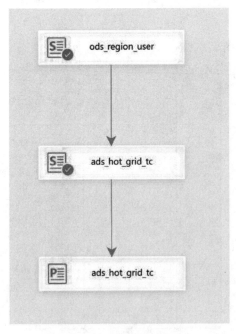

图 4-42　连接 PG 库

创建"ads_hot_grid_tc"PG表时伴生算法勾选了"是",所以在算法视图中会发现自动生成了"alg_pgsync_ads_hot_grid_tc"伴生算法。双击该算法进行算法配置,选择默认的数据去向,同步时是否覆盖选择"是",同步字段不要选分区字段,如图4-43所示。

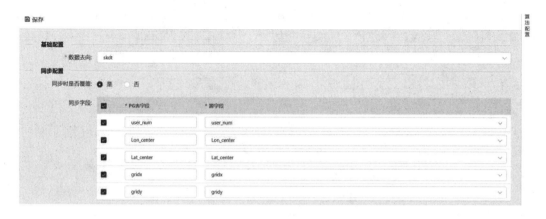

图4-43　PG数据同步算法配置

单击右侧的"算法配置"标签,对算法进行其他配置,驱动类型选择"time",如图4-44所示。

注意:此处的驱动类型需与ads_hot_grid_tc算法配置中的驱动类型一致。若采用时间驱动类型,则清洗任务完成后,同步任务按计划时间运行。

图4-44　PG数据同步算法其他配置

将算法配置好后,右击alg_pgsync_ads_hot_grid_tc算法,选择"发布生产",在算法发布时选择开始时间和结束时间为默认时间(执行任务的当天时间),注意勾选"是否重新生成已存在的任务"复选框,单击"确定"按钮后,将算法发布到生产环境,如图4-45所示。

图4-45　PG数据同步算法发布

10. 数据展示

打开 SKA 工具,连接 PG 库,具体操作可参考"任务三 重点区域人流监控大数据分析"。连接成功后,如图 4-46 所示。在 Parameters 处右击选择"添加 SQL",如图 4-47 所示。

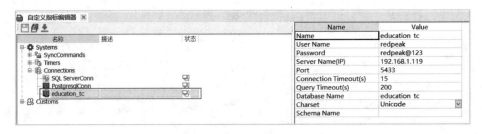

图 4-46　连接 PG 库

图 4-47　添加 SQL

修改"数据库连接",选择 education_tc 数据库,输入查询命令"select * from ads_hot_grid_tc",单击"预览配置",将查询到 PG 库中 ads_hot_grid_tc 表的数据信息,如图 4-48、图 4-49 所示。

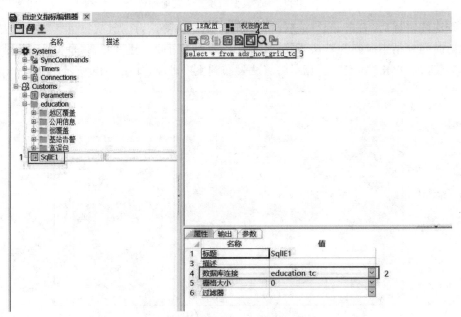

图 4-48　在 SKA 上查询结果表

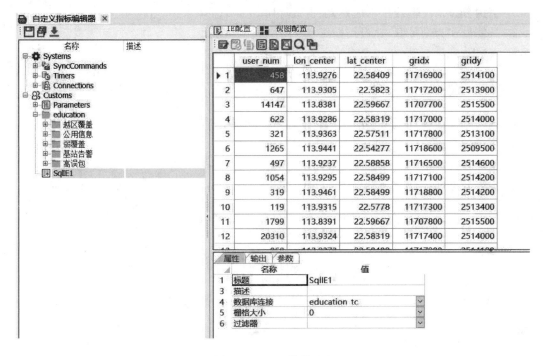

图 4-49 SKA 数据呈现

【任务小结】

本任务系统介绍了传统室内分布系统、室内分布系统器件、室内分布系统典型场景应用解决方案以及热点区域大数据算法设计、算法开发、算法实现。通过对本任务的学习,学生应掌握传统室内分布系统、数字室内分布系统、室内分布系统典型场景解决方案、热点区域大数据的算法开发。

【巩固练习】

一、选择题

1. 以下选项中哪个选项为表征相对值的单位?( )

A. dB   B. dBm   C. kg   D. m

2. 以下选项中哪个信号传递顺序为正确的分布式室内分布系统?( )

A. BBU—RRU—耦合器—功分器—天线

B. BBU—功分器—RRU—耦合器—天线

C. BBU—RRU—功分器—耦合器—天线

D. BBU—耦合器—功分器—RRU—天线

二、判断题

1. 相对于单通道室内分布系统,双通道室内分布系统建设成本低,建设难度小,周期短。( )

2. 室内分布系统通常由信号源和分布系统组成。( )

3. 传统室内分布系统采用光纤和网线的方式。( )

4. 室内分布系统覆盖技术成熟,工程造价比 Small Cell 工程便宜。(　　)

5. 微蜂窝作为信号源,建设周期短,功率小,覆盖范围小。(　　)

三、填空题

1. 分布系统由 _____、_____、_____ 等各种 _____,_____(简称干放)等 _____ 以及 _____ 组成。

2. 把功率按 _____ 分配给 _____ 的器件就是 _____。

3. 功分器是将 _____ 进行均匀 _____。

4. 无源系统是由 _____、_____、_____、_____ 及 _____ 组成的。

5. 直放站是对 _____ 增强的一种 _____ 设备,分为 _____ 直放站和 _____ 直放站。

拓展阅读

任务五　职住地问题大数据分析

【任务背景】

对城市中的上班族而言,最重要的两个问题莫过于"在哪里居住"和"在哪里上班"。前者关乎生活,后者关乎生存。鉴于此,分析用户的居住地和工作地显得十分重要,分析结果可以对交通调度、开设商铺等提供指导。

居住和就业是城市的基本功能,人们白天在就业地聚集,晚上在居住地聚集,但是通信设备是不会随人群进行移动的,这就会造成就业地晚上低流量、居住地白天低流量的现象。职住地在不同时段流量不均衡的问题是运营商面临的一个重要问题,职住地的大数据分析为解决流量不均衡问题提供了重要方法。在数据应用中,我们需要遵守相关法律法规,强化数据安全和数据保护意识。

【任务描述】

本任务将"TCL 国际 E 城"作为指定的分析区域,在该区域中统计不同时段的人数,用于划分职住地和居住地。学习内容包含 3 个方面:一是相关理论知识的学习,包括职住地分析的现实应用、5G 网络节能技术及方法、AAPC 功能提升职住地 5G 流量;二是完成职住地问题大数据算法分析;三是完成职住地问题大数据算法开发和平台实操。

【任务目标】

- 理解 5G 网络节能技术及方法;
- 理解 AAPC 功能提升职住地 5G 流量的方法;
- 理解数据仓库各层的功能;
- 具备对职住地问题进行分析的能力;
- 具备职住地大数据算法的设计能力;
- 具备对职住地问题进行算法开发的能力。

【知识图谱】

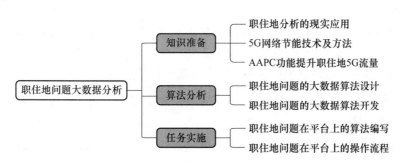

【知识准备】

一、职住地分析的现实应用

居住和就业是城市的基本功能,往返于居住地与就业地的上下班出行行为被称为通勤。随着中国城镇化进程的快速推进,无序的蔓延式发展导致居住地与就业地的空间分离愈发明显。居住地远离就业地,意味着通勤出行距离的增加。若缺乏有效的交通管理手段和相对完善的公共系统,则通勤出行需要较长的时间和较高的经济成本。

对于通勤问题,手机信令数据能够识别就业人员的职住地,作为分析职住空间和通勤行为特性的数据支持。对于通信系统,从早上 9 点到下午 6 点,用户在就业地工作,晚上 8 点至次日 7 点,用户在居住地生活。职住问题会造成在早上 9 点至下午 6 点期间,居住地的通信流量低,晚上 8 点后就业地的流量逐渐减少。通过大数据职住地分析,可以发现同一时间段,就业地和居住地的流量是大相径庭的。对于职住地造成的通信问题,有两种优化手段:一是因为 5G 基站能耗高,借助于大数据职住地分析,在职住地流量低的时段开启 5G 基站的节能功能;二是通过 5G 的天线权值自适应调整方案(Antenna Adaptive Pattern Change,AAPC)功能,提升不同时段产生的职住问题的用户流量。

二、5G 网络节能技术及方法

(一) 功能简介

基站功耗的主要部分是 AAU 的功率消耗。因此,提升 AAU 的功放效率,通过各种技术降低 AAU 的功耗,是基站节能技术的重点。

1. 符号关断节能

在实际通信过程中,任何时候 NR 系统基站部署都处于最大流量状态,所以对于子帧中的符号,不是任何时刻都填满了有效信息。基站在"没有数据发送"的符号周期时刻关闭 PA 电源开关,在"有数据发送"的符号周期时刻打开 PA 电源开关,可以在保证业务不受影响的情况下降低系统功耗。这种节能方式称为符号关断节能。由于符号关断节能利用了 DTX 技术,这种节能方式也被称为 DTX 节能。

2. 通道关断节能

在 NR 系统中,当小区负荷较轻时,根据小区的负荷水平,关闭部分发射/接收通道,以降低设备能耗。这种节能方式称为通道关断节能。

3. 载波关断节能

在 NR 多层覆盖场景下,容量层小区提供热点覆盖,基础覆盖层小区提供连续覆盖。根据容量层小区和基础覆盖层小区的负荷变化,当容量层小区负荷较小时,将 UE 迁移至基础覆盖层小区,关断容量层小区,以达到节能的效果;当基础覆盖层小区负荷升高时,唤醒容量层小区。这种节能方式称为载波关断节能。

4. 深度休眠节能

为了达到极致的节能效果,考虑在话务闲时,关闭尽量多的 AAU/RRU 硬件以降低能耗。

配置基站深度休眠的定时策略,当休眠时间点到达时,指示 AAU/RRU 进入深度休眠;当节能时间结束时,退出基站休眠模式。

(二)应用场景

1. 符号关断节能

符号关断节能是一种自适应的节能方式,低话务时段节能效果更好。

(1)自检方式符号关断

智能符号关断是 BBU 控制基带调度,进行用户汇聚,通知 RRU 启动时隙节能的方式,是一种慢速过程。随着实时业务的发展,尤其是 VoLTE 的商用,对数据调度的时延要求越来越高,智能符号关断节电效果会进一步受限。自检符号关断是一种对网络关键指标无影响的节电方式,若某个符号上无数据调度则关闭符号,如果有数据调度则打开符号,能够更好地满足实时性,同时由于没有对用户调度产生影响,仅是 RRU 根据是否有信号发送,判断是否可以关闭 PA,节省静态功耗,不会对网络关键指标产生影响,达到节能效果。

(2)4G&5G 混模符号关断

对于 4G&5G 混合组网场景,AAU 可以同时配置 LTE 小区和 NR 小区。AAU 为了达到节能效果,需要在 LTE 小区和 NR 小区都打开符号关断功能,对于 AAU 而言,如果 LTE 小区和 NR 小区同时在同一个子帧上无调度,则 AAU 可以关闭该子帧 PA,达到节能效果。当 4G 载波和 5G 载波都开启符号关断功能时,AAU 上的符号关断节能效果更好。

2. 通道关断节能

在小区无线负荷较小时,关闭部分发射/接收通道,来降低设备的能耗。

在 4G&5G 混模共 AAU 的场景下,4G 和 5G 的载波都进入通道关断时,AAU 才能对通道进行关断节能,4G 只能关闭下行,所有 4G&5G 混模只能配置关闭下行方式,同时要求关断挡位相同,否则无法进行通道关断。

3. 载波关断节能

在低话务时,关断载波,来降低设备能耗。

4. 深度休眠节能

在低话务时段,AAU/RRU 关闭 PA 和部分硬件,来降低设备能耗。

在 4G&5G 混模共 AAU 场景下,当 4G 载波和 5G 载波都进入深度休眠时,AAU 才能进入深度休眠。

三、AAPC 功能提升职住地 5G 流量

(一)AAPC 原理介绍

AAPC 是一种基于 AI 技术对权值进行优化的方案,主要收集用户 MR 数据完成建模,通过权值路径寻优的算法计算每种用户分布场景最优的权值,具备不依赖工参、"一站一场景"的特点,在外场具备较高的推广性。

(二)数据采集与预处理

用户分布数据采集是通过小区间协同测量完成的。开启 AAPC 功能的小区向接入 UE 下发 AAPC 专用测量通知,当收到 UE 上报的测量报告后,触发服务小区和测量报告中携带的邻区测量该 UE 相对于邻区的 DOA 和路损,如图 5-1 所示。

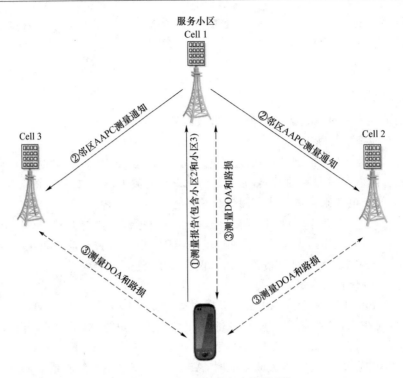

图 5-1　AAPC 用户分布式数据采集

采集方式分为集中采集与离散采集,其中集中采集是连续采集,直到样本满足门限或时间超时,主要用于路测场景;离散采集是将 MR 采集任务分为不同的时间段,每个时间段采集够样本(小区样本门限/时间粒度)就不再采集,主要用于商用场景。

表 5-1 所示为 AAPC 采集参数。

表 5-1　AAPC 采集参数

中文名	英文名	推荐值	备注
AAPC 数据采集策略	Data Collection Policy for AAPC	非离散采集	在路测场景下,建议为非离散采集;在商用场景下,建议为离散采集
AAPC 任务级采样点门限	Task-Level Sampling Threshold for AAPC	100 000	集中采集时建议高门限,如 100 000,使用时长控制
采样终端类型	Sample UE Type	按需配置	工程优化场景建议选择所有终端,网格测试场景选择仅终端
AAPC 时间粒度	Time Grade for AAPC	分钟	以分钟为单位,时间比较容易控制
AAPC 优化采集时长	Sample Duration for AAPC Optimization	按需配置	比路测拉网时间长即可
AAPC 小区级采样点门限	Cell-Level Sampling Threshold for AAPC	100	主要用于筛选优化小区的目的,如果小区的实际采样数<该门限×数据有效比例,则该小区不会被优化
AAPC 小区级采样点门限折算系数	Cell-Level Sampling Threshold Conversion Factor for AAPC	20%	

① AAPC 任务级采样点门限：仅在集中采集时生效，如果是离散采集，仅有 AAPC 小区级样本门限，该参数自动隐藏，该参数与 AAPC 优化采集时长＋时间粒度作为控制采集样本结束的判断条件，二者为或的关系。建议外场使用时间门限（优化采集时长）控制，比较灵活。

② AAPC 小区级采样点门限＋优化采集时长＋折算系数：如果采集方式为集中采集，小区级采样点门限×折算系数为权值优化门限，MR 样本完成后，会判断小区的样本是否满足优化门限的要求，如果小于门限，则该小区不被优化。如果采集方式为离散采集，小区级采样点门限/优化采集时长作为每个时间段的采集任务样本数，样本过门限，则不再被采集（例如，小区级采样点门限为 10 000，优化采集时间为 10 h，每小时只会采集 1 000 个，多的不再采集）。用离散采集策略下的 AAPC 单小区门限乘以 AAPC 小区级采样点门限折算系数可计算出当前小区优化需要的有效 MR 个数。

在数据采集完成以后进行数据预处理，数据预处理阶段主要是对 MR 数据进行数据处理，以减少运算量，主要包括栅格化参数（如表 5-2 所示）、样本过滤参数（如表 5-3 所示）。

表 5-2　AAPC 栅格化参数

中文名	英文名	推荐值	备注
栅格 HDOA 步长	Grid HDOA Step	1	将 DOA 数据进行栅格化处理，以减少运算量，现阶段用户尚未形成规模，不建议进行栅格化处理
栅格 VDOA 步长	Grid VDOA Step	1	
栅格 UE 样本门限	Grid UE Sample Threshold	50	

默认采集的 HDOA 表示水平波束到达角，范围为[−60,60]；VDOA 表示垂直到达角，范围为[−20,20]，单位均为 1。栅格化步长就是将 DOA 数据按照栅格化处理，以减少数据量。栅格 UE 样本门限主要是对栅格后的 MR 个数进行抽样处理，例如，门限为 50，栅格化后，该栅格内的数据为 100 个，随机抽取 50 个。

表 5-3　AAPC 样本过滤参数

中文名	英文名	推荐值	备注
AAPC 服务小区 RSRP 过滤门限测量结果	Serving Cell RSRP Filter Threshold for AAPC Measurement Report	−110	主要用作样本过滤
AAPC 邻区 RSRP 过滤门限测量结果	Neighbor Cell RSRP Filter Threshold for AAPC Measurement Report	−110	主要用作样本过滤

样本过滤参数主要用于样本过滤，服务小区与邻区的 MR 数据要满足门限才会被保留，否则会被丢弃，主要的目的是数据降噪，一般极弱场的测量数据不具备参考性。

（三）子网分割

优化子网指在优化网络中，进行小区间协调优化的一小片连续覆盖的小区组合。在一个优化区域网络中，可以根据小区间重叠覆盖程度划分出多个优化子网。优化子网的最大规格根据可以接受的最低系统能力进行设置。单个子网的规格越高，其系统能力越弱。

如果在优化网络中划分了优化子网，则广播权值优化及评估均以优化子网为粒度进行，子网间相互独立。

子网分割的目的是降低权值计算的时间开销以及提高蚁群算法的准确度。

支持人工设置优化子网。人工需要根据无线网络下小区间的覆盖问题，将存在同类型覆盖区域问题的小区设置为一个优化子网。在设置优化子网时需要考虑优化效率,当采集样本数较大、子网内小区数较多时,优化效率会呈指数级下降。

支持自动设置优化子网。系统根据无线网络下小区间的重叠覆盖程度,将优化片区内的小区划分为多个优化子网,默认一个子网最多包含20个小区,在AAPC任务管理中可以修改该子网下的小区个数。

表5-4所示为AAPC子网分割参数。

表5-4　AAPC子网分割参数

中文名	英文名	推荐值	参数解释
簇内小区数门限	Intra-cluster Cells Threshold	100	做子网划分后,每个簇的最大小区数,如果为手动子网分割,簇内小区数门限需大于实际的小区数,即所有小区一个簇
自动分簇	Whether to Automatically Cluster	否	置为是,则为自动子网分割;置为否,则为手动子网分割
簇分割熔断门限	Cluster Split Fuse Threshold	0.2	子网分割模型参数,默认即可
服务小区覆盖RSRP门限	Serving Cell Coverage RSRP Threshold	−110	子网分割模型参数,默认即可
邻区重叠覆盖RSRP门限	Adjacent Cell Overlap Coverage RSRP Threshold	−110	子网分割模型参数,默认即可
邻区重叠覆盖RSRP差值门限	Adjacent Cell Overlap Coverage RSRP Difference Threshold	6	子网分割模型参数,默认即可

蚁群算法是一种用来寻找优化路径的概率型算法。它由Marco Dorigo于1992年在他的博士论文中提出,其灵感来自蚂蚁在寻找食物过程中发现路径的行为。这种算法具有分布计算、信息正反馈和启发式搜索的特征,本质上是进化算法中的一种启发式全局优化算法。

(四)权值计算

子网分割完成以后进行权值计算。权值计算包括优化目标、所使用的候选权值集。

表5-5所示为AAPC权值参数。

表5-5　AAPC权值参数

中文名	英文名	推荐值	备注
小区权值类型	Cell Weight Type	全部	选择导入权值还是全部权值,建议选择为全部权值
最大SSB波束个数	Maximum Number of SSB Beams	按需配置	根据网络配置选择
CSI优化开关	CSI Concomitance Optimization Switch	打开	CSI联动的功能是否开启使能,建议开启,可以达到在PMI模式下提升速率的目的
初始权值纠正开关	Initial Weight Correction Switch	打开	建议打开权值纠正开关
优化目标	Optimization Target	下行干扰	建议选择下行干扰

① 最大 SSB 波束个数：与小区实际的波束生效个数一致，与任务内小区权值生效个数一致，不支持混用。

② CSI 优化开关：CSI 是否联动调整，建议选择是，这对 PMI 模式下的用户速率提升有好处。当系统计算出 SSB 优化权值后，根据 CSI-RS 波束尽量包含优化后 SSB 波束的原则进行 CSI-RS 权值联动优化。CSI-RS 权值优化仅优化水平方位角和下倾角。

③ 初始权值纠正开关：如果现场配置权值未在权值库中，则自动纠正为最接近的。

（五）效果评估

集中采集主要用于路测场景，版本默认配置不进行关键指标评估；离散采集主要用于商用场景，可选择进行关键指标评估。

表 5-6 所示为 AAPC 效果评估参数。

表 5-6　AAPC 效果评估参数

中文名	英文名	推荐值	备注
评估开关	Evaluation Switch	打开	商用场景下是否进行关键指标评估
自动回退开关	Rollback Switch	打开	关键指标评估未通过的小区权值是否回退
AAPC 性能评估时长	Evaluation Duration for AAPC	24	性能评估的时长
方位角调整警告门限	Azimuth Adjustment Warning Threshold	15	方位角大幅调整警告，需现场参考调整天馈
下倾角调整警告门限	Tilt Adjustment Warning Threshold	12	下倾角大幅调整警告，需现场参考调整天馈

（六）AAPC 应用案例

在日常生活中，存在很多职住特性的场景，即用户的位置在特定的时间存在规律性迁移，如学校、商住一体居民区、机关单位、写字楼等场所，用户位置按照不同时刻存在规律性移动和聚集，常规的天线覆盖方案无法满足具有变量需求的网络覆盖。在 5G 网络中，天线在发射端和接收端支持数量众多、方向可控的天线单元，大量的天线单元可以被用于波束赋形。所谓波束赋形，就是通过调整相位阵列控制每一个波束的发射方向，从而扩大覆盖范围。针对此类具备职住场景的特性，AAPC 分时段权值的解决方案被提出，权值类参数可根据实际用户的位置变化进行分时段配置，达到覆盖增益最大化。图 5-2 所示为 AAPC 职住场景在学校的应用。

图 5-2　AAPC 职住场景在学校的应用

在 AAPC 职住场景应用中，从商务综合体、住宅、商圈综合体角度出发，结合用户数、流量等指标寻找满足条件的应用场景，选取商圈综合体（商业＋住宅＋写字楼）、科技园园区（商务综合体＋住宅）两个场景开展 AAPC 职住场景优化。根据现场勘测的情况，来进行职住时间段的设置。图 5-3 所示为 AAPC 职住场景在商圈综合体和科技园区的应用。

图 5-3　AAPC 职住场景在商圈综合体和科技园区的应用

开启 AAPC 职住场景优化后，对两个应用场景的 5G 业务量均有提升。对于科技园园区，天平均 5G 流量由 229.53 GB 提升至 282.90 GB，5G 业务分流比由 47.47％提升至 53.36％。对于商圈综合体，天平均 5G 流量由 355.68 GB 提升至 420.09 GB，5G 业务分流比由 31.45％提升至 35.65％。

【算法分析】

一、算法设计

职住地分析是城市人口治理、城市交通规划的重要基础，本算法选取一周带有用户位置信息的 MR 数据作为数据源，并对数据进行栅格化（栅格大小为 30 m×30 m），根据工作时间段（上午 9 点至下午 6 点）和居家时间段（晚上 9 点至次日早上 7 点）的数据聚合分析，将位置数据量最大的栅格判定为用户的工作地和居住地。

数据来源：基站下发的测量报告数据存储在基站服务器中，对其进行加密脱敏后，首先通过数据接口拉取到本地处理计算服务器，然后处理计算的服务器进行首次数据的预处理，如过滤掉无效数据等，最后推送到要分析的数据表作为我们后续使用的输入表。

算法设计逻辑如图 5-4 所示，设计思路如下。

① 由于职场地和居住地一般都是以一定区域代表的，所以我们首先要对 MR 数据采样点数据进行模拟区域化，即栅格化，这里我们把 30 m×30 m 的正方形模拟为一栋（或一类）建筑；然后根据白天（早上 9 点到晚上 6 点）和晚上（晚上 9 点到第二天早上 7 点）对该栅格化的区域进行用户数量分组统计，并对白天的栅格数据打上"职地"标签，对晚上的栅格数据打上"住地"标签，这里只是暂时打标；最后将在白天和晚上用户量最大的区域筛选出来，白天用户量

最大的区域自然就是"职地",晚上用户量最大的区域自然就是"住地"。对应到表即由 MR 数据生成的区域用户信息表 ods_region_user(用户发生事件表)。

② 根据前文所说明的时间段,设计 SQL 语句。用户一般白天在工作地点,标签为"职地":cast(p_hour as int)>9 and cast(p_hour as int)<18;用户一般晚上在居住地,标签为"住地":cast(p_hour as int)<7 or cast(p_hour as int)>21。

③ 导入并使用 UDF 函数 lonlat_grid(lon,lat,30,false)将经纬度信息转化为 30 m×30 m 的区域化数据。

④ 分区域统计用户数量:count(user_id)over(partition by 区域名称) as user_num。

⑤ 最后筛选出白天和晚上时段用户量最大的区域及用户信息,分别为"职地"和"住地"。

⑥ 创建结果表 ads_work_live_grid(职住地区域分析结果表),写入数据。

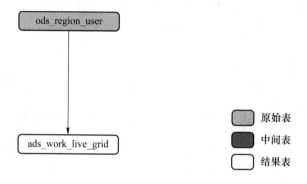

图 5-4 职住地自动分析算法建模流程

二、表字段

(一)输入表

ods_region_user(用户发生事件表)如表 5-7 所示,记录了每次发生通信事件(测量、切换等连接态事件)的用户及位置信息。

表 5-7 ods_region_user

字段名	字符类型	字段说明
user_id	string	用户 IMSI(已脱敏处理)
user_num	string	用户电话号码(已脱敏处理)
procedure_starttime	string	MR 数据产生时间
enbid	int	基站编号
cellid	int	基站小区编号
lon	double	MR 上报经度
lat	double	MR 上报纬度
p_date	string	MR 上报日期
p_hour	string	MR 上报时间

（二）结果表

ads_work_live_grid（职住地区域分析结果表）如表 5-8 所示，存储分析后得到的职地和住地信息及分析用到的用户信息。

表 5-8　ads_work_live_grid

字段名	字符类型	说明
user_id	string	用户 ID
lon_work	double	工作地点栅格经度
lat_work	double	工作地点栅格纬度
lon_live	double	居住地点栅格经度
lat_live	double	居住地点栅格纬度

【任务实施】

职住地问题
自动分析实操

1. 新建目录

登录可视化开发平台，单击进入 Education 项目，在项目树中右击"应用开发"模块，在弹出的"新建目录"对话框中输入目录名"zhizhudifenxi"，单击"确定"按钮，如图 5-5 所示。

新建目录　　　　　　　　　　　　　　　　　　　　　　　　　　　　×

　　* 目录名称　　| zhizhudifenxi |

　　目录描述　　|　　　　　　　　　　　　　　　　　　　　　　|

　　　　　　　　　　　　　　　　　　　　　　［取消］　■确定■

图 5-5　新建目录

2. 建表

拖拽表类型中 Spark 表的算子到画布中，弹出"新建 Spark 表"对话框，定义好表存储的数据库 education_tc 和表名 ads_work_live_grid_tc，版本号可不填，伴生算法选择"否"，如图 5-6 所示。单击"确定"按钮后，在画布上显示 ads_work_live_grid_tc 表，如图 5-7 所示。

图 5-6 新建 Spark 表

图 5-7 ads_work_live_grid_tc 表

3. 表配置

定义好表名和库名后，需要给这张表定义字段及字段类型。可以通过添加操作选择字段，如图 5-8 所示。本任务采用 DDL 定义字段和字段类型。

```
CREATE TABLE education_tc.ads_work_live_grid_tc (
    user_id bigint,
    lon_center double,
    lat_center double,
    gridx int,
    gridy int,
    live_work string,
    user_num int
);
```

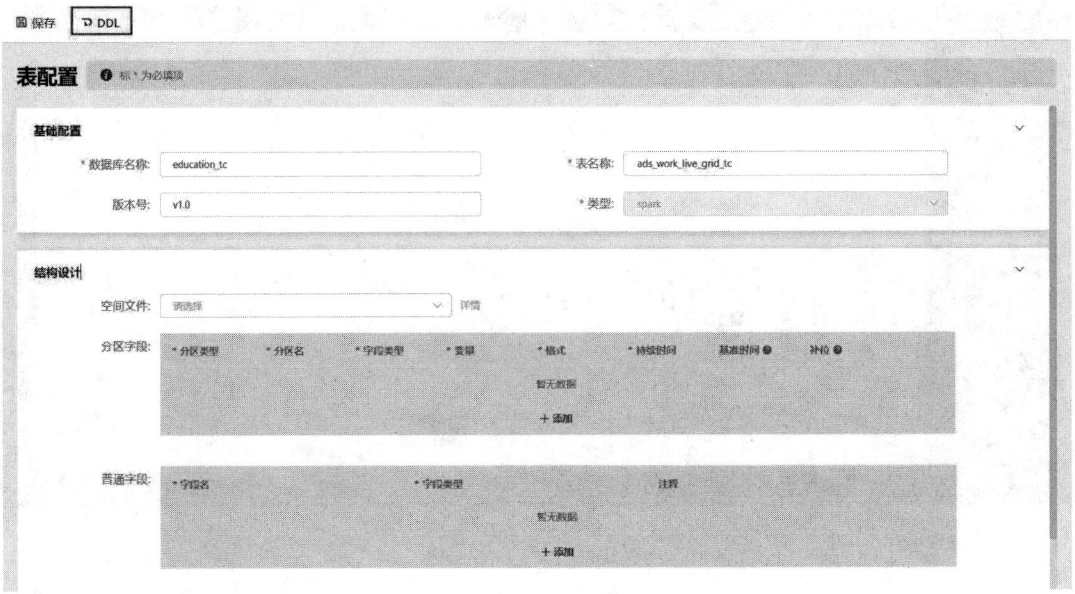

图 5-8　表配置界面

该算法可以不添加分区字段,单击"保存"按钮,如图 5-9 所示。

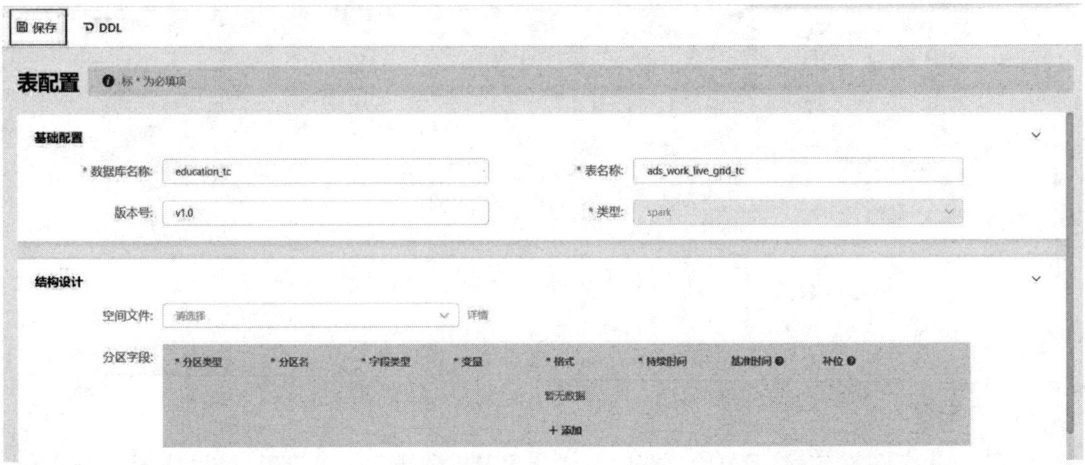

图 5-9　保存页面

4．数据表发布

上线表包含提交开发库和发布生产两步,发布生产成功后方可后续使用。将 ads_work_live_grid_tc 表提交开发库、发布生产,如图 5-10、图 5-11 所示。

5．算法开发

拖拽 Spark-Sql 算子到画布上,弹出"新建算法"对话框,输入算法信息即可创建算法,如图 5-12 所示。

建好算法后会在算法视图中显示该算法节点,如图 5-13 所示。双击算法节点或在左侧项目中单击算法,会进入算法开发页面。

图 5-10　ads_work_live_grid_tc 表提交开发库

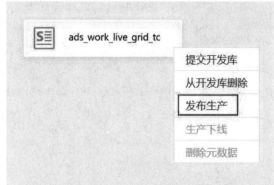

图 5-11　ads_work_live_grid_tc 表发布生产

图 5-12　新建算法

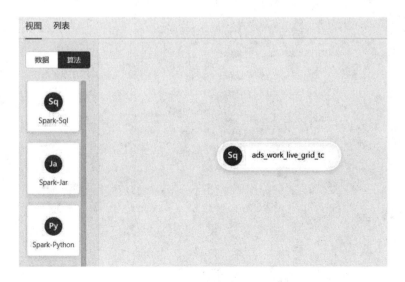

图 5-13　算法画布

双击所创建的"算法",填写职住地问题的算法 SQL 代码。

```
--**************************************************************-
-- 说明:可使用 $ 引用输入输出表分区变量;使用 # 引用业务参数变量
--**************************************************************-
create temporary function lonlat_grid as "com.hwg.udf.MySequence";
insert overwrite table education_tc.ads_work_live_grid_tc
select
    user_id,
    lon_center,
    lat_center,
    gridx int,
    gridy int,
    live_work,
    user_num
from
    (select *,
        rank()over(partition by live_work order by user_num desc) as numer
        from
        (
            select
                user_id,
                lonlat_grid(lon,lat,30,false)[0] as lon_center,
                lonlat_grid(lon,lat,30,false)[1] as lat_center,
                lonlat_grid(lon,lat,30,false)[2] as gridx,
                lonlat_grid(lon,lat,30,false)[3] as gridy,
                case
                    when cast(p_hour as int)>9 and cast(p_hour as int)<18
                        then '职地' else '住地'
                end as live_work,
                count(user_id)over
                    (partition by
                    lonlat_grid(lon,lat,30,false)[0],
                    lonlat_grid(lon,lat,30,false)[1],
                    lonlat_grid(lon,lat,30,false)[2],
                    lonlat_grid(lon,lat,30,false)[3],
                    case
                        when cast(p_hour as int)>9
                        and cast(p_hour as int)<18 then '职地'
                    else '住地'
                    end
                ) as user_num
            from education.ods_region_user
```

职住地问题
自动分析算法

```
                         where lon > 0 and lat > 0
                         and cast(p_hour as int) not in (7,8,18,19,20)
                )as aa
            ) cc
where numer = 1;
```

注释：

① 算法中使用了两级嵌套查询,将最内侧子查询的结果作为一个整体,可以看作一张表,作为外层查询的数据源进行筛选后,再次嵌套作为最外层查询的数据源。这种嵌套多次一般用在当内部查询不具备某些筛选条件时,先制造条件,外层再使用该条件过滤。

② aa 为最内层子查询生成的临时表,用 UDF 函数将原始用户数据转化为栅格化数据,并根据时间段划分为职地和住地。

③ cc 临时表将职地或住地所在栅格用户人数按降序进行排序,将两种场景下(职地或住地)的最大用户数筛选出来。

```
rank()over(partition by live_work order by user_num desc) as number
```

6. 算法配置

单击算法开发页面右侧的"资源配置",选择要导入后的 Jar 包,如图 5-14 所示。

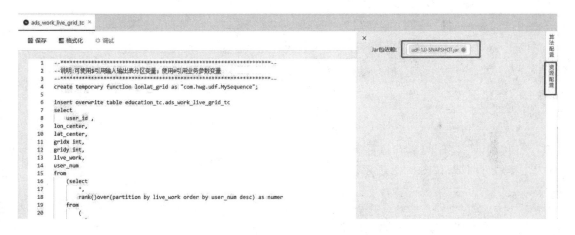

图 5-14　导入 Jar 包

单击右侧的"算法配置",进入界面后,基础配置模块的"驱动类型"选择"time",任务实例化配置可不进行配置,如图 5-15 所示。在输入数据配置部分,在选择数据节点处将原始表 ods_region_user 选择出来进行关联,如图 5-16 所示;在输出数据配置中,选择前面所创建的 ads_work_live_grid_tc 表,如图 5-17 所示。

图 5-15　ads_work_live_grid_tc 算法配置

图 5-16　ads_work_live_grid_tc 输入数据配置

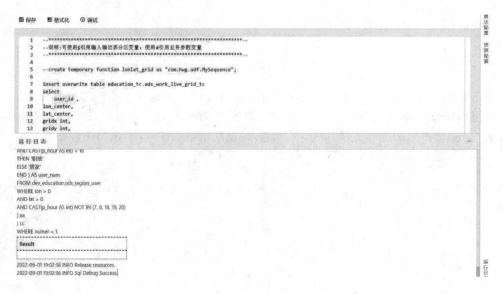

图 5-17　ads_work_live_grid_tc 输出数据配置

单击"调试"按钮,可以在运行日志中看到运行结果,注意当调试失败时可以将 create 命令变为注释后再调试,如图 5-18 所示。

图 5-18　调试结果

> **注释:**因为在本算法中已经存在该 create temporary function lonlat_grid as "com. hwg. udf. MySequence"算法,所以在初次调试时会报错。可先将其用"--"注释符号标注,并进行调试,调试成功后,再将注释符号删除并保存。

7. 算法发布

右击配置好的 ads_work_live_grid_tc 算法,选择"发布生产",如图 5-19 所示。在算法发布时选择开始时间和结束时间为默认时间(执行任务的当天时间),注意勾选"是否重新生成已存在任务"复选框,单击"确定"按钮后,将算法发布到生产环境,如图 5-20 所示。

图 5-19 ads_work_live_grid_tc 算法发布生产

图 5-20 ads_work_live_grid_tc 算法发布

8. 任务监控

通过上述的步骤,可以在数据视图中看到本任务中所有表的依赖关系,如图 5-21 所示。

算法发布生产环境进行数据清洗后,可以通过单击右上角的任务看板去查看清洗任务的运行状态和结果,如图 5-22 所示。创建时间和计划时间可以选当天执行任务的时间,看是否有运行数量。

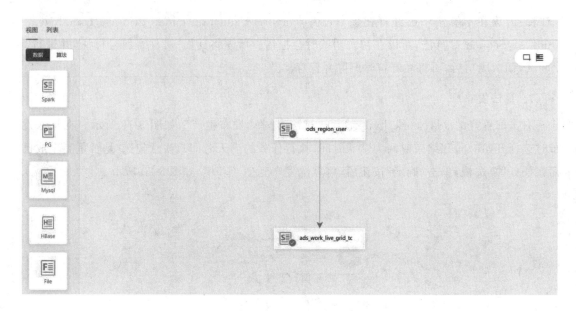

图 5-21　最终呈现表数据模型

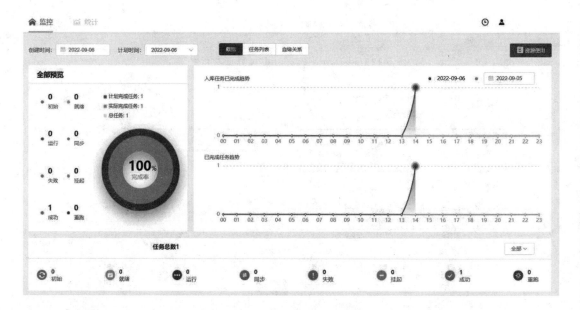

图 5-22　任务看板界面

在可视化开发平台中,通过数据查询命令"select ＊ from education_tc. ads_work_live_grid_tc;"查询是否已经将数据成功清洗至结果表中,如图 5-23 所示。

经过算法分析,我们在"TCL 国际 E 城"的场景下实现了对"职地""住地"区域的分离,数据结果在后期城市建设和规划、交通规划,以及掌握人群聚集特性等方面都有一定的指导性。可以参考以下方式进行优化。

① 对于交通规划,早上在居住地安排更多的公共交通工具,并可增设潮汐车道以适当增加由住地前往职地的道路宽度;晚上则反之。

② 对于生活,住地适合开设夜市及提供休闲服务;职地适合设立一些快节奏型消费商铺。

③ 对于网络,可以针对时段对基站测的功率进行周期性调整,确保住地无线网络在晚上

user_id	lon_center	lat_center	gridx	gridy	live_work	user_num
1111111	113.86618	22.56869	11710620	2512350	住地	6148
1111111	113.86618	22.56869	11710620	2512350	住地	6148
1111111	113.86618	22.56869	11710620	2512350	住地	6148
1111111	113.86618	22.56869	11710620	2512350	住地	6148
1111111	113.86618	22.56869	11710620	2512350	住地	6148
1111111	113.86618	22.56869	11710620	2512350	住地	6148
1111111	113.86618	22.56869	11710620	2512350	住地	6148
1111111	113.86618	22.56869	11710620	2512350	住地	6148
1111111	113.86618	22.56869	11710620	2512350	住地	6148
1111111	113.86618	22.56869	11710620	2512350	住地	6148
1112222	113.93269	22.58351	11717460	2514000	职地	9038
1112222	113.93269	22.58351	11717460	2514000	职地	9038
1112222	113.93269	22.58351	11717460	2514000	职地	9038
1112222	113.93269	22.58351	11717460	2514000	职地	9038
1112222	113.93269	22.58351	11717460	2514000	职地	9038
1112222	113.93269	22.58351	11717460	2514000	职地	9038
1112222	113.93269	22.58351	11717460	2514000	职地	9038
1112222	113.93269	22.58351	11717460	2514000	职地	9038
1112222	113.93269	22.58351	11717460	2514000	职地	9038
1112222	113.93269	22.58351	11717460	2514000	职地	9038

请输入指令

图 5-23　数据查询结果

有更大的功率,白天可以适当降低该区域无线网络的功率,职地相反。可以通过 AAPC 功能提升职住地无线网络流量,根据实际用户的位置变化进行分时段配置,达到覆盖增益最大化。还可以采用网络节能技术和方法来降低设备的能耗。例如,在小区无线负荷较轻时,关闭部分发射/接收通道,来降低设备的能耗;在低话务时,关断载波,来降低设备能耗等。

9. 数据同步

在可视化开发平台中拖拽 PG 图标,新建 PG 表,自定义库名和表名,同时勾选伴生算法"是",如图 5-24 所示。

注意:新建 PG 表的库名需与结果表数据库名一致。

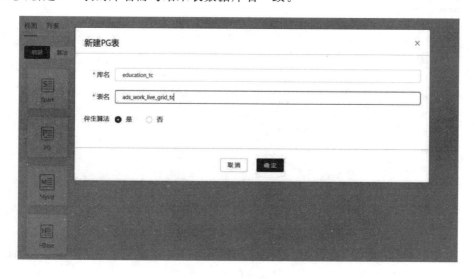

图 5-24　新建 PG 表

拖拽结果表 ads_work_live_grid_tc 的箭头,将其连接至 ads_work_live_grid_tc PG 表,如图 5-25 所示。

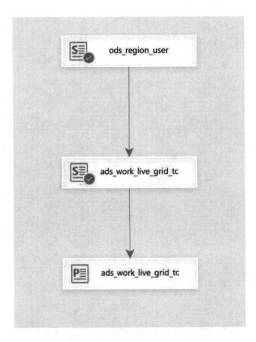

图 5-25　连接 PG 库

创建"ads_work_live_grid_tc"PG 表时勾选伴生了算法"是",所以在算法视图中会发现自动生成了"alg_pgsync_ads_work_live_grid_tc"伴生算法。双击该算法进行算法配置,选择默认的数据去向"skdt",同步时是否覆盖选择"是",同步字段不要选分区字段,如图 5-26 所示。

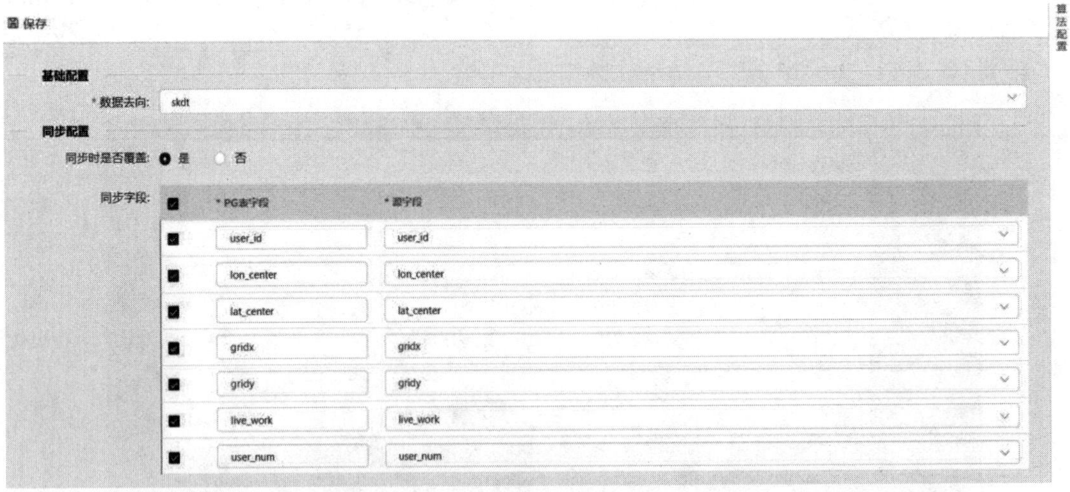

图 5-26　PG 数据同步算法配置

单击右侧的"算法配置"标签,对算法进行其他配置,驱动类型选择"time",如图 5-27 所示。

注意：驱动类型需与 ads_work_live_grid_tc 算法配置中的驱动类型一致。采用时间驱动类型，则清洗任务完成后，同步任务按计划时间运行。

图 5-27　PG 数据同步算法其他配置

右击配置好的 alg_pgsync_ads_work_live_grid_tc 算法，选择"发布生产"。在算法发布时选择开始时间和结束时间为默认时间（执行任务的当天时间），注意勾选"是否重新生成已存在任务"复选框，单击"确定"按钮后，将算法发布到生产环境，如图 5-28 所示。

图 5-28　PG 数据同步算法发布生产

10．数据展示

打开 SKA 工具，连接 PG 库，具体操作可参考"任务三 重点区域人流监控大数据分析"。连接成功后，如图 5-29 所示。在 Parameters 处右击选择"添加 SQL"，如图 5-30 所示。

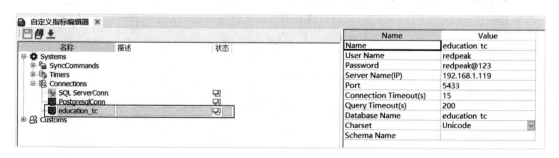

图 5-29　连接 PG 库

修改"数据库连接"，选择 education_tc 数据库，输入查询命令"select * from ads_work_live_grid_tc"，单击"预览配置"，将查询到 PG 库中 ads_work_live_grid_tc 表的数据信息，如图 5-31 和图 5-32 所示。

图 5-30   添加 SQL

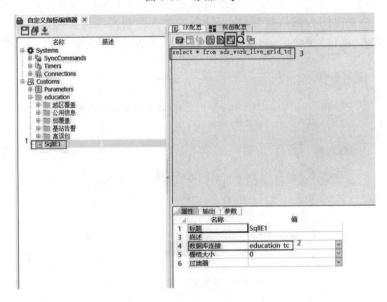

图 5-31   在 SKA 上查询结果表

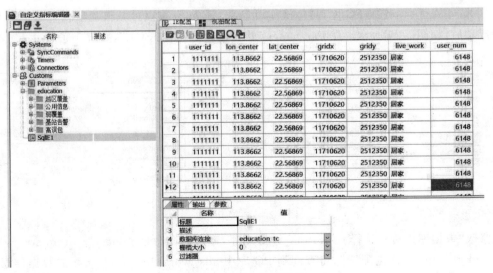

图 5-32   SKA 数据呈现

【任务小结】

本任务系统介绍了 5G 网络节能技术和方法,AAPC 原理和参数设置,AACP 的应用案例,职住地问题大数据分析的算法设计、算法开发、算法实现。通过对本任务的学习,学生应掌握 5G 网络节能的原理、AAPC 原理和参数设置、职住地问题大数据算法开发。

【巩固练习】

一、选择题

1. 无线帧由( )个无线子帧构成,每个无线子帧由( )个时隙构成。

A. 2,10   B. 8,2   C. 10,2   D. 2,10

2. 以下选项中哪一项是不属于数据仓库的层?( )

A. 数据链路层   B. 数据应用层   C. 数据加载层   D. 数据运营层

3. 以下选项中哪些选项为基站节能技术的重点?( )

A. 符号关断节能   B. 通道关断节能   C. 载波关断节能   D. 深度休眠节能

二、判断题

1. 降低 AAU 的功放效率可以降低 AAU 的功耗。( )

2. AAPC 是一种基于 AI 技术对权值进行优化的方案,主要收集用户 CDR 数据完成建模。( )

3. 单个子网的规格越低,其系统能力越强。( )

4. 采集方式分为集中采集与离散采集。( )

三、填空题

1. 集中调度的基本原理:符号_____后,通过控制开启/关闭的_____,每个_____内都只调度一部分符号,以实现基站_____的效果。

2. 数据仓库层又分为 3 层,分别是_____、_____、_____。

3. DW 层又细分为_____、_____和_____。

4. 天线在_____和_____支持数量众多、方向可控的_____,大量的天线单元可以被用于_____。

5. 优化子网指在_____中,进行小区间_____的一小片_____的小区组合。

拓展阅读

任务六　切换问题大数据分析

【任务背景】

切换问题案例:某时期,福建省闽侯上街金桥物业小区发生多起居民投诉在小区内遛弯过程中信号质量差的问题。电信公司立马组织测试分析,经测试得知,由闽侯上街金桥物业2(PC1:208)往闽侯上街1(PC1:234)切换成功后,在目标小区 PCI＝234 驻留约 2 秒,由于拐角 RSRP 波动,满足 A3 事件触发条件,UE 上报 A3 事件的 MR,但是未收到 eNB 下发的带有MobilityControlInfo 信息的 RRC Connection Reconfiguration 消息,无线链路恶化,最后业务中断。分析信令过程的测量时间和 A3 时间,发现测量报告正常,相关切换参数设置合理,服务小区添加了对应的小区,邻区配置正常。查看基站 RPM 接口消息,发现基站判决未通过,最终问题指向切换算法参数,经过排查发现,由于切换算法中的防乒乓切换开关门限值设置问题导致该区域发生乒乓切换问题,从而引发小区内的质差问题。最后工程师调整了对应门限值,该问题得到优化解决。

在网络优化过程中,有时候会由于切换失败导致路段产生质差问题,原有分析方法是通过路测信令进行分析,分析效率低下,如果我们采用可视化开发平台对切换失败质差问题进行分析,则能大大提升质差问题的解决效率。在数据处理和分析过程中,我们要坚持实事求是的态度,培养耐心细致的工作作风和严谨求真的科学精神。

【任务描述】

本任务包含 3 方面的内容:一是相关理论知识的学习,包括移动性管理、5GNR 切换关键参数、切换问题的分析方法;二是完成切换问题的大数据算法分析;三是完成切换问题的大数据算法开发和平台实操。

【任务目标】

- 理解不同组网下的移动性管理场景;
- 理解切换问题的关键参数;
- 理解数据表分区的作用;
- 掌握临时表的创建方法;
- 理解切换问题大数据算法的设计思路;
- 具备针对切换问题进行分析的能力;
- 具备针对切换问题进行大数据算法开发的能力。

【知识图谱】

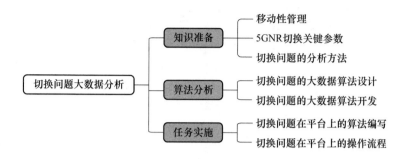

【知识准备】

一、移动性管理

移动性管理(Mobile Management,MM)是对移动终端位置信息、安全性以及业务连续性方面的管理,努力使终端与网络的联系状态达到最佳,进而为各种网络服务的应用提供保证。

NR 移动性管理架构如图 6-1 所示。

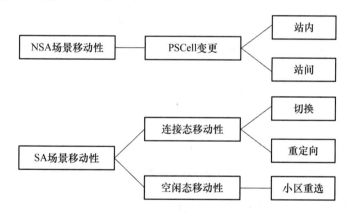

图 6-1　NR 移动性管理架构

从图 6-1 可以看出,NR 移动性分为 NSA 场景和 SA 场景,NSA 场景又分为站内辅站(PSCell)变更和站间 PSCell 变更两种,SA 场景分为连接态和空闲态两种,连接态分为切换和重定向两种。

(一) NSA 移动性管理

1. NSA 场景下 PSCell 变更的全流程

在 NSA 场景下,当终端从一个 NR 小区移动到另一个 NR 小区时,为了保证业务的连续性,触发 UE 进行 PSCell 变更。

图 6-2 所示是一个 EN-DC UE 终端从 LTE 覆盖边缘到 5G 热点区域再到 LTE 覆盖边缘移动的全流程。在 LTE 边缘 UE 终端发起接入,当 UE 终端移动到 SgNB ♯1 站点边缘时,UE 终端发起了次要节点(Secondary Node,SN)的添加;当 UE 终端移动到 SgNB ♯1 站点和 SgNB ♯2 站点交界处时,UE 发起了 SN 变更;当 UE 移动到 MeNB ♯1 站点和 MeNB ♯2 站

143

点的交界处时,UE 发起了主站(PCell)切换;当 UE 终端移动到 SgNB ♯2 站点边缘时,UE 发起了 SN 的释放;当 UE 终端移动到 MeNB ♯2 站点边缘时,UE 终端发生掉线现象。

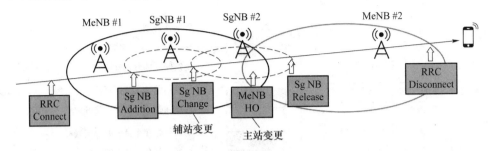

图 6-2　NSA 场景下 PCell 变更全流程

① 在 NSA 场景下,对于 EN-DC(EUTRA NR Dual-Connectivity) UE,LTE eNB 为主站,NR gNB 为辅站,LTE 小区的切换称为 PCell 切换,NR 小区的切换称为 PSCell 变更。

② gNB 的测量控制模块产生的测量控制消息通过 X2 口传递给 eNB,由 eNB 下发给 UE。

③ UE 将测量结果上报给 eNB,eNB 通过 X2 口将测量报告传递给 gNB 进行 PSCell 变更流程。

2. PSCell 变更的类型

① PSCell 的站内变更指 PSCell 变更为 SgNB 站内的其他小区,即 SgNB Modification 流程。

② PSCell 的站间变更指 PSCell 变更为其他 SgNB 的小区,即 SCG Change 流程。

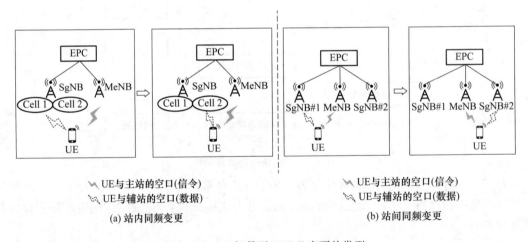

图 6-3　NSA 场景下 PSCell 变更的类型

3. PSCell 变更的算法流程

图 6-4 所示为 NSA 场景下 PSCell 变更的算法流程。

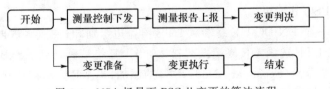

图 6-4　NSA 场景下 PSCell 变更的算法流程

① 测量控制下发:测量参数及事件由 gNB 产生,通过 LTE eNB 下发给 UE。

② 测量报告上报:UE 根据测量结果进行测量事件的判决,若满足事件要求,触发测量报告上报。

③ 变更判决:判决测量报告中小区的有效性。

④ 变更准备:向目标小区发起变更准备过程。

⑤ 变更执行:执行变更流程。

(二) SA 移动性管理

1. SA 连接态移动性管理

连接态移动性管理通常简称为切换,基于连续覆盖网络,当 UE 移动到小区覆盖边缘,服务小区信号质量变差,邻区信号质量变好时,触发基于覆盖的切换,有效防止由于小区的信号质量变差造成的掉话。SA 组网场景下的连接态切换流程如图 6-5 所示。

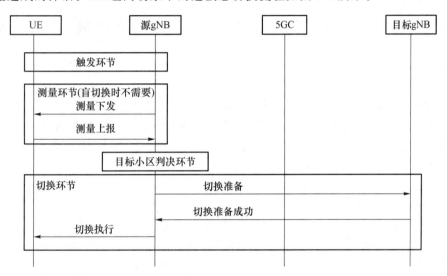

图 6-5　SA 组网场景下的连接态切换流程

切换接触流程包含如下环节。

(1) 触发环节

该环节判断触发原因并确定处理模式。

① 测量触发的启动因素。

• 是否配置邻频点。

• 服务小区的信号质量。

② 处理模式选择。

测量模式:对候选目标小区信号质量进行测量,根据测量报告生成目标小区列表的过程。

盲模式:不对候选目标小区信号质量进行测量,直接根据相关的优先级参数的配置生成目标小区或目标频点列表的过程。采用这种模式时 UE 在邻区接入失败的风险高,因此一般情况下不采用这种模式,仅在必须发起切换时才采用。

(2) 测量环节

该环节包括测量下发和测量上报。

① 测量下发。

在 UE 建立无线承载后,gNB 会根据切换功能的配置情况,通过 RRC Connection

Reconfiguration 给 UE 下发测量配置消息。

在 UE 处于连接态或完成切换后,若测量配置消息有更新,gNB 也会通过 RRC Connection Reconfiguration 消息下发新的测量配置消息。

测量对象包括测量系统、测量频点或测量小区等信息,用于指示 UE 对哪些小区或频点进行信号质量的测量。

报告配置包括测量事件和事件上报的触发量等信息,指示 UE 在满足什么条件下上报测量报告,以及按照什么标准上报测量报告。

其他配置包括测量 GAP、测量滤波等。

② 测量上报。

UE 收到 gNB 下发的测量配置消息后,按照指示执行测量。当满足上报条件后,UE 将测量报告上报给 gNB。

(3) 判决环节

gNB 根据 UE 上报的测量结果进行判决,决定是否触发切换,同时根据切换策略完成判决操作。

测量报告的处理:gNB 按照先进先出方式(先上报先处理)对收到的测量报告进行处理,生成候选小区或候选频点列表。

切换策略的确定:切换策略的确定指 gNB 将 UE 从当前的服务小区变更到新的服务小区的流程方式选择切换还是重定向。切换指的是将业务从原服务小区变更到目标小区,保证业务连续性的过程,当前仅支持基于覆盖的切换。重定向指的是 gNB 直接释放 UE,并指示 UE 在某个频点选择小区接入的过程。

目标小区或目标频点列表的生成有以下两种方式。

① 根据测量模式或盲模式生成候选小区列表或候选频点列表。

- 测量模式:在测量模式下,gNB 直接根据测量报告生成候选小区或候选频点列表。
- 盲模式:不对候选目标小区信号质量进行测量,直接根据相关的优先级(系统优先级、邻区优先级、频点优先级)的参数配置顺序生成候选小区和候选频点列表。

② 根据候选列表及邻区过滤规则生成目标列表。

- 过滤掉黑名单小区。
- 过滤掉不同运营商的小区。
- 过滤掉 UE 不支持的频点或小区。

(4) 切换环节

gNB 根据判决结果,控制 UE 切换到目标小区,完成切换。图 6-6 所示为 SA 组网场景下的切换信令流程。

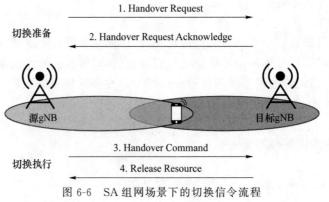

图 6-6 SA 组网场景下的切换信令流程

① 切换准备。

- 源 gNB 向目标 gNB 发起切换请求消息(Handover Request 或 Handover Required)。
- 如果目标 gNB 准入成功,目标 gNB 返回响应消息(Handover Request Acknowledge 或 Handover Command)给源 gNB,则源 gNB 认为切换准备成功,执行切换;否则,目标 gNB 返回切换准备失败消息(Handover Preparation Failure)给源 gNB,源 gNB 认为切换准备失败,等待下一次测量报告上报时再发起切换。

② 切换执行。

源 gNB 进行切换执行判决。

- 若判决执行切换,源 gNB 下发切换命令给 UE,UE 执行切换和数据转发。
- UE 向目标小区切换成功后,目标 gNB 返回 Release Resource 消息给源 gNB,源 gNB 释放资源。

重定向策略的切换执行如图 6-7 所示。

图 6-7　SA 组网场景下重定向策略的切换执行

当切换策略为重定向时,gNB 将在过滤后的目标频点列表中选择优先级最高的频点,在 RRC Connection Release 消息中发给 UE。

2. SA 空闲态移动性管理

(1) 小区选择规则(S 准则)

图 6-8 所示为小区选择规则(S 准则)。

□ Srxlev>0
□ Srxlev=Qrxlevemeas−(Qrxlevmin+Qrxlevminoffset)−Pcompensation

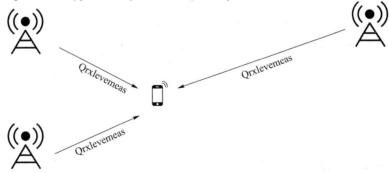

图 6-8　小区选择规则(S 准则)

当 UE 从连接态转移到空闲态时,需要进行小区选择,选择一个 Suitable Cell 驻留。

- Srxlev:Cell selection RX level value(dB),小区选择接收值。
- Qrxlevemeas:Measured cell RX level value,测量到的小区接收信号电平值,即 RSRP。
- Qrxlevmin:Minimum required RX level in the cell(dBm),SIB1 消息中广播的小区最低接收电平值,可通过参数 NRDUCellSelConfig.MinimumRxLevel 配置。

- Qrxlevminoffset：Offset to the signalled，SIB1 消息中广播的小区最低接收电平偏置值，当前没有携带，UE 按照默认为 0 dB。
- Pcompensation：max（PEMAX1－PPowerClass，0）。其中，PEMAX1 是在 SIB1 消息中广播的小区允许的 UE 最大发射功率，PPowerClass 是 UE 自身的最大射频输出功率。

（2）小区重选规则（R 准则）

图 6-9 所示为小区重选规则（R 准则）。

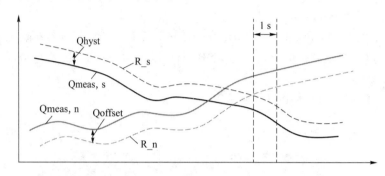

图 6-9　小区重选规则（R 准则）

判断 best cell 是否同时满足如下条件。若满足，UE 重选到该小区；若不满足，则继续驻留在原小区。

- UE 在当前服务小区驻留超过 1 s。
- 持续 1 s 的时间内满足小区重选规则（R 准则）：R_n＞R_s。

其中，R_n＝Qmeas,n－Qoffset，R_s＝Qmeas,s＋Qhyst。

重选规则参数如下。

- Qmeas,n：基于 SSB 测量的邻区的 RSRP 值，单位为 dBm。
- Qoffset：邻区重选偏置。对于同频小区重选，可通过参数 NRCellRelation.NCellReselOffset 配置。
- Qmeas,s：基于 SSB 测量处理服务小区的接收信号电平值，即服务小区的 RSRP 值。
- Qhyst：小区重选迟滞，可通过参数 NRCellReselConfig.CellReselHysteresis 配置。

二、5GNR 切换关键参数

（一）5GNR 的测量事件

5GNR 的测量事件包含 A1、A2、A3、A4、A5、B1 和 B2，如表 6-1 所示。其中：事件 A1 和 A2 用于切换功能启动判决阶段，衡量服务小区信号质量，判断是否启动或停止切换功能；其他事件（A3、A4、A5 和 B1、B2）用于目标小区或目标频点判决阶段，衡量邻区的信号质量情况。

表 6-1　5GNR 的测量事件

事件类型	事件定义
A1	服务小区信号质量高于对应门限，关闭异频测量
A2	服务小区信号质量低于对应门限，打开异频测量
A3	邻区信号质量比服务小区信号质量好，且高于一定门限值

事件类型	事件定义
A4	邻区信号质量高于对应门限
A5	服务小区信号质量低于门限 1 并且邻区信号质量高于门限 2
B1	异系统邻区信号质量高于对应门限
B2	服务小区信号质量低于门限 1 并且异系统邻区信号质量高于门限 2

（二）5GNR 切换事件的关键参数

表 6-2 所示为 5GNR 切换事件的关键参数。

表 6-2　5GNR 切换事件的关键参数

参数名称	传送途径	缺省值	作用范围	参数功能
passSssPower	gNB-UE	28	cell	主辅同步信号每 RE 上的发射功率,在小区搜索、下行信道估计、信道检测时会用到,直接影响小区覆盖。过大会造成导频污染以及小区间干扰;过小会造成小区选择或重选不上以及数据信道无法解调等
qRxLevMin	gNB-UE	−120	gNB	小区满足选择条件的最小接收电平门限,直接决定了小区下行覆盖范围
filterCoeffRsrp	gNB-UE	4	cell	测量时的 RSRP 层 3 滤波系数,用于平滑测量值
beamFileCoeffRsrp	gNB-UE	4	cell	Beam RSRP 测量层 3 滤波因子
beamMeasurementType	gNB-UE	2	cell	用于控制测量报告中是否携带 Beam 测量结果
beamReportQuantity	gNB-UE	0	cell	Beam 测量报告量
ocs	gNB-UE	0	cell	服务小区个体偏差
sMeasure	gNB-UE	−70	cell	判决同频/异频/系统间测量的绝对门限。若经过层 3 滤波后,服务小区的 RSRP 值低于该门限值,则启动同频/异频/系统间测量
A3offset	gNB-UE	1.5	cell	在邻区与本区的 RSRP 差值比该值大时,触发 RSRP 上报,用于事件触发的 RSRP 上报
triggerQunantity	gNB-UE	0	cell	事件触发的测量量,当 UE 测到该触发量的值满足事件触发门限值时,会触发小区测量事件
A5Thrd1Rsrp	gNB-UE	−90	cell	在服务小区 RSRP 差于此门限且邻区 RSRP 好于配置的门限时,UE 上报 A5 事件
A5Thrd1Rsrq	gNB-UE	−11	cell	在服务小区 RSRQ 差于此门限且邻区 RSRQ 好于配置的门限时,UE 上报 A5 事件
A5Thrd2Rsrp	gNB-UE	−90	cell	在邻区 RSRP 好于此门限且服务小区 RSRP 差于配置的门限时,UE 上报 A5 事件
A5Thrd2Rsrq	gNB-UE	−11	cell	在邻区 RSRQ 好于此门限且服务小区 RSRQ 差于配置的门限时,UE 上报 A5 事件

参数名称	传送途径	缺省值	作用范围	参数功能
eventId	gNB-UE	A3	cell	根据具体场景选择合适的测量事件
cellIndividualoffset	gNB-UE	1	Neighbor-relation	小区个体偏移值,属于小区切换参数,主要用于控制终端切换。该参数随测量控制消息下发给终端,值越大当前服务小区到该邻区关系对应邻区越容易切换,越小越难切换
timeToTrigger	gNB-UE	320	gNB	该参数设置得越大,表明对事件触发的判决越严格,但需要根据实际需要来设置此参数的长度,因为有时设置得太长会影响用户的通信质量
Hysteresis	gNB-UE	0	cell	事件触发上报的进入和离开条件的滞后因子
rptAmount	gNB-UE	3	cell	在触发事件后进行测量结果上报的最大次数。对于UE侧来说,当事件触发后,UE根据报告间隔上报测量结果,如果上报次数超过了该参数指示的值,则停止上报测量结果
rptInterval	gNB-UE	1 024	cell	触发事件后周期性上报测量结果的时间间隔,即UE每间隔rptInterval时间,上报一次事件触发的测量结果
maxRptcellNum	gNB-UE	3	cell	测量上报的最大小区数,不包括服务小区。基站可根据一定的策略(如信号强度、负荷)对上报的多个小区进行排序,确定切换出的优先顺序
ssBlockReportMaxNum	gNB-UE	1	cell	Beam测量报告中的最大Beam数(SS Block)。基站可根据一定的策略(如信号强度)对上报的多个Beam进行排序,确定最佳Beam
A2ThresholdRsrp	gNB-UE	−140	cell	测量时服务小区A2事件RSRP绝对门限,当测量到的服务小区RSRP低于门限时,UE上报A2事件
A4ThrdRsrp	gNB-UE	−75	cell	测量时邻区A4事件RSRP绝对门限,当测量到的邻区RSRP高于门限时,UE上报A4事件
A4ThrdRsrq	gNB-UE	−8	cell	测量时邻区A4事件RSRQ绝对门限,当测量到的邻区RSRQ高于门限时,UE上报A4事件

在实际网络中,根据实际情况可以动态调整以上参数,各运营商的推荐配置也略有区别。

三、切换问题的分析方法

遇到切换异常问题应先检查基站、传输、终端等状态是否异常,排查完基站、传输、终端等问题后再进行分析。无线侧整个切换过程的异常情况包括以下几个:

① 终端是否收到切换命令;
② MSG1是否发送成功;
③ 是否收到RAR。

排查总流程如图 6-10 所示。

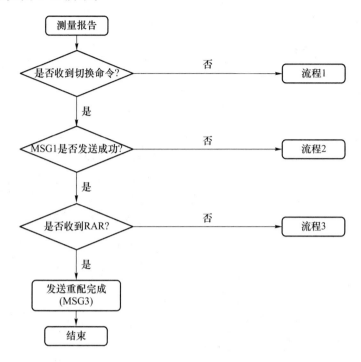

图 6-10　切换问题排查总流程

（一）未收到切换命令问题分析

图 6-11 所示为未收到切换命令问题分析流程。

1. 基站未收到测量报告

① 确认测量报告点的 RSRP、SINR 等覆盖情况,确认终端是否在小区边缘或是否存在上行受限情况(根据下行终端估计的路损判断)。如果是,则按照现场情况调整覆盖以及切换参数,解决异常情况。

② 检查是否存在上行干扰,如果在无用户时底噪过高,则肯定存在上行干扰。上行干扰优先检查是否为邻近其他小区 GPS 失锁所致,可通过关闭干扰源附近站点,使用 Scanner 进行频谱扫描来排查。

2. 基站收到了测量报告

(1) 未向终端发送切换命令

① 确认目标小区是否为邻区漏配。

② 在配置了邻区后若收到了测量报告,源基站会通过 X2 口或者 S1 口(若没有配置 X2 偶联)向目标小区发送切换请求。此时需要检查是否目标小区未向源小区发送切换响应或者发送 Handover Preparation Failure 信令,在这种情况下源小区也不会向终端发送切换命令。

此时需要从以下 3 个方面定位:

- 目标小区准备失败,RNTI 准备失败、PHY/MAC 参数配置异常等会造成目标小区无法接纳而返回 Handover Preparation Failure;
- 传输链路异常,会造成目标小区无响应;
- 目标小区状态异常,会造成目标小区无响应。

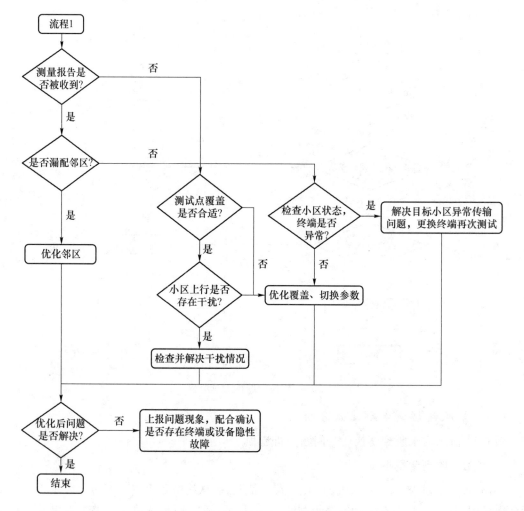

图 6-11 未收到切换命令问题分析流程

（2）向终端发送切换命令

主要检查测量报告上报点的覆盖情况，是否为弱场或强干扰区域。建议优先通过工程参数解决覆盖问题，若覆盖不易调整则通过调整切换参数优化。

（二）未收到 MSG1 问题分析

图 6-12 所示为未收到 MSG1 问题分析流程。

在正常情况下，测量报告上报的小区都会比源小区的覆盖情况好，但不排除目标小区覆盖陡变的情况，所以首先排除由于测试环境覆盖引起的切换问题。这类问题建议优先调整覆盖，若覆盖不易调整，则通过调整切换参数优化。

如果覆盖比较稳定却仍无法正常发送的话，就需要在基站侧检查是否出现上行干扰。

（三）未收到 RAR 问题分析

图 6-13 所示为未收到 RAR 问题分析流程。

该情况一般主要检查测试点的无线环境，处理思路仍是优先优化覆盖，若覆盖不易调整再调整切换参数。

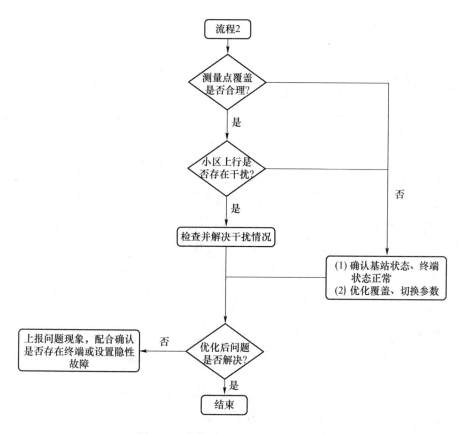

图 6-12　未收到 MSG1 问题分析流程

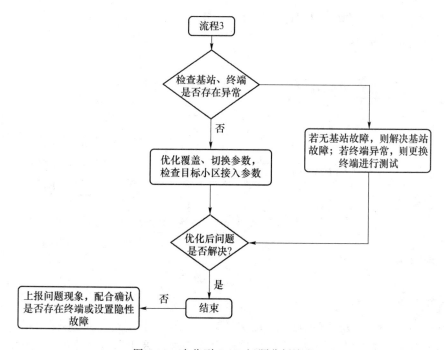

图 6-13　未收到 RAR 问题分析流程

【算法分析】

一、算法设计

切换问题算法设计的主要内容是进行算法设计并通过算法将质差的区域清洗出来,判断是不是因为切换问题而导致的,从而实现问题的快速定位。

数据来源:测试团队使用测试终端对指定区域进行路测,收集上报数据给服务器,数据解析集群对测试数据进行数据解码处理后生成对应的采样点信息表、切换事件信息表等原始的数据表,自动任务定时将这些数据同步到算法集群所在服务器,算法集群上的 Python、Java 等分析算法对底层数据进行分析汇聚,汇聚出质差路段信息表等,并告知集群数据到达,后续任务可以启动计算。其他类型的数据通过其他定时类的自动任务进行同步进入集群。

算法设计逻辑如图 6-14 所示,设计思路如下。

① 根据采样点重要指标判别聚合出质差路段的数据。通过原始采样点详表 lte_coverage_coverage(采样点详表)筛选出满足质差条件的采样点,判别条件:采样点 SINR≤−3 dB。

② 根据条件筛选出质差点汇聚质差路段。判别条件:质差采样点比例≥80%;路段长度≥50 m;路段持续时长≥10 s。满足条件后形成质差路段并生成中间表 lte_bq_segments(已有现成 Python 算法生成该表)。

③ 根据质差问题发生的问题时段,筛选出质差时间段内的所有切换事件,然后由该时段的切换事件筛选出切换失败的切换问题。对本次测试 lte_bq_segments(质差路段信息表)和 lte_event_handover(切换事件表)的时间字段进行关联匹配,判断这些切换事件中是否存在切换失败的问题并过滤出切换失败的信息和对应的质差路段信息,将相对应的结果信息写入新建的 result_lte_bq_segments_handover(切换问题分析结果表)中。

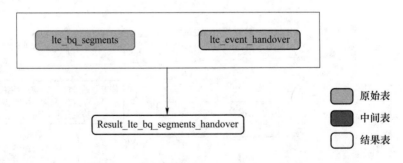

图 6-14　切换问题自动分析算法建模流程

二、表字段

(1) 输入表

lte_bq_segments(质差路段信息表)记录了本次测试聚合出来的问题路段信息,该表数据由已存在的 Python 算法计算写入,在后续算法中作为输入表使用,我们可以将其理解为原始表,熟悉指标后直接使用即可。详细字段如表 6-3 所示。

表 6-3　lte_bq_segments

字段名	字符类型	说明	备注
dataid	bigint	数据流 ID	
logdate	date	数据日期	
timestamp	timestamp	记录时间戳	取起点
longitude	decimal(10,6)	经度	路段经纬度,取起点经纬度
latitude	decimal(10,6)	纬度	路段经纬度,取起点经纬度
gridx	int	栅格坐标 x	1 m
gridy	int	栅格坐标 y	1 m
SegmentId	int	路段 ID	自增长,路段唯一 ID
StartTs	timestamp	路段起点时间戳	
StartLon	decimal(10,6)	路段起点经纬度	
StartLat	decimal(10,6)	路段起点经纬度	
duration	int	路段持续总时长	s
distance	float	路段总长度	m
badSample	int	路段质差采样点数量	
sample	int	路段采样点总数量	
endLon	decimal(10,6)	路段终点经纬度	
endLat	decimal(10,6)	路段终点经纬度	
endTs	timestamp	路段终点时间戳	
AvgRSRP	float	路段服务小区采样点平均 RSRP	lte_coverage_coverage. ServingRSRP
AvgSINR	float	路段服务小区采样点平均 SINR	lte_coverage_coverage. ServingSINR
MinRSRP	float	路段服务小区采样点最小 RSRP	lte_coverage_coverage. ServingRSRP
MinSINR	float	路段服务小区采样点最小 SINR	lte_coverage_coverage. ServingSINR
MaxRSRP	float	路段服务小区采样点最大 RSRP	lte_coverage_coverage. ServingRSRP
MaxSINR	float	路段服务小区采样点最大 SINR	lte_coverage_coverage. ServingSINR
MaxOSNum	int	路段越区采样点数量	lte_coverage_coverage. OverShooting

lte_event_handover(切换事件表)记录了测试中发生的切换事件的详细信息,包含了切换时间、切换状态成功与否、切换前后的服务小区等信息。详细字段如表 6-4 所示。

表 6-4　lte_event_handover

字段名	字符类型	说明
dataid	bigint	数据流 ID
logdate	timestamp	测试日期(yyyy-mm-dd)
longitude	double	经度
latitude	double	维度
mrevent	int	测量事件类型
handovertype	int	切换类型
handoverresult	bigint	切换结果:1 为失败,0 为成功

字段名	字符类型	说明
handoverdelay	bigint	切换时延,单位为 ms
servingcellindex	bigint	服务小区索引号
servingrsrp	bigint	服务小区 RSRP
servingsiteid	bigint	服务小区基站 ID
servingcellname	string	服务小区名称
targetcellindex	bigint	目标小区索引号
targetcellname	string	目标小区名称
targetsiteid	bigint	目标基站 ID
targetrsrp	double	目标基站 RSRP

(二) 结果表

Result_lte_bq_segments_handover(切换问题分析结果表)如表 6-5 所示,用于存储质差路段信息、切换失败的切换信息。该表为汇总的结果表,用于后面明确地展示切换问题导致的质差问题。

表 6-5　Result_lte_bq_segments_handover

字段名	字符类型	说明
dataid	bigint	数据流 ID
segmentid	bigint	质差问题编号
longitude	double	经度
latitude	double	纬度
handover_time	timestamp	切换时间
servingcellname	text	服务小区名称
servingcellindex	bigint	服务小区索引号
servingpci	int	服务小区 PCI
targetcellname	string	目标小区名称
targetcellindex	bigint	目标小区索引号
targetpci	int	目标小区 PCI
handoverdelay	int	切换延时
handoverresult	string	切换结果

【任务实施】

1. 新建目录

登录可视化开发平台,单击进入 Education 项目,在项目树中右击

切换问题自动
分析实操

156

"应用开发"模块,在弹出的"新建目录"对话框中输入目录名"handover",单击"确定"按钮,如图 6-15 所示。

图 6-15 创建切换任务项目目录

2. 建表

拖拽表类型中 Spark 表的算子到画布中,弹出"新建 Spark 表"对话框,定义好表存储的数据库名 education_tc 和表名 result_lte_bq_segments_handover_tc,版本号可不填,伴生算法选择"否",如图 6-16 所示。单击"确定"按钮后在画布上显示 result_lte_bq_segments_handover_tc 表,如图 6-17 所示。

3. 表配置

创建表成功后,需要进一步进行表配置,设置表结构。双击"result_lte_bq_segments_handover_tc"表,打开表配置界面,可以看到这张表的基本配置,如图 6-18 所示。针对表结构的设计,本任务采用 DDL 定义字段和字段类型。

图 6-16 新建 Spark 表

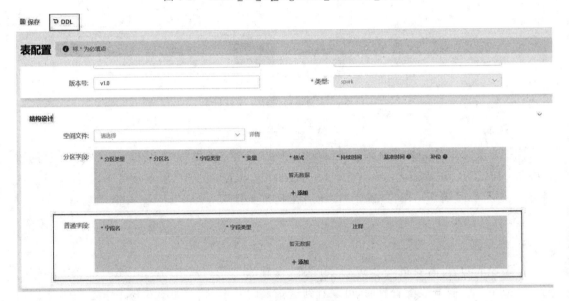

图 6-17   result_lte_bq_segments_handover_tc 表

图 6-18   表配置界面

```
--*********************************************************************--
-- 说明：以下语句为表 result_lte_bq_segments_handover_tc DDL 部分的数据配置
--*********************************************************************--
CREATE TABLE education_tc.result_lte_bq_segments_handover_tc (
    dataid bigint,
    segmentid int,
    longitude double,
    latitude double,
    handtime timestamp,
    servingcellname string,
    servingcellindex bigint,
    servingpci int,
    targetcellname string,
    targetcellindex bigint,
```

```
    targetpci int,
    handoverdelay int,
    handoverresult string
) PARTITIONED BY (input_date string, input_hour int);
```

通过 DDL 写入建表语句后，单击"确定"按钮。在表配置界面即可看到字段信息已经自动填充，也可以重新修改字段信息或者对字段进行删除、调序等，如图 6-19 所示。

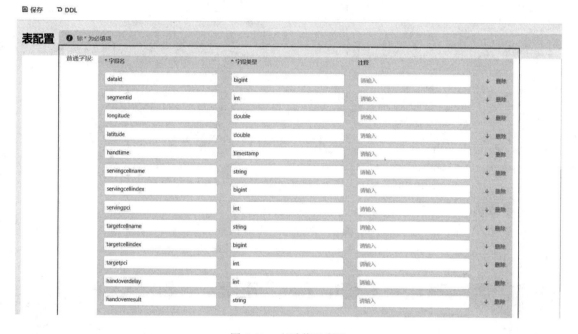

图 6-19　查看普通字段

为提高查询效率，需要给 result_lte_bq_segments_handover_tc 表添加时间分区，即在结构设计处添加清洗计算的时间，方便后续通过日期来查询计算结果，并进行保存，如图 6-20 所示，配置完成后单击"保存"按钮。

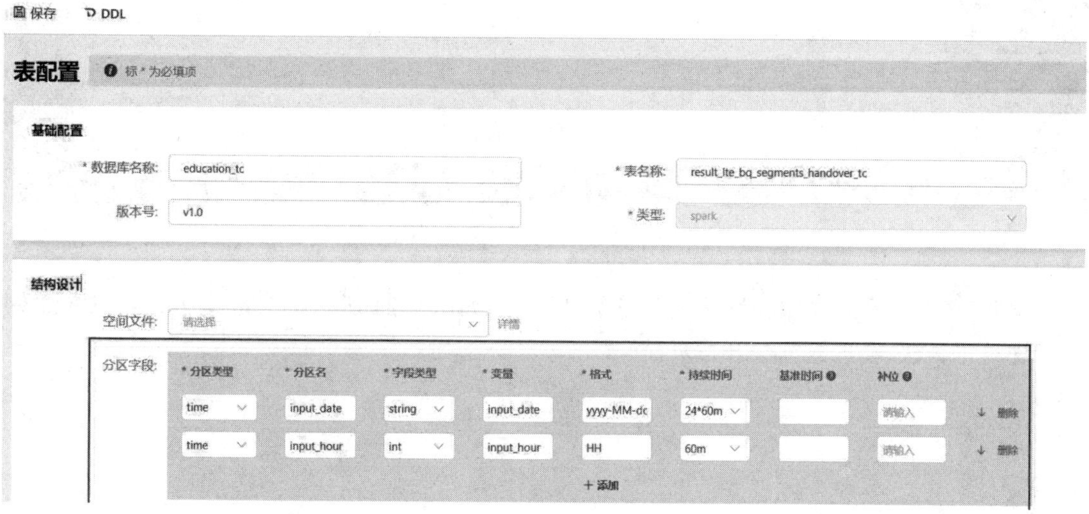

图 6-20　分区字段配置信息

4. 数据表发布

将 result_lte_bq_segments_handover_tc 表数据提交开发库、发布生产,如图 6-21、图 6-22 所示。

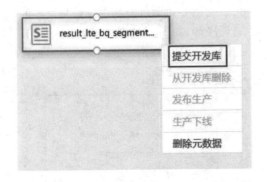

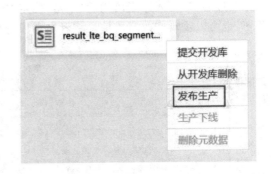

图 6-21　将 result_lte_bq_segments_handover_tc
表提交开发库

图 6-22　将 result_lte_bq_segments_handover_tc
表发布生产

5. 算法开发

拖拽 Spark-Sql 算子到画布上,弹出"新建算法"对话框,输入算法信息即可创建算法,如图 6-23 所示。

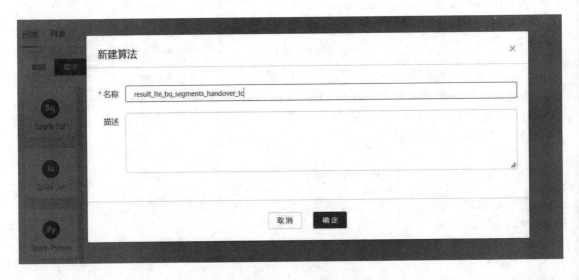

图 6-23　新建算法

建好算法后,会在算法视图中显示该算法节点,如图 6-24 所示。双击算法节点或在左侧项目中单击算法,会进入算法开发页面。

图 6-24 算法画布

双击所创建的"算法",填写切换问题的算法 SQL 代码。

```
--********************************************************--
-- 说明:可使用＄引用输入输出表分区变量,使用＃引用业务参数变量,以下算法
为 result_lte_bq_segments_handover_tc 表的算法配置
--********************************************************--
-- 质差问题路段临时表
drop table if exists temp_lte_bq_segments;
cache table temp_lte_bq_segments as
select *
from education.lte_bq_segments
where input_date = '＄lte_bq_segments.input_date＄'
    and input_hour = ＄lte_bq_segments.input_hour＄
    and dataid > 0;


-- 切换临时表
drop table if exists temp_lte_event_handover;
cache table temp_lte_event_handover as
select *
from education.lte_event_handover
where input_date = '＄lte_bq_segments.input_date＄'
    and input_hour = ＄lte_bq_segments.input_hour＄
    and dataid > 0;
-- 生成切换问题分析结果表 a 为质差路段信息详表字段 b 为临时切换表字段
insert overwrite table education_tc.result_lte_bq_segments_handover_tc
partition(input_date = '＄lte_bq_segments.input_date＄',
          input_hour = ＄lte_bq_segments.input_hour＄)
select
```

切换问题自动
分析算法

```
            a.dataid,
            a.segmentid,
            b.longitude,
            b.latitude,
            b.timestamp as handtime,
            b.servingcellname,
            b.servingcellindex,
            b.servingpci,
            b.targetcellname,
            b.targetcellindex,
            b.targetpci,
            b.handoverdelay,
            case when b.handoverresult = 0 then '成功'
                else '失败'
            end as handoverresult
    from temp_lte_bq_segments a
    left join temp_lte_event_handover b on a.dataid = b.dataid
            and b.timestamp >= a.StartTs and b.timestamp <= a.EndTs
    where b.dataid > 0 and b.handoverresult = 1;
```

注释:

① 先清空表中对应分区的数据,再向表中对应分区插入数据:

Insert overwrite table education_tc.result_lte_bq_segments_alarm_tc partition(input_date = '$lte_bq_segments_cellinfo_tc.input_date$',

input_hour = $lte_bq_segments_cellinfo_tc.input_hour$)

② 多条件判断,在不同的条件中,返回结果1,否则返回结果2:

```
case
    when b.handoverresult = 0 then '成功'
    else '失败'
end as handoverresult
```

③ 左连接,是以左表为主表,根据 on 后给出的两表的字段条件将两表连接起来。结果会将左表所有的查询信息列出,而右表只列出 on 后条件与左表满足的部分。

```
from temp_lte_bq_segments a
left join temp_lte_event_handover b
on a.dataid = b.dataid and b.timestamp >= a.StartTs and b.timestamp <= a.EndTs
```

6. 算法配置

双击算法节点或在左侧项目中单击算法,会进入算法开发页面。双击 result_lte_bq_segments_handover_tc 算法,单击右侧的算法配置,打开算法配置界面,如图 6-25 所示。

```
1   --*******************************************************--
2   --说明:可使用$引用输入输出表分区变量,使用#引用业务参数变量
3   --*******************************************************--
4
5   --质差问题路段临时表
6   drop table if exists temp_lte_bq_segments;
7   cache table temp_lte_bq_segments as
8   select *
```

图 6-25　算法配置位置

在基础配置模块中驱动类型选择"data",在任务实例化配置中 cron 配置选择"小时",如图 6-26 所示。在输入数据配置部分,在选择数据节点处将中间表 lte_bq_segments 与原始表 lte_event_handover 选择出来进行关联,如图 6-27 所示。在输出数据配置中,选择前面所创建的 result_lte_bq_segments_handover_tc 表,如图 6-28 所示。

图 6-26　result_lte_bq_segments_handover_tc 基础配置

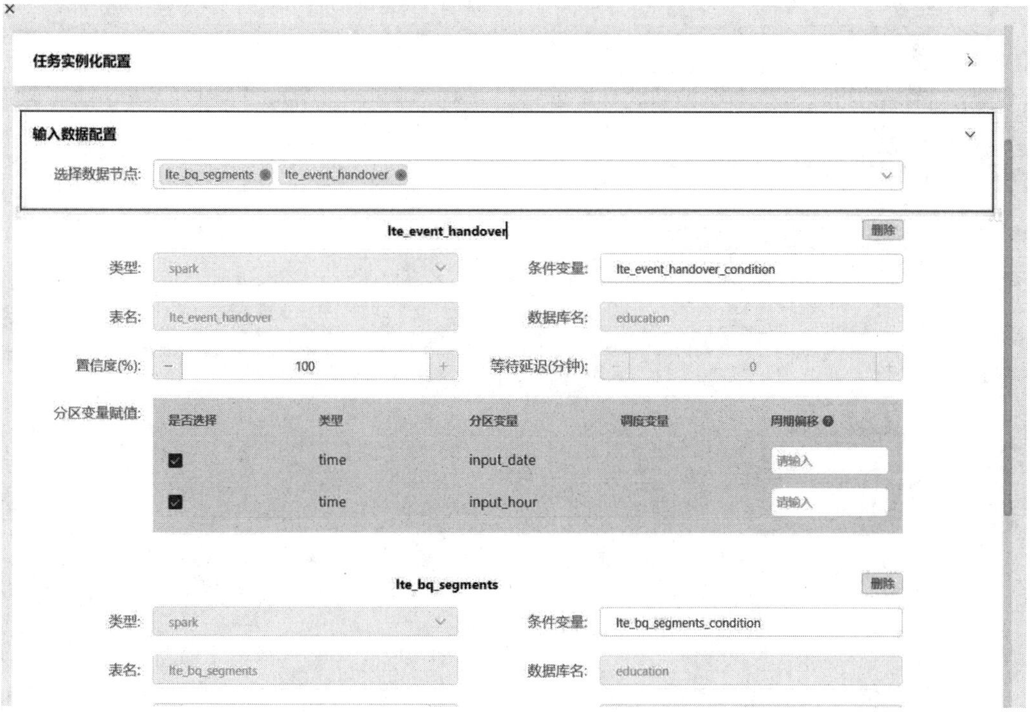

图 6-27　result_lte_bq_segments_handover_tc 输入数据配置

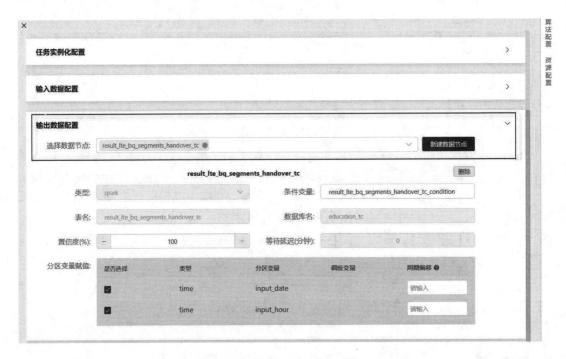

图 6-28　result_lte_bq_segments_handover_tc 输出数据配置

　　注意：任务的驱动类型选择时间驱动，可以按照天或者小时甚至分钟进行数据计算，我们这里选择小时。

　　单击"调试"按钮，可以在运行日志中看到运行结果，如图 6-29 所示。

```
     --**************************************************
1    --说明：可使用$引用输入输出表分区变量；使用#引用业务参数变量
2    --**************************************************
3
4
5    --质差问题路段临时表
6    drop table if exists temp_lte_bq_segments;
7    cache table temp_lte_bq_segments as
8    select *
9    from education.lte_bq_segments
10   where input_date='$lte_bq_segments.input_date$'
11     and input_hour=$lte_bq_segments.input_hour$
12     and dataid>0
13   ;
14
15   --切换临时表
```

运行日志

```
ELSE '失败'
END AS handoverresult
FROM temp_lte_bq_segments a
LEFT JOIN temp_lte_event_handover b
ON a.dataid = b.dataid
AND b.timestamp >= a.StartTs
AND b.timestamp <= a.EndTs
WHERE b.dataid > 0
AND b.handoverresult = 1.
```

Result

图 6-29　调试结果

7. 算法发布

　　算法开发完成，通过算法检查后，就可以发布到生产环境了。算法发布时会检查依赖算法和依赖算法的输出表是否已发布。如果未发布并且满足发布条件,在发布弹框中会以列表的形式呈现出来,由用户选择是否一起发布。算法发布时会将输出表一起发布。发布时可以选择生成哪些天的任务,重复发布的场景可以对上次发布的任务进行覆盖更新。

将配置好的 result_lte_bq_segments_handover_tc 算法提交发布生产库,在算法发布时选择开始时间和结束时间为"2021-09-16",注意需勾选"是否重新生成已存在任务",如图 6-30、图 6-31 所示。

注意:选择该时间段是因为管理员设置在该时间段拥有原始表数据,选择其他日期则没有该原始表数据。

图 6-30　result_lte_bq_segments_handover_tc 算法发布

图 6-31　result_lt_bq_segments_handover_tc 算法发布设置

8. 任务监控

通过上述步骤,可以在数据视图中看到本任务中所有表的依赖关系,如图 6-32 所示。

算法发布生产环境进行数据清洗后,可以通过单击右上角的任务看板查看清洗任务的运行状态和结果,如图 6-33 所示。创建时间为当天执行任务的时间,计划时间为 2021 年 9 月 16 日,看是否有运行数量。在本任务算法配置中,已将驱动类型配置为"数据"驱动,以"小时"任务的方式进行。因为一天以 24 小时划分,所以在任务看板中有 24 个任务要进行。但有数据才会驱动运算,所以在这个时间段中,有两条数据写入被收集并且成功运行。执行完成后,可以通过数据查询语句查询数据表中的内容。

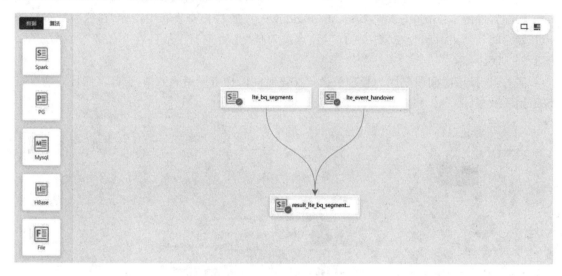

图 6-32　最终数据呈现架构

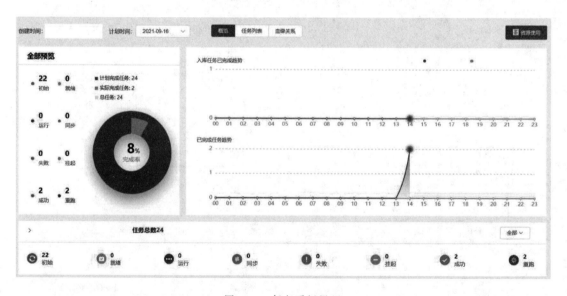

图 6-33　任务看板界面

在可视化开发平台中,通过数据查询命令"select * from education_tc. result_lte_bq_segments_handover_tc;"查询是否已经将数据成功清洗至结果表中,如图 6-34 所示。

→ select * from education_tc.result_lte_bq_segments_handover_tc:

dataid	segmentid	longitude	latitude	handtime	servingcellname	servingcellindex	servingpci	targetcellname
2	8	116.38361	39.95543	1594013765491	东城安德里社区西北HLG-213	151015	55	东城四川石油宾馆FNL-202
2	8	116.38361	39.95543	1594013765491	东城安德里社区西北HLG-213	151015	55	东城四川石油宾馆FNL-202

→ 请输入指令

图 6-34　数据查询结果

经过算法分析,我们可以看出该质差问题路段被两个服务小区所覆盖,路段中存在一次切换事件发生,且出现切换失败的问题,编号(segmentid)为 8 的切换是从东城安德里社区西北 213(servingcellname)小区切换到东城四川石油宾馆 202 小区(targetcellname),该过程发生了切换失败的情况。由于切换发生需要测量、判别、下发指令等一系列操作,该过程一般持续几秒,所以本次切换失败正好引起这几秒的信号质量波动,产生了质差问题区域。该质差区域的形成为切换问题所致,可根据切换问题出现的原因和应对策略进行优化整改。可以参考以下方式进行优化。

① 检查对应基站的硬件是否有故障或测试终端是否有异常。

② 先结合信令分析 MR 过程上报小区信息以及 A3 事件,确定切换参数是否正确,再结合基站侧接口消息分析其他参数是否有误。如果参数有误,调整为正确参数即可。

9. 数据同步

在可视化开发平台中拖拽 PG 图标,新建 PG 表,自定义库名和表名,同时勾选伴生算法为"是",如图 6-35 所示。

注意:新建 PG 表的库名需与结果表数据库名一致。

图 6-35 新建 PG 表

拖拽结果表 result_lte_bq_segments_handover_tc 的箭头,将其连接至新建的"result_lte_bq_segments_handover_tc" PG 表,如图 6-36 所示。

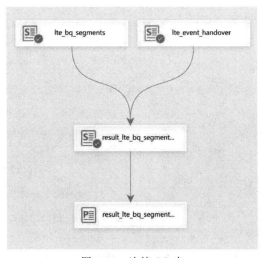

图 6-36 连接 PG 表

在创建"result_lte_bq_segments_handover_tc" PG 表时,勾选伴生了算法"是",所以在算法视图中会发现自动生成了"alg_pgsync_result_lte_bq_segments_handover_tc"伴生算法。双击算法进入算法配置面板,选择默认的数据去向,同步时是否覆盖选择"是",同步字段可以全部选择,如图 6-37 所示。

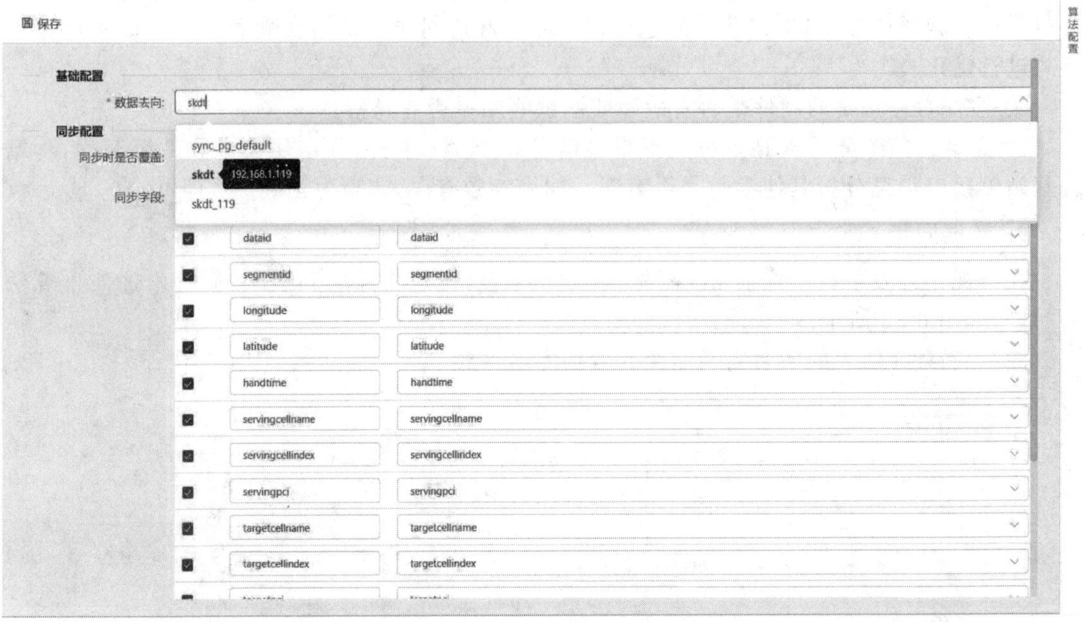

图 6-37　PG 数据同步算法配置

单击右侧的"算法配置"标签,对算法进行其他配置,驱动类型选择"data",在任务实例化配置中 cron 配置选择"小时",如图 6-38 所示。

注意:驱动类型需与 result_lte_bq_segments_handover_tc 算法配置中的驱动类型一致。采用数据驱动类型,则清洗任务完成后驱动同步任务的运行。

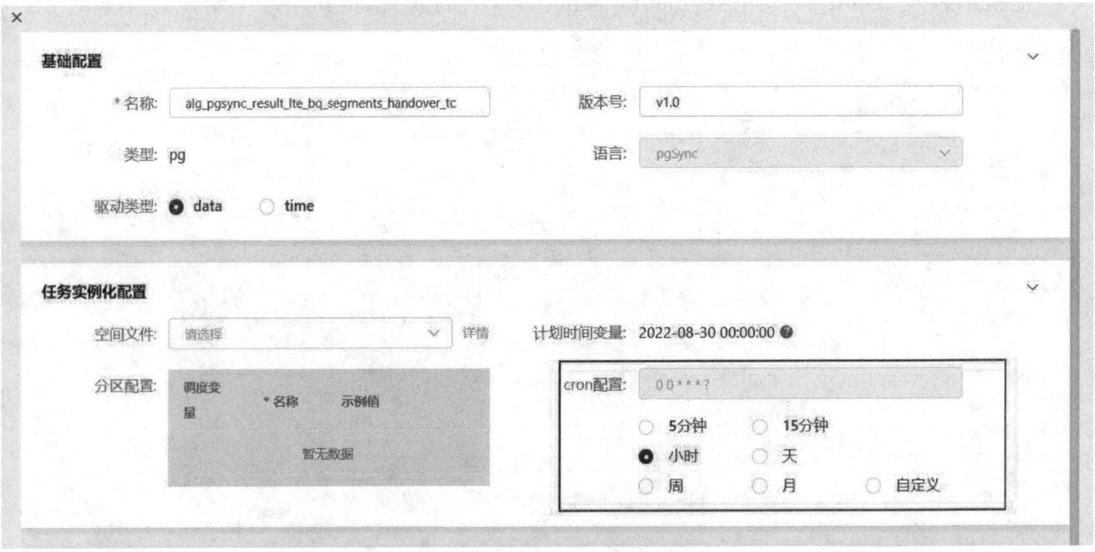

图 6-38　PG 数据同步算法其他配置

将算法配置好后,右击 alg_pgsync_result_lte_bq_segments_handover_tc 算法,选择"发布生产",配置算法发布时间时选择开始时间和结束时间为"2021-09-16",需注意勾选"是否重新生成已存在任务",单击"确定"按钮后,将算法发布到生产环境,如图 6-39 所示。

图 6-39 PG 数据同步算法发布

10. 数据展示

打开 SKA 工具,连接 PG 库,具体操作可参考"任务三 重点区域人流监控大数据分析"。连接成功后,如图 6-40 所示。在 Parameters 处右键选择"添加 SQL",如图 6-41 所示。

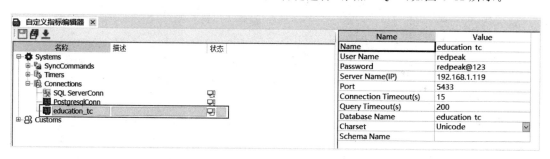

图 6-40 连接 PG 库

图 6-41 添加 SQL

设置好链接后在 Parameters 处右键选择"添加 SQL",如图 6-44 所示。

修改"数据库连接",选择 education_tc 数据库,输入查询命令"select * from ads_hot_grid_tc",单击"预览配置",将查询到 PG 库中 result_lte_bq_segments_handover_tc 表的数据信息,如图 6-42、图 6-43 所示。

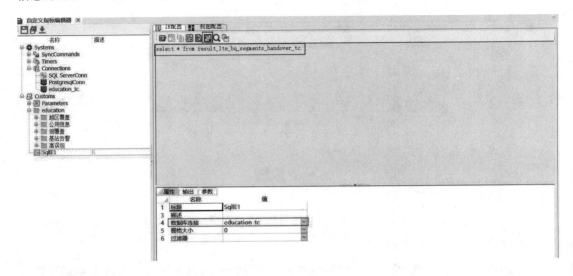

图 6-42　在 SKA 上查询结果表

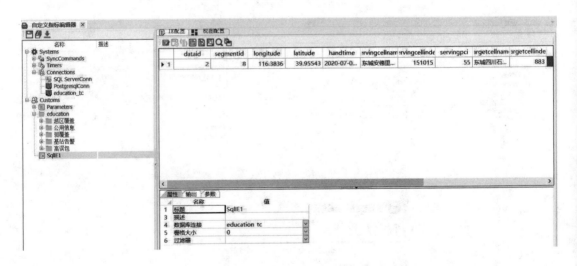

图 6-43　SKA 数据呈现

拖拽 LTE 部分内容至空白画布中,如图 6-44 所示。SKA 数据展示效果示例如图 6-45 所示。

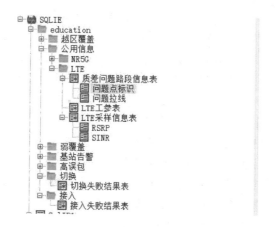

图 6-44　拖拽 LTE 部分内容至空白画布中

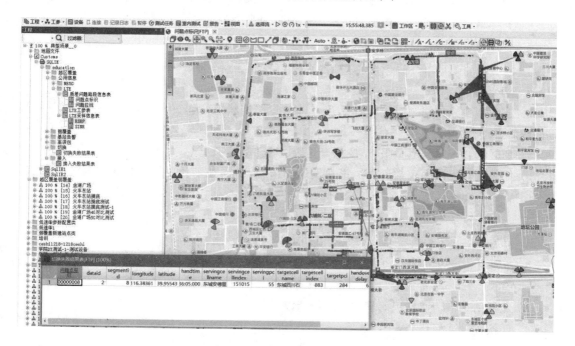

图 6-45　切换问题图形展示

【任务小结】

本任务系统介绍了移动性管理的理论,列出了 5GNR 切换的关键参数、切换问题的分析方法、切换问题的大数据算法设计,以及算法开发中用到的相关输入表、输出表的字段解释。通过对本任务的学习,学生应掌握 5G 移动性管理的基础理论知识、切换问题的算法设计和算法开发,同时掌握基本的外场实际切换问题的分析方法和解决手段。

【巩固练习】

一、选择题

1. 以下哪一个事件类型为邻区信号质量比服务小区信号质量好且高于一定门限值?(　　)

A. A4   B. A3   C. A2   D. A1

2. 以下选项中哪一项为切换触发原因？（ ）

A. 网络负荷触发   B. 网络覆盖触发   C. 速度触发   D. 质量触发

3. gNB 的测量控制模块产生的测量控制消息通过哪一个口传递给 eNB？（ ）

A. S1   B. N2   C. X2   D. N1

4. 下列哪一项为正确的 PSCell 变更算法流程？（ ）

A. 测量控制下发—测量报告上报—变更判决—变更准备—变更执行

B. 测量控制下发—测量报告上报—变更准备—变更执行—变更判决

C. 变更判决—变更准备—测量控制下发—测量报告上报—变更执行

D. 测量控制下发—测量报告上报—变更执行—变更判决—变更准备

5. 移动性管理主要分为哪两大类？（ ）

A. 空闲状态下的移动性管理   B. 连接状态下的移动性管理

C. 非注册状态下的移动性管理   D. 去附着状态下的移动性管理

二、判断题

1. 5GNR 的测量事件只包含 A1、A2、A3、A4、A5。（ ）

2. NR 移动性管理只有 SA 场景。（ ）

3. 遇到切换异常问题应先检查基站、传输、终端等状态是否异常，排除基站、传输、终端等问题后再进行分析。（ ）

4. 如果基站未收到测量报告，应检查是否存在下行干扰。（ ）

5. 如果覆盖比较稳定却仍无法正常发送的话，就需要在基站侧检查是否出现上行干扰。（ ）

三、填空题

1. 移动性管理是对_____、_____以及_____方面的管理。

2. 5GNR 测量事件 A1 和 A2 用于切换功能_____，衡量服务小区_____，判断是否启动或停止_____。

3. 无线侧整个切换过程的异常情况包括以下几个：_____；_____；_____。

4. 切换接触流程环节：_____，_____，_____，_____。

5. 在 NSA 场景下，对于 EN-DC UE，LTE _____为主站，NR _____作为辅站，LTE 小区的切换称为_____切换，NR 小区的切换称为_____变更。

拓展阅读

任务七 弱覆盖问题大数据分析

【任务背景】

弱覆盖问题案例:某时期,电信集团多次接到群众投诉电话,反馈安定门外大街往三环方向路段语音通话质量总是很差,甚至出现断线情况。电信集团根据多次反馈,初步将该路段定义为问题路段,并下放问题路段给网优部门,网优部门立即安排测试团队对该路段进行测试、收集相关数据指标,并通过指标判断出 SINR 低于判断质差路段门限,且连续距离很长,至此该路段被定义为质差路段,转网络优化分析部做重点优化。网络优化分析团队立即对该路段测试终端的事件、信令及周围基站信息等进行逐项分析排查,发现该区域由于附近基站退役,基站覆盖不足,引起弱覆盖问题发生,从而导致该路段质差,并将结果反馈集团。集团立即安排工程部进行站点新建规划和实施,新开基站后,该路段后期信号得到改善。

在 5G 网络建设过程中,网络质量问题是广大人民群众比较关心的问题,其中弱覆盖问题在网络质量问题中所占比重最大,解决弱覆盖问题是解决网络质量问题的关键。在无线网络优化中,第一步即为进行覆盖的优化,这也是非常关键的一步。特别是对 LTE 网络而言,由于其多采用同频组网方式,同频干扰严重,覆盖与干扰问题对网络性能影响重大。通过通信大数据进行弱覆盖问题分析是解决弱覆盖问题的一种比较好的方法。在网络优化过程中,我们要从不同维度探索高维数据,看清事物全貌,提高解决问题的效率。

【任务描述】

本任务包含 3 方面的内容,分别是弱覆盖理论的介绍,包括覆盖问题概述、弱覆盖相关的技术指标及判断方法、弱覆盖产生的原因、覆盖优化的原则、弱覆盖的优化方法;二是完成弱覆盖问题大数据算法分析;三是完成弱覆盖问题的大数据算法开发和平台实操。

【任务目标】

- 理解常见的覆盖问题;
- 理解弱覆盖相关的技术指标;
- 理解弱覆盖产生的原因、优化方法;
- 掌握多表连接的方法;
- 具备弱覆盖问题分析能力、算法设计能力;
- 具备弱覆盖算法开发能力。

【知识图谱】

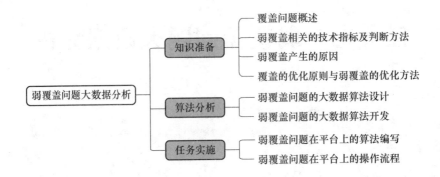

【知识准备】

一、覆盖问题概述

（一）覆盖问题的定义

覆盖问题是指以所期望的服务范围满足大多数或者所有用户需求为前提,确定设施的位置。覆盖模型的思想是离服务设施较近的用户越多,则服务越好。

（二）常见的覆盖问题

1. 越区覆盖

越区覆盖一般是指某些基站的覆盖区域超过了规划的范围,在其他基站的覆盖区域内形成不连续的主导区域。例如,某些大大超过周围建筑物平均高度的站点发射信号沿丘陵地形或道路可以传播很远,在其他基站的覆盖区域内形成了主导覆盖,产生了"孤岛"现象,如图 7-1 所示。

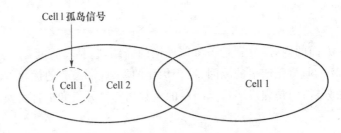

图 7-1　越区覆盖示意图

2. 覆盖空洞

覆盖空洞是指在连片站点中间出现的完全没有信号的区域。

UE 终端的灵敏度一般为 -124 dBm,考虑部分商用终端与测试终端灵敏度的差异,预留 5 dB 余量,则覆盖空洞定义为 RSRP <-119 dBm 的区域,如图 7-2 所示。

3. 重叠覆盖

在 LTE 中主要是通过对 RSRP 的研究来定义其导频污染的。在某一点存在过多的强导频却没有一个足够强的主导频的时候，即定义为导频污染，如图 7-3 所示，图中图例单位为 dBm。

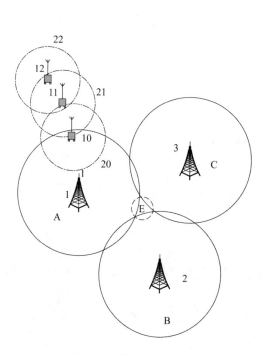

图 7-2　覆盖空洞示意图

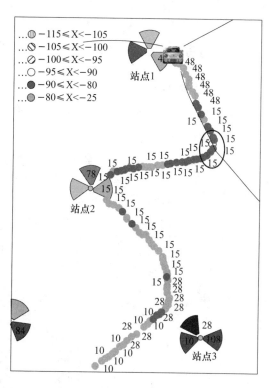

图 7-3　重叠覆盖示意图

4. 弱覆盖

弱覆盖是指有信号，但信号强度不能保证网络达到要求的区域，如图 7-4 所示。

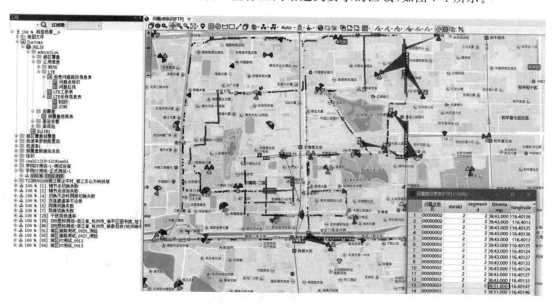

图 7-4　弱覆盖示意图

弱覆盖在语音方面会造成用户掉线、通话卡顿的现象,在数据方面会造成下载速率低、数据掉线等现象,所以弱覆盖优化是网络优化的一项基础工作。弱覆盖门限并不是同一标准,每个运营商都会有自己的覆盖要求。

二、弱覆盖相关的技术指标及判断方法

(一)关键指标

判断弱覆盖的技术指标主要是 RSRP 和 SINR。

1. RSRP

RSRP 测量频率带宽上承载参考信号的资源元素(RE)上接收功率(以 dBm 单位)的线性平均值,如图 7-5 所示。RSRP 是可以代表无线信号强度的关键参数,是在某个符号内承载参考信号的所有 RE 上接收到的信号功率的平均值,RSRP 的功率值代表了每个子载波的功率值。

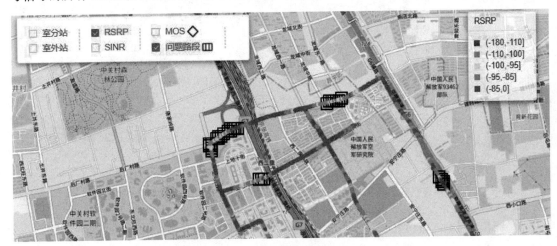

图 7-5　RSRP 问题点示意图

2. SINR

SINR 即信号与干扰加噪声比,指接收到的有用信号的强度与接收到的干扰信号(噪声和干扰)的强度的比值,RS 为 LTE 中极为重要的参考信号,如图 7-6 所示。

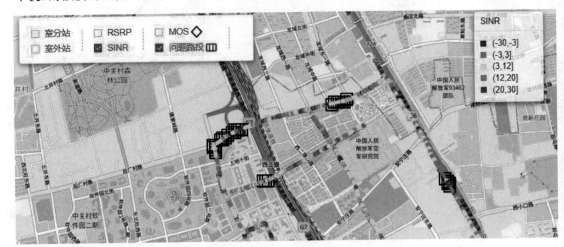

图 7-6　SINR 问题点示意图

RS-SINR 是 LTE 网络的关键指标,与业务信号的 SINR 密切相关,进而与业务速率相关,因此很重要。

(二) 判断方法

接收电平低于覆盖门限且影响业务质量。在 GSM 网络中,RxLev_DL 功率小于−90 dBm,或者 RSRP 小于−90 dBm 的属于弱覆盖;在 LTE 网络中,RSRP 低于−110 dBm 属于弱覆盖;在 5GNR 网络中,RSRP 低于−105 dBm 属于弱覆盖。

1. 路测

采用测试工具进行现场测试,这是发现弱覆盖最直接、最有效的方法,分 DT、CQT 两种。前者主要针对道路,了解"线"的连续覆盖情况;后者主要针对室内,了解"点"的深度覆盖情况。路测覆盖示意如图 7-7 所示。

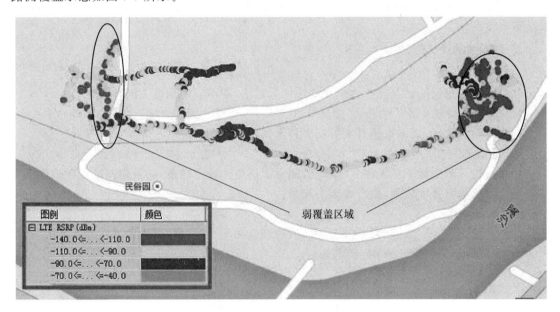

图 7-7　路测示意图

2. 弱覆盖指标公式

当前对 LTE 网络的覆盖考核一般表示为连续覆盖率和深度覆盖率,具体如下:

连续覆盖率＝(RSRP≥−100 dBm 且 RS_SINR≥0 dB 条件采样点)/总采样点×100%

深度覆盖率＝(RSRP≥−110 dBm 且 RS_SINR≥0 dB 条件采样点)/总采样点×100%

当某个区域的连续覆盖率低于 96% 时,一般认为该区域存在弱覆盖。

三、弱覆盖产生的原因

① 建筑物等引起的阻挡。

② 站间距过大、不完善的无线网络结构等网络规划建设问题。

③ RS 发射功率配置低,无法满足网络覆盖要求。

④ 通过室外站覆盖室内但无法满足深度覆盖需求。

⑤ 天线电气性能下降,工程参数设置不当。

⑥ 馈线接反等工程质量问题。

四、覆盖优化的原则与弱覆盖的优化方法

1. 覆盖优化的原则

覆盖优化主要消除网络中存在的 4 种问题:覆盖空洞、弱覆盖、越区覆盖和导频污染。覆盖空洞可以归入弱覆盖中,越区覆盖和导频污染都可以归入交叉覆盖中,所以从这个角度和现场可实施角度来讲,优化主要有两个内容,即消除弱覆盖和交叉覆盖。

覆盖优化的原则如下。

① 先优化覆盖,后优化干扰;先单站优化,后全网优化。

② 覆盖优化的两大关键任务:消除弱覆盖,净化切换带,消除交叉覆盖。

③ 优先优化弱覆盖、越区覆盖,再优化导频污染。

④ 优先调整天线的下倾角、方位角、天线挂高,迁站及加站,最好考虑调整 RS 的发射功率和波瓣宽度。

2. 弱覆盖的优化方法

(1) 开通改造站

如果周边有最近的站点在改造中或者小区未激活,则不需要调整 RF 解决。

(2) 增强主覆盖小区信号强度

如果离站点较远,则考虑抬升发射功率和下倾角。

(3) 优化方向角

如果目标区域明显不在天线主瓣方向,则考虑调整天线方向角;如果距离站点较近出现弱覆盖而远处的信号强度较强,则考虑压下倾角。

(4) 新增小区

如果弱覆盖或者覆盖漏洞的区域较大,通过调整功率、方位角、下倾角难以完全解决的,则考虑新增基站或者改变天线高度来解决。

【算法分析】

一、算法设计

良好的无线覆盖是保障移动通信网络质量的前提。本任务的算法主要是将弱覆盖的质差区域清洗出来,实现问题的快速定位。

数据来源:测试团队使用测试终端对指定区域进行路测,收集上报数据给服务器,服务器对测试数据进行数据解码处理后,生成对应的采样点信息表、工参表、质差路段信息表等数据表,自动任务定时将这些数据同步到集群所在服务器,并告知集群数据到达。其他类型的数据通过其他定时类的自动任务同步进入集群。

算法设计逻辑如图 7-8 所示,设计思路如下。

① 根据采样点重要指标判别聚合出质差路段的数据。通过原始采样点详表 lte_coverage_coverage,筛选出满足质差条件的采样点。判别条件:采样点 SINR≤−3 dB。

② 通过 Python 算法实现:将按照时间分布的采样点数据进行筛选过滤,按照对应判别汇聚门限(路段持续 50 m 以上,sinr<−3 的采样点占总采样点的 80% 以上),形成满足质差路段的汇聚数据,实现了由点到段的过程。

③ 根据筛选的质差点汇聚质差路段。判别条件:质差采样点比例≥80%;路段长度≥

50 m;路段持续时长≥10 s。满足条件后形成质差路段并生成中间表 lte_bq_segments(已有现成的 Python 算法生成该表)。

④ 通过 lte_bq_segments(质差路段中间表)、lte_bin_cellmearsure_servingcell(原始采样点汇表)、lte_coverage_siteinfo(工参表),根据时间和小区相关性获取在质差的时间范围内所有小区的 cellindex、cellname 和 siteID 等信息,生成 lte_bq_segments_cellinfo(质差路段汇总信息表)。

⑤ 判断本次测试 lte_bq_segments_cellinfo(质差路段汇总信息表)中的 RSRP 值是否小于-105 dB,将满足条件的结果信息写入新建 result_lte_bq_segments_poorcover(弱覆盖分析结果表)中。

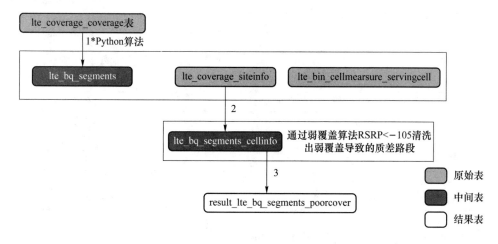

图 7-8　弱覆盖问题自动分析算法建模流程

二、表字段

(一) 输入表

lte_bq_segments(质差路段信息表)如表 7-1 所示。该表记录了本次测试聚合出来的问题路段信息,该表数据由已存在的 Python 算法计算写入,在后续算法中作为输入表使用,我们可以将其理解为原始表,熟悉指标后直接使用即可。

表 7-1　质差路段信息表

字段名	字符类型	说明
dataid	bigint	数据流 ID
segmentid	int	路段 ID
timestamp	timestamp	记录时间戳
StartTs	timestamp	路段起点时间
StartLon	decimal(10,6)	路段起点经纬度
StartLat	decimal(10,6)	路段起点经纬度
duration	int	路段持续总时长
distance	float	路段总长度
BadSample	int	路段质差采样点数量
EndTs	timestamp	路段终点时间

lte_coverage_siteinfo(工参表)如表 7-2 所示。该表记录了每个基站小区的属性信息。dataid 代表当次测试使用到的工参。

表 7-2　工参表

字段名	字符类型	说明
dataid	bigint	数据流 ID(测试数据的唯一标识)
cellindex	bigint	小区索引值
siteid	bigint	基站 ID
cellid	integer	小区 ID
sitename	text	基站名称
cellname	text	小区名称
earfcn	integer	频点
pci	integer	PCI
eci	bigint	ECI
azimuth	integer	方位角
hbwd	integer	波瓣角
etilt	integer	电子下倾角
mtilt	integer	机械下倾角
longitude	numeric(10,5)	经度
latitude	numeric(10,5)	纬度

lte_bin_cellmearsure_servingcell(采样点汇总表)如表 7-3 所示。该表以秒为单位记录了每秒路测采样点汇聚后的各个指标。dataid 代表当次测试的采样点。

表 7-3　采样点汇总表

字段名	字符类型	说明
dataid	bigint	数据流 ID
logdate	date	采样日期
timestamp	timestamp	采样时间
longitude	numeric(10,5)	经度
latitude	numeric(10,5)	纬度
earfcn	integer	频点
servingpci	integer	服务小区 PCI
siteId	bigint	基站 ID
cellindex	bigint	小区索引值
servingrsrp	real	RSRP
servingrsrq	real	RSRQ
servingsinr	real	SINR

（二）输出表

lte_bq_segments_cellinfo(质差路段汇总信息表)如表 7-4 所示。该表存储质差路段信息、此路段的采样点、此路段各采样点的服务基站或小区信息。该表为宽表,用于后面展示问题路段采样点渲染、服务小区渲染、质差路段渲染。

表 7-4　质差路段汇总信息表

字段名	字符类型	说明
dataid	bigint	数据流 ID
timestamp	timestamp	记录时间戳
longitude	decimal(10,6)	经度
latitude	decimal(10,6)	纬度
segmentid	int	路段 ID
StartTs	timestamp	路段起点时间戳
duration	int	路段持续总时长
distance	float	路段总长度
siteid	bigint	基站 ID
sitename	bigint	基站名称
cellname	text	基站告警小区名称
cellidex	integer	小区索引号
azimuth	integer	小区的方位角
hbwd	integer	小区的波瓣角
s_lon	numeric(10,5)	小区所在的经度
s_lat	numeric(10,5)	小区所在的纬度

result_lte_bq_segments_poorcover(弱覆盖问题结果表)如表 7-5 所示。该表用于存储关联到越区小区的质差路段信息和对应的小区信息。

表 7-5　弱覆盖问题结果表

字段名	字符类型	说明
dataid	bigint	数据流 ID
segmentid	bigint	质差问题编号
timestamp	timestamp	采样时间(整秒)
longitude	double	采样点经度
latitude	double	采样点纬度
cellindex	bigint	小区索引号
pci	int	小区 PCI
siteid	string	基站 ID
sitename	string	基站名称
cellid	int	小区 ID
servingrsrp	double	服务小区 RSRP 值

【任务实施】

1. 新建目录

登录可视化开发平台,单击进入 Education 项目,在项目树中右击"应用

弱覆盖问题自
动分析实操

开发"模块,在弹出的"新建目录"对话框中输入目录名"poorcover",单击"确定"按钮,如图 7-9 所示。

图 7-9　新建目录

新建目录成功,就会在左侧项目树显示该级目录。单击目录 poorcover,就会显示该目录的画布,画布上默认显示数据视图,如图 7-10 所示。

图 7-10　目录及画布

2. 建表

在本任务实施中,将创建两张表,一张为 lte_bq_segments_cellinfo_tc 中间表,另一张为 result_lte_bg_segments_poorcover_tc 结果表。

(1) 中间表建表过程

通过"拉取"的方式新建一张数据表,定义好数据库名 education_tc 和表名 lte_bq_segments_cellinfo_tc,版本号可不填,伴生算法选择"否",如图 7-11、图 7-12 所示。

(2) 结果表建表过程

通过"拉取"的方式新建一张数据表,表名为"result_lte_bg_segments_poorcover_tc",版本号可不填,伴生算法选择"否",如图 7-13、图 7-14 所示。

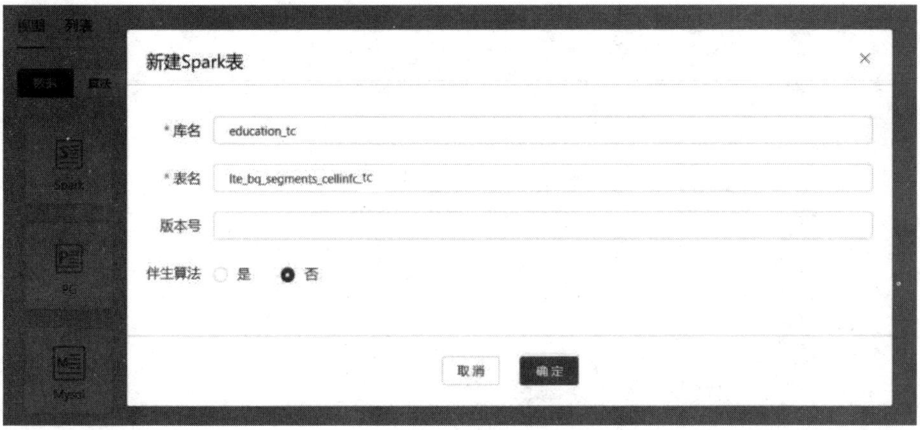

图 7-11　新建中间表

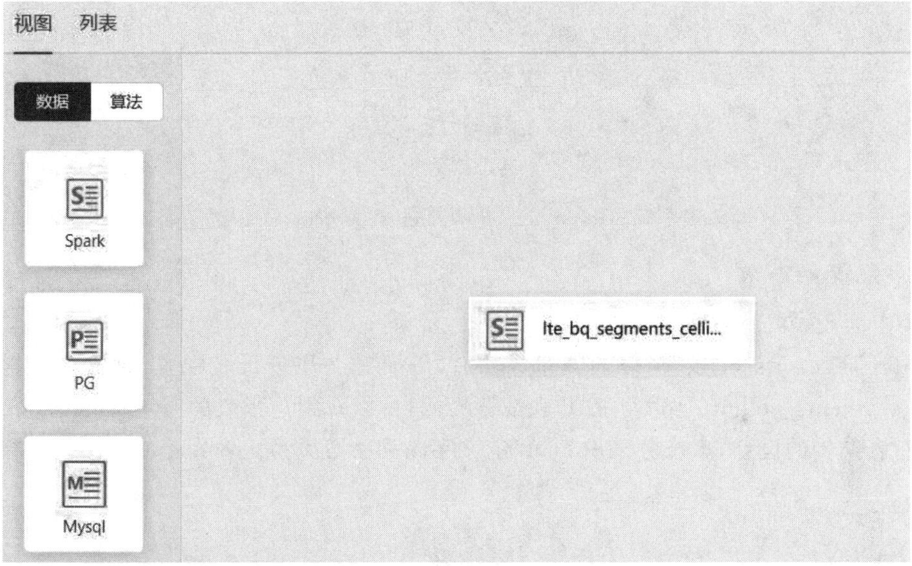

图 7-12　lte_bq_segments_cellinfo_tc 表

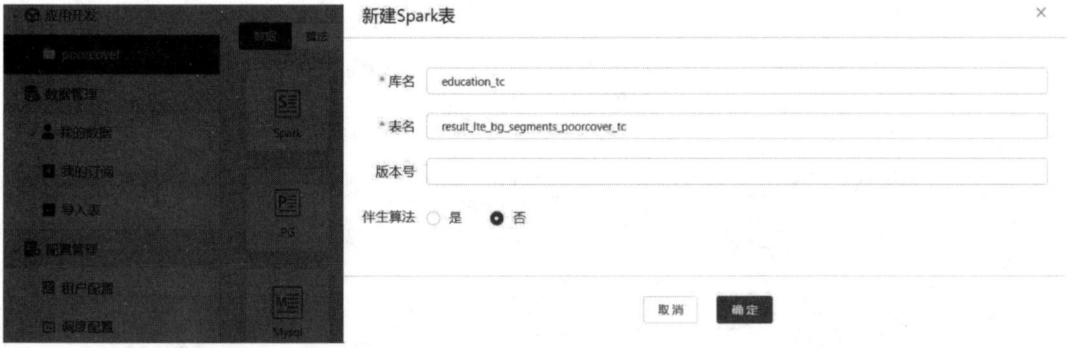

图 7-13　新建结果表

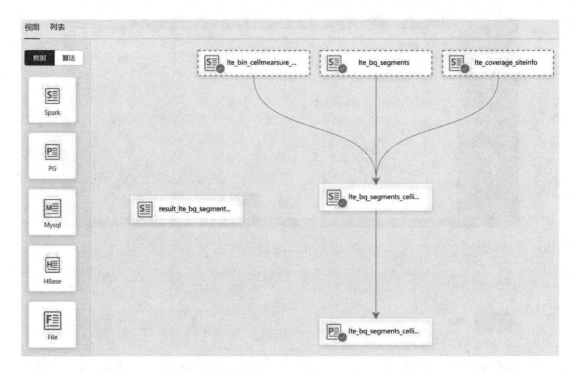

图 7-14 result_lte_bg_segments_poorcover_tc 表

3. 表配置

（1）中间表表配置过程

lte_bq_segments_cellinfo_tc 表创建成功后，需要进一步进行表配置，设置表结构。双击
"lte_bq_segments_cellinfo_tc"表，打开表配置界面，可以看到这张表的基本配置，如图 7-15 所
示。针对表结构的设计，本任务采用 DDL 定义字段和字段类型。

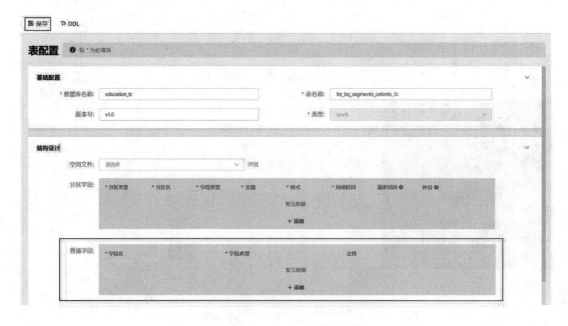

图 7-15 中间表表配置

```
--*****************************************************--
--说明：以下语句为表 lte_bq_segments_cellinfo_tc DDL 部分的数据配置
--*****************************************************--
CREATE TABLE education_tc.lte_bq_segments_cellinfo_tc (
    dataid bigint,
    logdate date,
    timestamp timestamp,
    segmentid int,
    startts timestamp,
    endts timestamp,
    startlon double,
    endlon double,
    startlat double,
    endlat double,
    duration double,
    distance double,
    badsample int,
    sample int,
    servingrsrp double,
    servingsinr double,
    longitude double,
    latitude double,
    cellindex bigint,
    pci int,
    siteid bigint,
    sitename string,
    cellid int,
    cellname string,
    azimuth int,
    hbwd int,
    s_lon double,
    s_lat double
) PARTITIONED BY (input_date string, input_hour int);
```

为提高查询效率，需要给 lte_bq_segments_cellinfo_tc 表添加时间分区，即在结构设计处添加清洗计算的时间，方便后续通过日期来查询计算的结果，并进行保存，如图 7-16 所示，配置完成后单击"保存"按钮。

（2）结果表表配置过程

result_lte_bg_segments_poorcover_tc 表创建成功后，需要进一步进行表配置，设置表结构。双击"result_lte_bg_segments_poorcover_tc"表，打开表配置界面，可以进行表的基本配置。对于表结构的设计，可以采用两种方式。

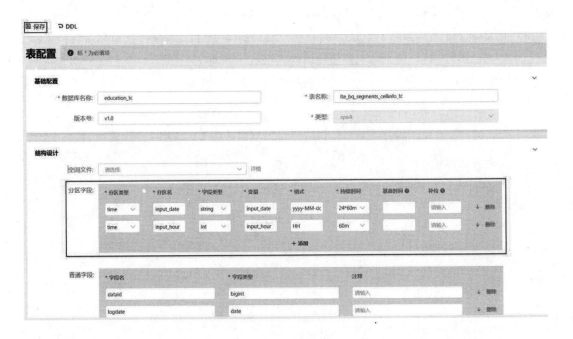

图 7-16　中间表分区字段与保存

① 通过界面操作,在普通字段列表中单击添加,设置字段名、字段类型、注释等,在分区字段列表添加分区信息,包括分区类型、分区名、字段类型、变量、格式、持续时间等,如图 7-17 所示。

② 通过 DDL 定义字段和字段类型。

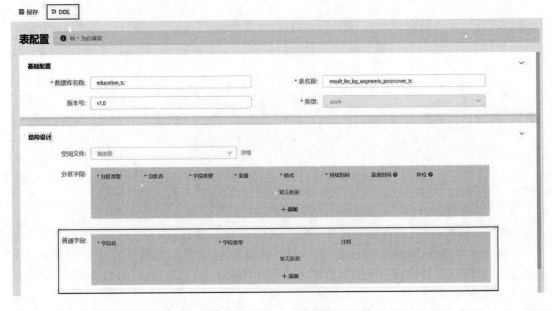

图 7-17　结果表表配置

--**--
-- 说明:以下语句为表 result_lte_bg_segments_poorcover_tc DDL 部分的数据配置

```
--************************************************--
CREATE TABLE education_tc.result_lte_bg_segments_poorcover_tc (
    dataid bigint,
    segmentid int,
    timestamp timestamp,
    longitude double,
    latitude double,
    cellindex bigint,
    pci int,
    siteid bigint,
    sitename string,
    cellid int,
    servingrsrp double
) PARTITIONED BY (input_date string, input_hour int);
```

通过数据定义语言写入建表语句后，单击"确定"按钮。在表配置界面即可看到字段信息已经自动填充，也可以重新修改字段信息或者对字段进行删除、调序等，如图 7-18 所示。

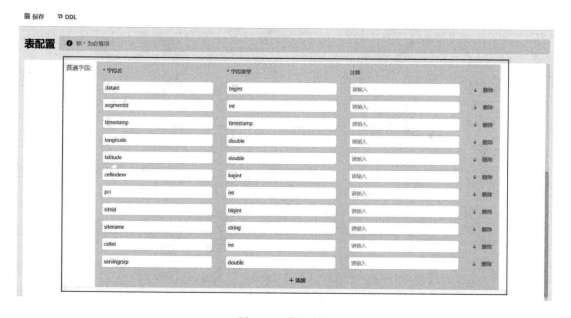

图 7-18　普通字段

为提高查询效率，需要给 result_lte_bg_segments_poorcover_tc 表添加时间分区，即在结构设计处添加清洗计算的时间，方便后续通过日期来查询计算的结果，并进行保存，如图 7-19 所示，配置完成后单击"保存"按钮。

4. 数据表发布

（1）中间数据表发布

将 lte_bq_segments_cellinfo_tc 表创建成功后，右击表将数据依次提交开发库、发布生产，如图 7-20、图 7-21 所示。

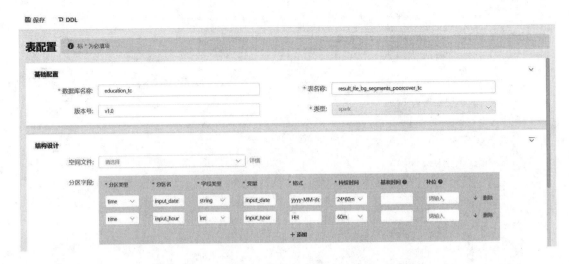

图 7-19　结果表分区字段

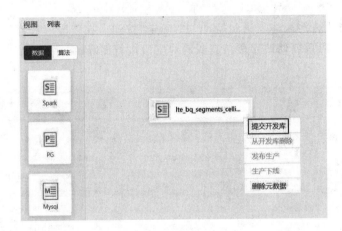

图 7-20　将 lte_bq_segments_cellinfo_tc 表提交开发库

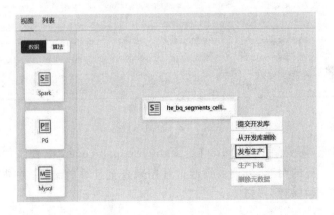

图 7-21　将 lte_bq_segments_cellinfo_tc 表发布生产

（2）结果数据表发布

将 result_lte_bg_segments_poorcover_tc 表创建成功后，右击表依次将数据提交开发库、发布生产，如图 7-22、图 7-23 所示。

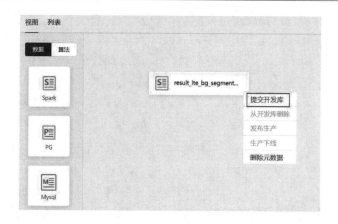

图 7-22 将 result_lte_bq_segments_poorcover_tc 表提交开发库

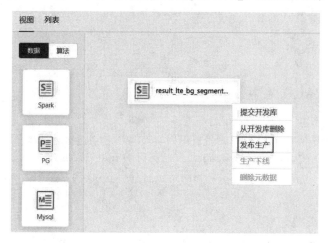

图 7-23 将 result_lte_bq_segments_poorcover_tc 表发布生产

5. 算法开发

（1）中间表算法开发

拖拽 Spark-Sql 算子到画布上，弹出"新建算法"对话框，输入算法信息即可创建算法，如图 7-24 所示。

图 7-24 新建中间表算法

双击所创建的"算法",填写弱覆盖问题的中间表算法 SQL 代码。

弱覆盖问题自
动分析算法

```
--************************************************--
--说明:可使用 $ 引用输入输出表分区变量;使用 # 引用业务参数变量
--质差路段小区信息输入算法
--************************************************--
--创建质差问题路段临时表
drop table if exists temp_lte_bq_segments;
cache table temp_lte_bq_segments as
select *
from education.lte_bq_segments
where input_date ='$ lte_coverage_siteinfo. input_date $'
    and input_hour = $ lte_coverage_siteinfo. input_hour $
    and dataid > 0;
--创建工参临时表
drop table if exists temp_lte_coverage_siteinfo;
cache table temp_lte_coverage_siteinfo as
select *
from education.lte_coverage_siteinfo
where input_date ='$ lte_coverage_siteinfo. input_date $'
    and input_hour = $ lte_coverage_siteinfo. input_hour $
    and dataid > 0;
--创建采样信息临时表
drop table if exists temp_lte_bin_cellmearsure_servingcell;
cache table temp_lte_bin_cellmearsure_servingcell as
select *
from education.lte_bin_cellmearsure_servingcell
where input_date ='$ lte_coverage_siteinfo. input_date $'
and input_hour = $ lte_coverage_siteinfo. input_hour $
and dataid > 0;
--创建质差路段匹配的采样信息临时表
drop table if exists temp_lte_bin_cellmearsure_servingcell_mid;
cache table temp_lte_bin_cellmearsure_servingcell_mid as
select
        t1.dataid,
        t1.logdate,
        t1.timestamp,
        t1.segmentid,
        t1.startts,
        t1.endts,
        t1.startlon,
```

```
        t1.endlon,
        t1.startlat,
        t1.endlat,
        t1.duration,
        t1.distance,
        t1.badsample,
        t1.sample,
        t2.cellindex,
        t2.servingrsrp,
        t2.servingsinr,
        t2.longitude,
        t2.latitude
    from temp_lte_bq_segments t1
    join temp_lte_bin_cellmearsure_servingcell t2 on t1.dataid = t2.dataid and t2.
timestamp >= t1.startts and t1.endts >= t2.timestamp;
```

> **注释**:
>
> 　　由于两个表的表名过长,为了方便引用表名,设置 t1 为 temp_lte_bq_segments 表的别
> 名、t2 为 temp_lte_bin_cellmearsure_servingcel 表的别名。
> 　　selcet...from temp_lte_bq_segments t1
> 　　join temp_lte_bin_cellmearsure_servingcell t2

```
    --生成质差问题路段信息汇聚表 t1 为采样信息 t2 为小区信息
    insert overwrite table education_tc.lte_bq_segments_cellinfo_tc partition(
    input_date = '$ lte_coverage_siteinfo.input_date $',
    input_hour = $ lte_coverage_siteinfo.input_hour $ )
    select
        t1.dataid,
        t1.logdate,
        t1.timestamp,
        t1.segmentid,
        t1.startts,
        t1.endts,
        t1.startlon,
        t1.endlon,
        t1.startlat,
        t1.endlat,
        t1.duration,
        t1.distance,
        t1.badsample,
        t1.sample,
```

```
        t1.servingrsrp,
        t1.servingsinr,
        t1.longitude,
        t1.latitude,
        t1.cellindex,
        t2.pci,
        t2.siteid,
        t2.sitename,
        t2.cellid,
        t2.cellname,
        t2.azimuth,
        t2.hbwd,
        t2.longitudeas s_lon,
        t2.latitudeas s_lat
from temp_lte_bin_cellmearsure_servingcell_mid t1
left join temp_lte_coverage_siteinfo t2 on t1.dataid = t2.dataid
and t2.cellindex = t1.cellindex;
```

（2）结果表算法开发

拖拽 Spark-Sql 算子到画布上，弹出"新建算法"对话框，输入算法信息即可创建算法，如图 7-25 所示。

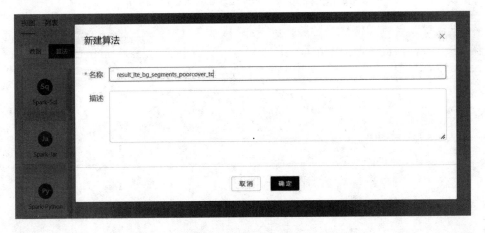

图 7-25　新建结果表算法

双击所创建的"算法"，填写弱覆盖问题的结果表算法 SQL 代码。

```
--*******************************************************--
--说明:可使用 $ 引用输入输出表分区变量;使用 # 引用业务参数变量
--*******************************************************--
--创建质差路段汇总信息临时表
drop table if exists temp_lte_bq_segments_cellinfo;
cache table temp_lte_bq_segments_cellinfo
```

```
select *
from education.lte_bq_segments_cellinfo
where input_date = '$ lte_bq_segments_cellinfo.input_date $'
and input_hour = $ lte_bq_segments_cellinfo.input_hour $ ;
-- 将满足条件的结果信息写入弱覆盖分析结果表
insert overwrite table education_tc.result_lte_bg_segments_poorcover_tc
partition(input_date ='$ lte_bq_segments_cellinfo.input_date $',
input_hour = $ lte_bq_segments_cellinfo.input_hour $ )
select
        dataid,
        segmentid,
        timestamp,
        longitude,
        latitude,
        cellindex,
        pci,
        siteid,
        sitename,
        cellid,
        servingrsrp
from temp_lte_bq_segments_cellinfo
where servingrsrp <= -105;
```

6. 算法配置

（1）中间表算法配置

双击 lte_bq_segments_cellinfo_tc 算法节点或在左侧项目中单击算法，进入算法开发页面。单击右侧的"算法配置"标签，在基础配置模块中选择"data"驱动类型，在任务实例化配置中设置 cron 配置为"小时"，如图 7-26 所示。

图 7-26　lte_bq_segments_cellinfo_tc 基础配置

在输入数据配置中,在选择数据节点处将原始表 lte_bq_segment、lte_coverage_siteinfo、lte_bin_cellmearsure 选择出来进行关联,如图 7-27 所示。在输出数据配置中,选择前面所创建的 lte_bq_segments_cellinfo 表,如图 7-28 所示。

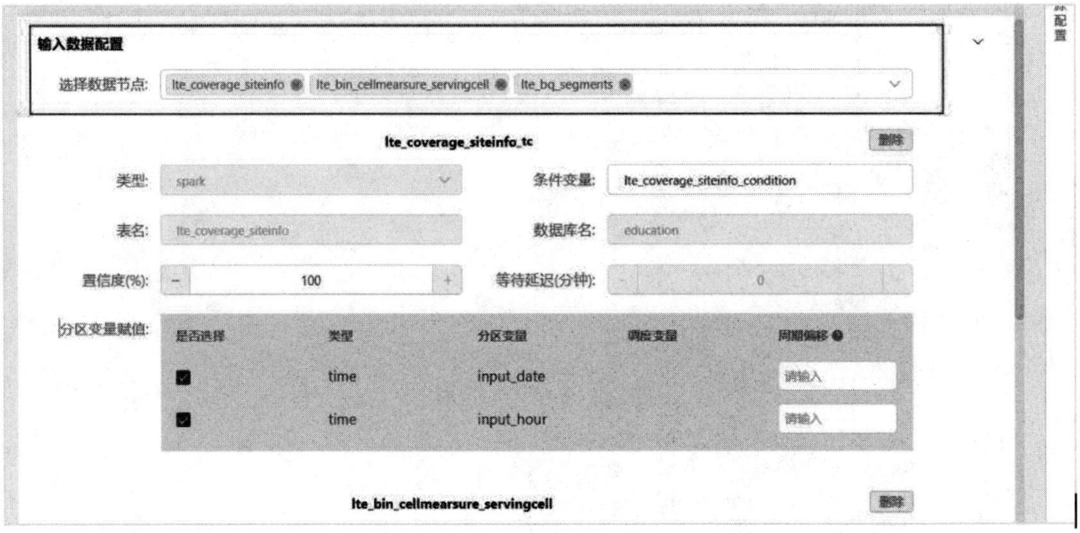

图 7-27　lte_bq_segments_cellinfo_tc 输入数据配置

图 7-28　lte_bq_segments_cellinfo_tc 输出数据配置

单击"调试"按钮,可以在运行日志中看到运行结果,如图 7-29 所示。

(2) 结果表算法配置

双击 result_lte_bq_segments_poorcover_tc 算法节点或在左侧项目中单击算法,进入算法开发页面。单击右侧的"算法配置"标签,在基础配置模块中选择"data"驱动类型,在任务实例化配置中设置 cron 配置为"小时",如图 7-30、图 7-31 所示。

在输入数据配置中,在选择数据节点处将中间表 lte_bq_segments_cellinfo_tc 选择出来进行关联,在输出数据配置中,选择前面所创建的 result_lte_bq_segments_poorcover_tc 表,如图 7-32、图 7-33 所示。

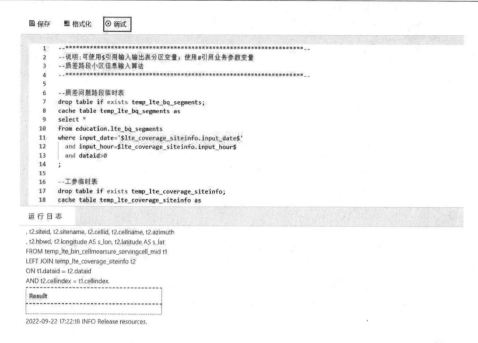

图 7-29　算法调试

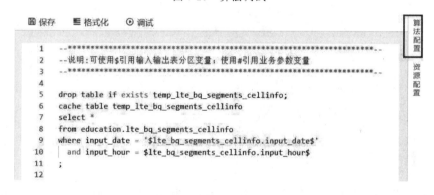

图 7-30　算法配置位置

图 7-31　result_lte_bq_segments_poorcover_tc 算法配置

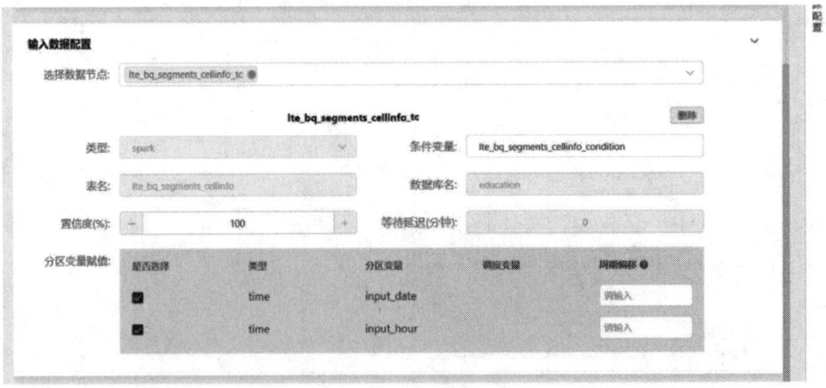

图 7-32　result_lte_bq_segments_poorcover_tc 输入数据配置

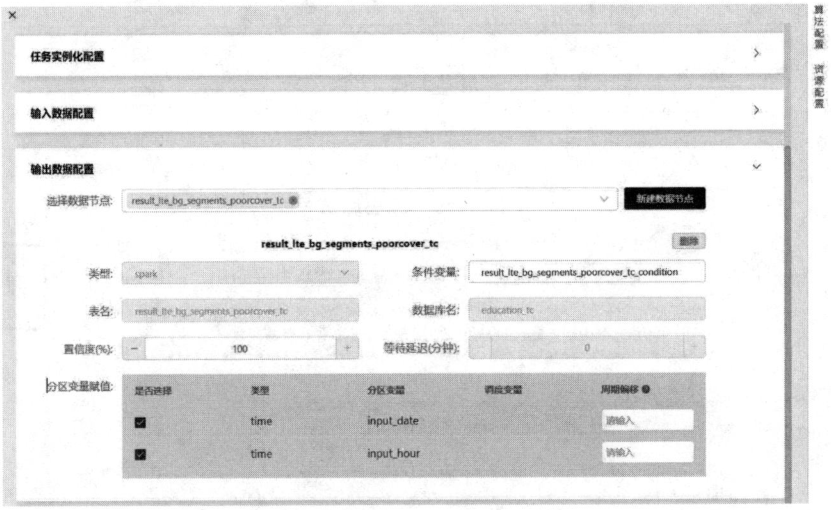

图 7-33　resulte_lte_bg_segments_poorcover_tc 输出数据配置

单击"调试"按钮，可以在运行日志中看到运行结果，如图 7-34 所示。

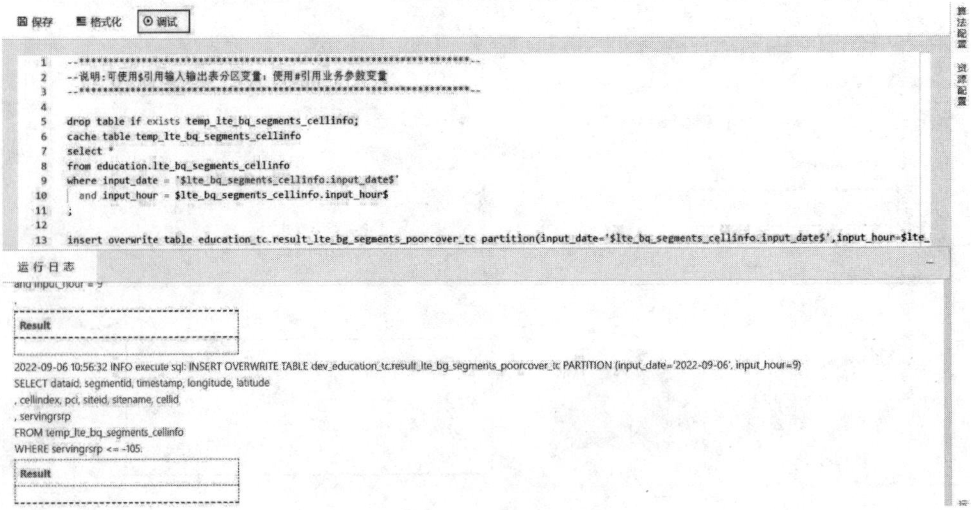

图 7-34　调试结果

7. 算法发布

（1）中间表算法发布

右击配置好的 lte_bq_segments_cellinfo_tc 算法,选择"发布生产",如图 7-35 所示。在算法发布时选择开始时间和结束时间为"2021-09-16",需注意勾选"是否重新生成已存在任务"复选框,如图 7-36 所示。

注意:选择该时间段是因为管理员设置在该时间段拥有原始表数据,选择其他日期则没有该原始表数据。

图 7-35　lte_bq_segments_cellinfo_tc 算法发布

图 7-36　lte_bq_segments_cellinfo_tc 算法发布设置

（2）结果表算法发布

右击配置好的 result_lte_bg_segments_poorcover_tc 算法,选择"发布生产",如图 7-37 所示。在算法发布时选择开始时间和结束时间为"2021-09-16",需注意勾选"是否重新生成已存在任务"复选框,如图 7-38 所示。

图 7-37   result_lte_bg_segments_poorcover_tc 算法发布

图 7-38   result_lt_bg_segments_poorcover_tc 算法发布设置

　　注意:选择该时间段是因为管理员设置在该时间拥有原始表数据,选择其他日期则没有该原始表数据。

　　如果有多个算法同时发布,则需要在应用开发界面单击列表,进行批量发布。

8. 任务监控

　　算法发布后,可以在数据视图中看到本任务中所有表的依赖关系,如图 7-39 所示。

　　算法发布生产环境进行数据清洗后,可以通过单击右上角的任务看板查看清洗任务的运行状态和结果,如图 7-40 所示。创建时间为当天执行任务的时间,计划时间为 2021 年 9 月 16 日,看是否有运行数量。

　　在可视化开发平台中,通过数据查询命令"select ＊ from education_tc. lte_bq_segments_ cellinfo_tc limit 10;"查询是否已经将数据成功清洗至 lte_bq_segments_cellinfo 表中,如图 7-41 所示。通过数据查询命令"select ＊ from education_tc. result_lte_bq_segments_ poorcover_tc;"查询是否已经将数据成功清洗至 result_lte_bq_segments_poorcover_tc 表中,

如图 7-42 所示。

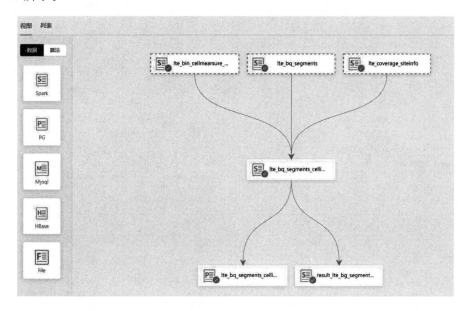

图 7-39　数据模型

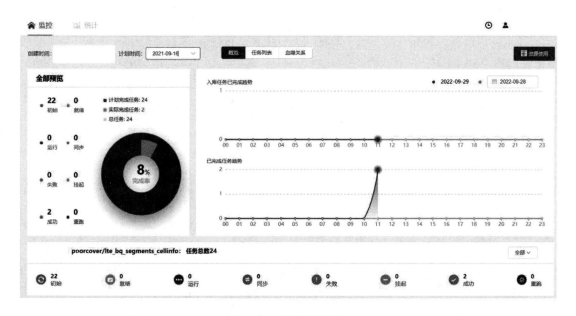

图 7-40　任务看板界面

经过算法分析,可以发现部分质差路段出现了弱覆盖的情况,且弱覆盖点较多,如编号(segmentid)为 3 的质差路段发生了成片的信号质量差的问题。可以从不同的点位(longitude、latitude)和不同的小区(sitename)查看到各种信号质量差的情况。从图 7-42 中可以看到,服务小区 RSRP(servingrsrp)值均小于在算法设计处设定的阈值−105 dBm,所以编号为 3 的路段发生质差是由弱覆盖问题导致的。针对以上问题,可以参考以下优化方式。

① 查看工参表中该基站所有小区的功率参数,看该区域服务小区功率是否存在异常,出现异常时提高功率或更换天线。

② 检查该问题路段周围基站是否存在故障问题,存在则解决故障问题。

→ select * from education_tc.lte_bg_segments_cellinfo_tc limit 10;

dataid	logdate	timestamp	segmentid	startts	endts	startlon	endlon	startlat	endlat	duration	distance	badsample	sample	servingrsrp	servingsinr	longitu...
1	2020-07-25	1595651644148	3	1595651644148	1595651646982	116.06	116.06	40.16	40.16	2828	52	31	36	-109.27999877929688	-4.1199998855908	116.0601
1	2020-07-25	1595651644148	3	1595651644148	1595651646982	116.06	116.06	40.16	40.16	2828	52	31	36	-108.97000122070312	-4.8200001716637	116.0598
1	2020-07-25	1595651952530	4	1595651952530	1595651956255	116.14	116.14	40.17	40.17	3637	50	36	45	-103.2900009155273	0.44999998807907104	116.1378
1	2020-07-25	1595651952530	4	1595651952530	1595651956255	116.14	116.14	40.17	40.17	3637	50	36	45	-109.62999725341797	-4.199998809265137	116.1375
1	2020-07-25	1595651952530	4	1595651952530	1595651956255	116.14	116.14	40.17	40.17	3637	50	36	45	-108.66000366210938	-4.619999885559082	116.1372
1	2020-07-25	1595651952530	4	1595651952530	1595651956255	116.14	116.14	40.17	40.17	3637	50	36	45	-106.48999786376953	-3.1700000762939453	116.1369
2	2020-07-06	1594011774891	1	1594011759150	1594011774891	116.38982	116.38937	39.94775	39.9484	15724	101	60	75	-89.18000030517578	2.3699998855908	116.3893
2	2020-07-06	1594011774891	1	1594011759150	1594011774891	116.38982	116.38937	39.94775	39.9484	15724	101	60	75	-92.80999755859375	-1.3700000047683716	116.3893
2	2020-07-06	1594011774891	1	1594011759150	1594011774891	116.38982	116.38937	39.94775	39.9484	15724	101	60	75	-94.87000274658203	-4.25	116.3893

→ 【插入行→】

图 7-41　中间表数据查询结果

→ select * from education_tc.result_lte_bg_segments_poorcover_tc;

dataid	segmentid	timestamp	longitude	latitude	cellindexv	pci	siteid	sitename	cellid	servingrsrp	input_date	input_hour
2	2	1594012123117	116.40136	39.96545	166571	173	98860	朝阳安华里五区15号楼HL	211	-108.63999938964844	2021-09-16	15
2	2	1594012123117	116.40133	39.96558	166571	173	98860	朝阳安华里五区15号楼HL	211	-108.01000213623047	2021-09-16	15
2	2	1594012123117	116.4013	39.96573	166571	173	98860	朝阳安华里五区15号楼HL	211	-107.75	2021-09-16	15
2	2	1594012123117	116.40127	39.96585	239265	6	74558	朝阳安贞桥HL	13	-112.54000091552734	2021-09-16	15
2	2	1594012123117	116.40125	39.96598	239265	6	74558	朝阳安贞桥HL	13	-113.5199966430664	2021-09-16	15
2	2	1594012123117	116.40124	39.9661	239265	6	74558	朝阳安贞桥HL	13	-112.97000122070312	2021-09-16	15
2	3	1594012131350	116.40147	39.96428	235613	330	74602	东城小黄庄一区3号楼HL	12	-107.66000366210938	2021-09-16	15
2	3	1594012131350	116.40147	39.96443	235613	330	74602	东城小黄庄一区3号楼HL	12	-109.1500015258789	2021-09-16	15
2	3	1594012131350	116.40146	39.96458	235613	330	74602	东城小黄庄一区3号楼HL	12	-111.7699966430664	2021-09-16	15
2	3	1594012131350	116.40144	39.96472	166571	173	98860	朝阳安华里五区15号楼HL	211	-112.62999725341797	2021-09-16	15
2	3	1594012131350	116.40144	39.96487	166571	173	98860	朝阳安华里五区15号楼HL	211	-112.88999938964844	2021-09-16	15
2	3	1594012131350	116.40143	39.96502	166571	173	98860	朝阳安华里五区15号楼HL	211	-113.31999969482422	2021-09-16	15
2	3	1594012131350	116.40141	39.96516	166571	173	98860	朝阳安华里五区15号楼HL	211	-110.62000274658203	2021-09-16	15
2	3	1594012131350	116.40139	39.96531	166571	173	98860	朝阳安华里五区15号楼HL	211	-110.05999755859375	2021-09-16	15

图 7-42　结果表数据查询结果

③ 小区周围是否存在建筑物遮挡情况，存在的话可以考虑改变天线的方位角、下倾角等绕过遮挡物或搬迁站点。

后期现场排查发现，编号为3的路段在规划站点后，站点与路段之间盖了一栋高楼，导致信号被遮挡，且该路段附近无其他站点，最后通过改变周围站点方位角加强了该区域的覆盖，问题得到改善。

9. 数据同步

（1）中间表数据同步

在可视化开发平台"数据"中拖拽 PG 图标，新建 PG 表，自定义库名和表名，同时勾选伴生算法"是"，如图 7-43、图 7-44 所示。

注意：新建 PG 表的库名需与结果表数据库名一致。

图 7-43　PG 表位置

图 7-44 新建 PG 表 lte_bq_segments_cellinfo_tc

拖拽中间表的箭头，将其连接至新建的"lte_bq_segments_cellinfo_tc"PG 表，如图 7-45 所示。

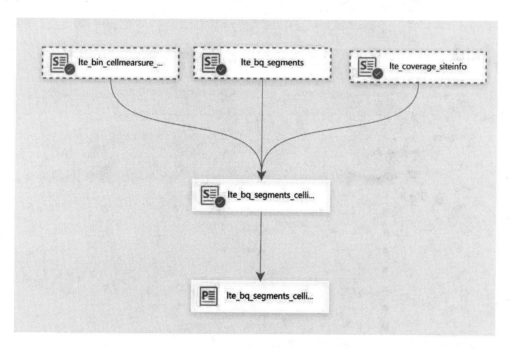

图 7-45 连接中间表同步的 PG 表

创建"lte_bq_segments_cellinfo_tc"PG 表时勾选了伴生算法"是"，所以会发现在算法视图中自动生成了"alg_pgsync_lte_bq_segments_cellinfo_tc"伴生算法，如图 7-46 所示。双击算法进行算法配置，选择默认的数据去向，同步时是否覆盖选择"是"，同步字段可以全部选择，如图 7-47 所示。

单击右侧的"算法配置"标签，对算法进行其他配置。在基础配置中，驱动类型选择"data"驱动，在任务实例化配置中，cron 配置选择"小时"，如图 7-48 所示。

注意：驱动类型和 cron 配置需与 lte_bq_segments_cellinfo 算法配置中的驱动类型及 cron 配置一致。采用数据驱动类型，则清洗任务完成后驱动同步任务的运行。

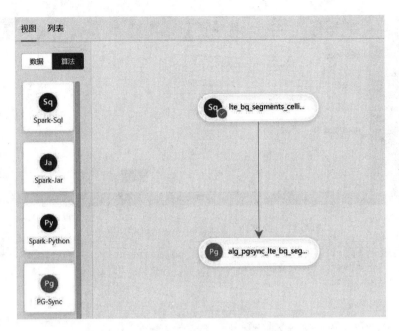

图 7-46　PG 数据同步算法画布界面

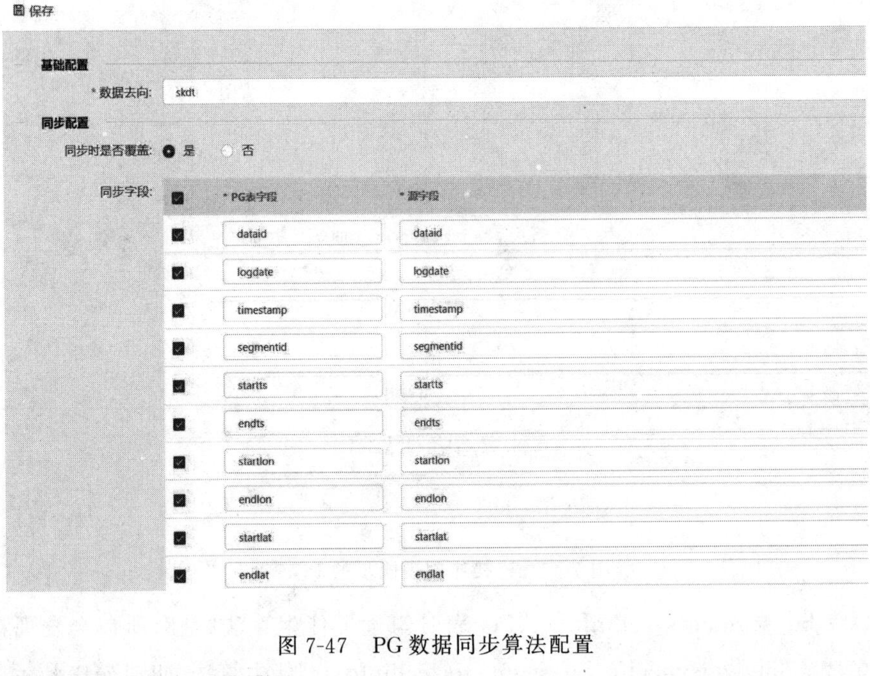

图 7-47　PG 数据同步算法配置

将算法配置好后，右击 alg_pgsync_lte_bq_segments_cellinfo_tc 算法，选择"发布生产"，配置算法发布时间时选择开始时间和结束时间为"2021-09-16"，需注意勾选"是否重新生成已存在任务"复选框，单击"确定"按钮，将算法发布到生产环境，如图 7-49 所示。

（2）结果表数据同步

在可视化开发平台"数据"中拖拽 PG 图标，新建 PG 表，自定义库名和表名，同时勾选伴生算法，如图 7-50 所示。

注意：新建 PG 表的库名需与结果表数据库名一致。

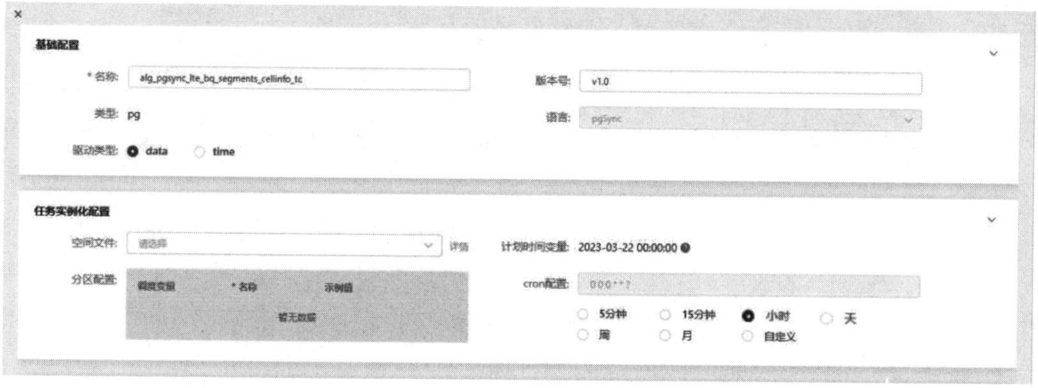

图 7-48　PG 数据同步算法其他配置

图 7-49　PG 数据同步算法发布

图 7-50　新建 PG 表 result_lte_bq_segments_poorcover_tc

　　拖拽结果表的箭头,将其连接至新建的"result_lte_bq_segments_poorcover_tc" PG 表,如图 7-51 所示。

　　创建"result_lte_bq_segments_poorcover_tc" PG 表时勾选了伴生算法"是",所以会发现在算法视图中自动生成了"alg_pgsync_result_lte_bq_segments_poorcover_tc"伴生算法,如

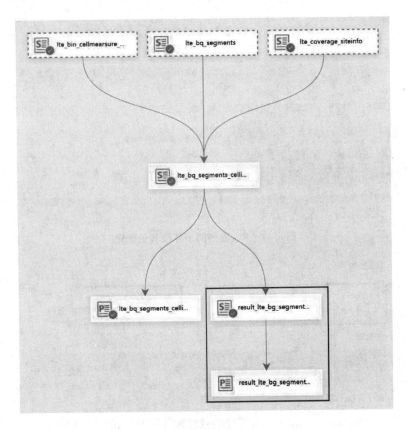

图 7-51　连接结果表同步的 PG 表

图 7-52 所示。双击算法进行算法配置,选择默认的数据去向,同步时是否覆盖选择"是",同步字段可以全部选择,如图 7-53 所示。

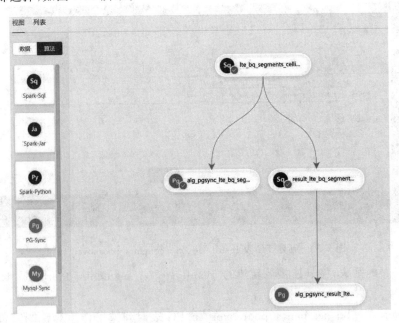

图 7-52　结果表算法血缘关系图

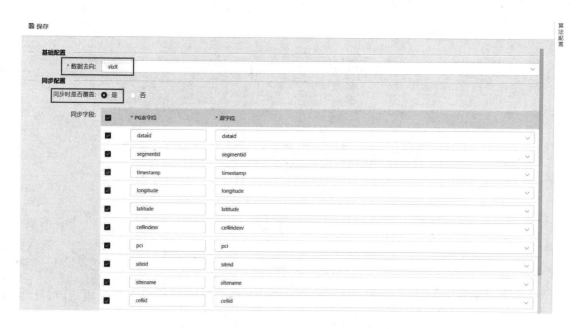

图 7-53　结果表 PG 数据同步算法配置

单击右侧的"算法配置"标签,对算法进行其他配置,驱动类型选择"data",在任务实例化配置中 cron 配置选择"小时",如图 7-54 所示。

注意:驱动类型需与 result_lte_bq_segments_poorcover_tc 算法配置中的驱动类型一致。若采用数据驱动类型,则清洗任务完成后驱动同步任务的运行。

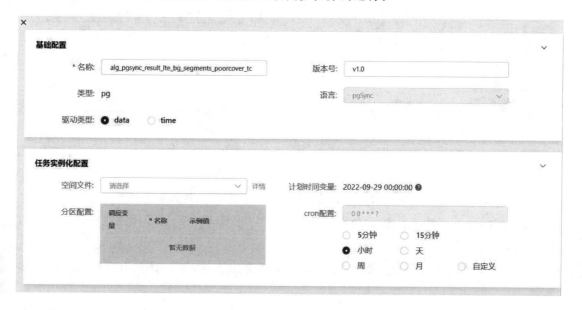

图 7-54　结果表 PG 数据同步算法其他配置

将算法配置好后,右击 alg_pgsync_result_lte_bq_segments_poorcover_tc 算法,选择"发布生产",配置算法发布时间时选择开始时间和结束时间为"2021-09-16",需注意勾选"是否重新生成已存在任务"复选框,单击"确定"按钮,将算法发布到生产环境,如图 7-55 所示。

图 7-55　结果表 PG 数据同步算法发布

算法发布到生产环境后,可以去任务看板查看任务的执行情况,若任务执行成功后,可以通过 SKA 工具从 PG 数据库提取弱覆盖信息进行可视化呈现。

10. 数据展示

在大数据平台清洗完数据并将数据推送到指定的 PG 数据后,我们需要用 SKA 来做数据的最后呈现。打开 SKA 工具,连接 PG 库,具体操作可参考"任务三　重点区域人流监控大数据分析"。连接成功后,如图 7-56 所示。

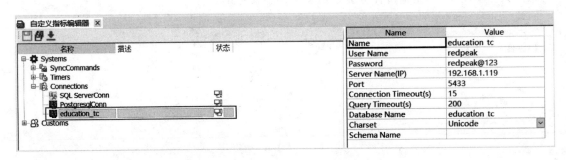

图 7-56　连接库

通过查询命令可以查询数据是否成功同步至 PG 数据库。具体步骤如下。

① 在"Customs"目录下选择"公用信息",选择"LTE"部分,单击"质差问题路段信息表",如图 7-57 所示。

② 在右侧弹出的对话框下面的属性里选择数据库连接,下拉修改为自己创建的连接名称。

③ 在右侧弹出的对话框上面的输入框内修改表名称,将"from"后面的表名改为在本任务中创建的中间表表名。

④ 单击右上角的放大镜标识(预览数据),即在下方出现查询的数据内容,如图 7-58 所示。

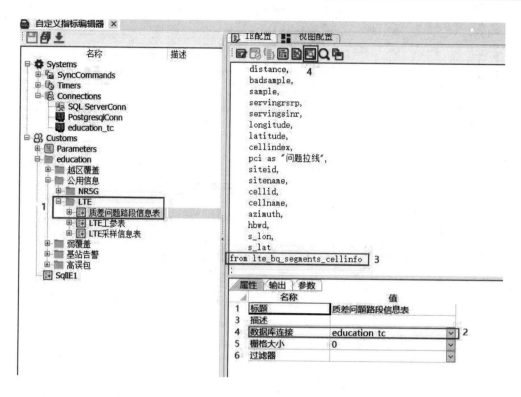

图 7-57 在 SKA 上查询中间表

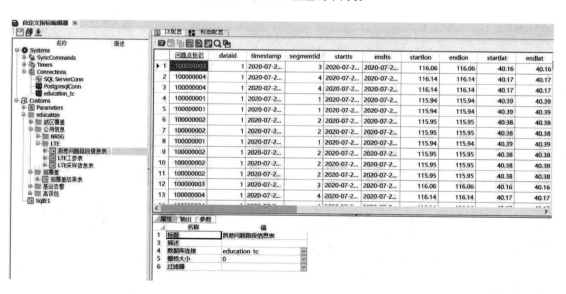

图 7-58 中间表的 SKA 数据呈现

选择"弱覆盖"部分,单击"弱覆盖结果表",在"数据库连接"处选择所创建的连接,将"from"后面的表名改为在本任务中创建的中间表表名,单击"预览配置"按钮,如图 7-59、图 7-60所示。

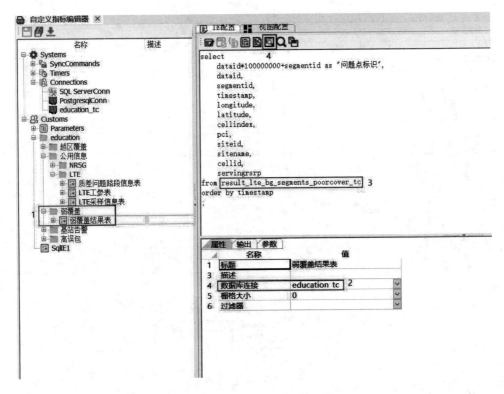

图 7-59　在 SKA 上查询结果表

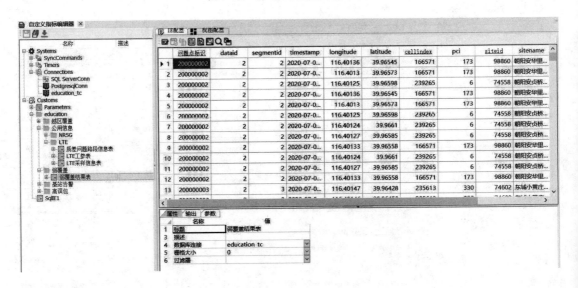

图 7-60　结果表的 SKA 数据呈现

引用左侧已定义的内容至右侧空白画布中,SKA 数据展示效果示例如图 7-61 所示。

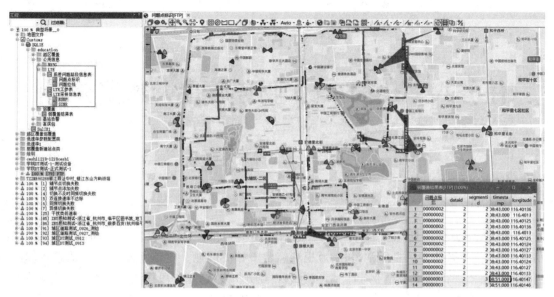

图 7-61 SKA 图形结果界面

【任务小结】

本任务系统介绍了弱覆盖的理论、弱覆盖问题的大数据算法设计以及算法开发中用到的相关输入表、输出表的字段解释。通过对本任务的学习,学生会应掌握弱覆盖的基础理论知识、弱覆盖问题的算法设计和算法开发。

【巩固练习】

一、选择题

1. 以下选项中哪个选项为 sinr 字段的含义?( )

A. 参考信号接收质量   B. 信号与干扰加噪声比

C. 参考信号接收电平   D. 小区索引

2. 以下选项中哪个选项为 servingrsrp 字段的含义?( )

A. 服务小区 RSRP   B. 时间戳   C. 栅格高度   D. 站点 ID

二、判断题

1. 在 5GNR 网络中 RSRP 低于 −105 dBm 属于弱覆盖。( )

2. 可视化算法平台对弱覆盖的定义是 RSRP 小于 −110 dBm。( )

三、填空题

1. 质差区域定义一般需要符合 3 个条件:_____、_____、_____。

2. RSRP 是可以代表_____的关键参数,是在某个符号内承载_____的所有_____上接收到的_____的平均值,RSRP 的功率值代表了每个_____的功率值。

拓展阅读

任务八　热门 App 业务质量大数据分析

【任务背景】

热门 App 业务质量问题案例：某地区电信集团接到投诉，反馈某商场周围路段存在手机信号正常，但用微信发消息经常超时、短视频经常卡顿的问题。电信集团安排测试团队，对该商场周围路段进行多次视频业务测试。测试后，经分析发现，该路段物流园东侧路段由某支局-NLHF-3 小区主覆盖，RSRP 为 -104 dBm 左右，SINR 在 3 dB 以下，覆盖距离为 964.22 m，存在越区覆盖现象。而附近的基站物流园-NLHF-2 的 RSRP 为 -105 dBm，距离为 394 m，客运站-NLHF-3 的 RSRP 为 -113 dBm，距离为 305 m，覆盖较差，导致该路段位置出现弱覆盖问题。根据现场反馈，客运站-NLHF-3 基站天线挂高过低，受到阻挡不能覆盖到问题路段，因此需要利用物流园-NLHF-2 作为主覆盖小区，将物流园-NLHF-2 小区方位角由 $130°$ 调整至 $80°$，作为主覆盖小区。优化后问题路段平均 RSRP 为 -70 dBm，平均 RSRP 提升 32 dB，平均 SINR 为 19.8 dB，SINR 提升 12.5 dB，表明覆盖和干扰指标得到明显提升，相应地网络速率方面也得到大幅提升，且信号稳定性提高，微信发消息超时、短视频卡顿问题基本得到解决。

在当今互联网时代，热门 App 就是流量的代名词，各大运营商对热门 App 的业务质量都十分关注。信息沟通的实时性在日常工作和生活中非常重要，例如，微信是目前我们工作和生活沟通的主要方式之一，如果微信信息接收超时会给我们带来极大不便。与此同时，短视频成为大家茶余饭后或日常通勤过程中放松娱乐的重要手段，若刷短视频的过程中出现卡顿甚至视频中断的情况，用户的体验感将大打折扣。为此，运营商需要重点对网络覆盖中出现的微信发消息超时问题、短视频卡顿问题开展专门的测试业务，做到出现问题重点分析、快速优化。在解决问题的过程中，我们要不断提高团队意识，提升团队合作能力、沟通能力和数据安全能力。

【任务描述】

本任务将基于新建基站下的热门 App 业务进行分析，在指定的位置处反复测量抖音和微信通信质量，用于判断在该基站下是否有弱覆盖问题导致的抖音卡顿和微信超时的情况。本任务的数据是通过定点测试的方式获取的。本任务包含 3 个方面的内容：一是相关理论的学习，包括移动互联网业务感知获取方式、业务感知测试 App 的测试和监控功能、浏览类业务感知测试 App 的优化案例、游戏业务《王者荣耀》时延优化等；二是完成热门 App 业务质量大数据的算法分析；三是完成热门 App 业务质量大数据算法开发和平台实操。

【任务目标】

- 理解移动互联网业务感知获取方式；

- 理解业务感知测试 App 的测试和监控功能；
- 掌握业务感知测试 App 的优化方法；
- 掌握分类汇总函数的使用方法；
- 掌握数据分组并进行按组筛选的方法；
- 具备热门 App 业务质量大数据问题的算法设计能力；
- 具备热门 App 业务质量大数据问题的算法开发能力。

【知识图谱】

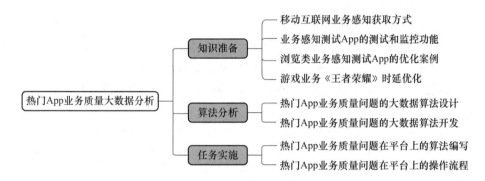

【知识准备】

一、移动互联网业务感知获取方式

移动互联网业务感知数据的获取主要有两种方式：测试 App 方式和信令及深度报文监测（Deep Packet Inspection,DPI）方式。移动互联网业务感知测试 App 作为移动互联网业务感知分析系统的一部分,在网络中的位置如图 8-1 所示。

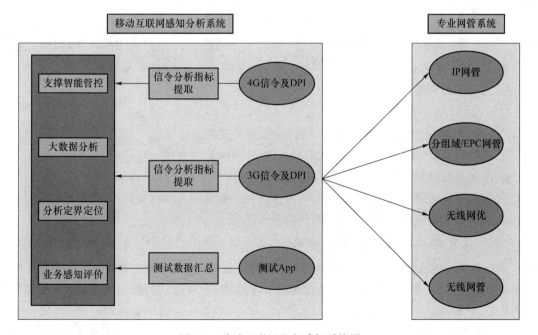

图 8-1　移动互联网业务感知系统图

测试 App 及其控制的逻辑架构包括以下两个部分。

① 测试 App 部分:在智能终端上安装测试 App 软件,通过业务监测、业务测试两种工作模式,实现终端业务感知数据的采集,测试数据上传服务器。

② 测试 App 控制部分:对终端的采集进行集中控制,对配置的更新周期、软件版本更新检查周期、数据上传周期、业务配置等进行管理。

二、业务感知测试 App 的测试和监控功能

(一) 浏览类业务测试与监测功能

业务感知测试 App 可对主流页面浏览类网站/应用发起端到端的访问测试,通过指定 URL 和测试次数,在应用层对 URL 发起 HTTP 请求,对请求和响应流程各阶段进行时间戳捕获,解析后获取以下指标:DNS 解析时延、服务器首包响应时延、页面打开时延、请求地址、请求 IP、下载文件大小、下载文件速度、访问是否成功、建立连接时延、发送请求时延、接收响应时延。

移动网络页面浏览类业务感知指标主要体现在 HTTP 请求各阶段的时延上,而业务感知关键质量指标选用服务器首包响应时延和页面打开时延,具体解释如下。

1. 服务器首包响应时延

服务器首包响应时延是指从用户发起浏览请求到收到目标服务器响应第一个"http 200 ok"报文所经历的时长,单位为 ms。服务器首包响应时延体现了用户容易感知到的浏览器对 HTTP 的响应是否有反应及反应时长。

2. 页面打开时延

页面打开时延是指从用户发起浏览请求到整个 HTTP 页面下载完毕并渲染完成的时长,单位为 s。页面打开时延反映了用户从访问开始到页面打开所需要等待的时间,影响业务感知。

App 在每次启动前都要进行 一次待测试地址的请求,以便根据不同阶段的测试需求进行调整。浏览类业务感知测试可以一次进行一个站点或者多个站点的访问测试,按照既定顺序线性执行测试并回传测试结果。在测试中,业务感知测试 App 应显示完整的 HTTP 页面。

3. 其他类型的时延

其他类型的时延解释如下:

① DNS 解析时延:从程序访问开始到完成 DNS 解析的时延;

② 建立连接时延:从 DNS 解析结束到 TCP 连接建立完成的时延;

③ 发送请求时延:从 TCP 建立完成到接收到响应的第一个数据包的时延;

④ 接收响应时延:从接收到第一个响应数据包开始到响应接收完成的时延;

⑤ 空口建立时延:基站到终端间的传输时延。

(二) 视频类业务测试与监测功能

业务感知测试 APP 可对在线视频类业务进行播放测试,通过指定要请求的视频地址进行端到端的访问,通过模拟用户在线观看视频的实际业务,在视频访问的过程中,记录视频平均下载速率、峰值速率、卡顿次数等指标。

用户发起视频播放请求后的 10 s 内,每 500 ms 记录一次该阶段的下载速率,并统计出整

个阶段视频下载的平均速率和峰值速率。

业务感知测试 App 在启动时需要请求一次最新的视频浏览类测试地址,以适应不同阶段的需求而对视频类业务感知关键质量指标进行提取。

请求的视频文件大小在 10 MB 左右。在网络状况较好的情况下,如果不到 10 s 就已经下载完成,则只统计下载期间的速率。

(三) 即时通信类业务测试与监测功能

业务感知测试 App 可对即时通信类业务进行消息发送和接收测试,通过在指定的某种或某几种即时通信工具上模拟用户发送消息和接收消息,获取到消息发送/接收的时延、速率及成功率。

移动网络的即时通信类业务感知指标主要体现在用户使用此类应用时消息发送和接收的准确情况,业务感知关键质量指标选用发送/接收成功率。

① 消息发送是否成功:用户在触发消息发送到服务器时,服务器成功接收到消息即发送成功。

② 消息发送/接收时延:从用户触发消息发送到对端用户接收消息成功所消耗的时间即消息发送接收时延。

③ 消息发送速率:发送速率可以用发送消息的大小/从用户触发消息发送到服务器接收成功所消耗的时间来表示,发送的消息可以是文本、图片和视频。

④ 消息接收是否成功:消息发送成功后,用户在接收端接收到相同内容的消息即接收成功。

(四) 网络测速功能

业务感知测试 App 可对网络的吞吐率进行测试,测试过程包括下载速率测试和上传速率测试。网络测速通过 HTTP 进行,测速地址选用目前已有的测速服务器。

网络测速采集的指标包括下载平均速率、下载峰值速率、上传平均速率和上传峰值速率。

① 下载平均速率:用户在触发网络测速下载测试时,整个下载过程的平均速率用下载消耗数据量/下载消耗时长来表示。

② 下载峰值速率:用户在触发网络测速下载测试时,在整个下载过程中每 500 ms 记录一次速率情况,取各次中最高的几位峰值速率。

③ 上传平均速率:用户在触发网络测速上传测试时,整个上传过程的平均速率用上传消耗数据量/上传消耗时长来表示。

④ 上传峰值速率:用户在触发网络测速上传测试时,在整个下载过程中每 500 ms 记录一次速率情况,取各次中最高的几位峰值速率。

网络测速支持多线程测试,针对 3G 网络只使用单线程测试,针对 4/5G 网络开启多线程测试(暂定开 4 线程)。

测速开始前应首先发起 Ping 测试,确保测速服务器能正常访问。如果 Ping 超时,应提示用户测速服务器不可用。

本项功能应实现一键测试,无须用户进行更多的操作。

测速网址应按归属省份下发不同的网址。但对于漫游用户上报的测试数据,应在做统计时剔除掉(后台进行操作)。测速所用文件为 100 MB 以上,测速时间为 10 s。

（五）全自动测试

业务感知测试 App 具备一键式全自动测试功能。在测试中,根据服务器下发的配置参数完成网页、视频、测速测试。在测试中,应对目标网址依次进行测试,并在业务感知测试 App 上显示测试结果(非后台处理方式)。

在网络出现异常导致超时的情况下,业务感知测试 App 能启动辅助诊断工具对目标网址进行分析检测,并且将诊断结果呈现在业务感知测试 App 上。如果有网站访问出现异常,可以即时在后台调用辅助诊断工具,待测试结束后再把辅助诊断工具的测试结果呈现在业务感知测试 App 上。

（六）业务监测数据采集

在用户无感知的前提下,以被动静默监测的方式进行相关数据采集,主要包括以下 3 个方面信息的采集。

1. 业务行为信息采集

业务感知测试 App 应在不干扰用户正常使用网络和业务的前提下,在用户使用手机进行各种数据业务操作的过程中,对手机上发生的业务感知信息进行采集,并同时记录业务发生时的无线环境信息。

具体记录信息包括业务使用开始时间、App 名称、IMSI、MEID、地市、网络制式、使用 App 业务的时长、上行流量、下行流量、上行速率、下行速率。上下行速率指标获取应剔除无数据流量的时间段。

2. 数据连接信息采集

其主要指标包括:建立数据连接成功率和建立时延。

在用户使用手机 App 进行数据业务操作时,记录手机由无数据连接状态转换为进入数据连接状态的成功率和所用时间。记录以下信息:业务使用开始时间、IMEI、IMSI、建立数据连接是否成功、建立数据连接时延、网络制式、CDMA(SID、NID、BSID、信号强度)/LTE(CI、PCI、TAC、ENBID、RSRP、RSRQ 和 SINR)。

3. 诊断信息采集

进行被动式监测时,可以在业务访问出现问题时调用辅助诊断工具进行诊断测试,并上报测试结果。

三、浏览类业务感知 App 的优化案例

1. 首包响应时延的流程

首包响应时延＝空口接入时延＋DNS 解析时延＋TCP 建立连接时延＋发送请求时延

在智能终端浏览网页打开过程中,首先要建立无线信令链接;之后终端与高层网络握手(TCP 建立过程),握手确认后,获取页面建立相关信息,并显示页面内容,如图 8-2 所示。

智能终端浏览网页打开的流程可以对应到以下几个时延。

① 空口接入时延:无线接入时延,此阶段是智能终端收到上层浏览业务请求,完成空口随机接入和 RRC 连接建立,并发起 Service Request 完成相关承载建立的过程。

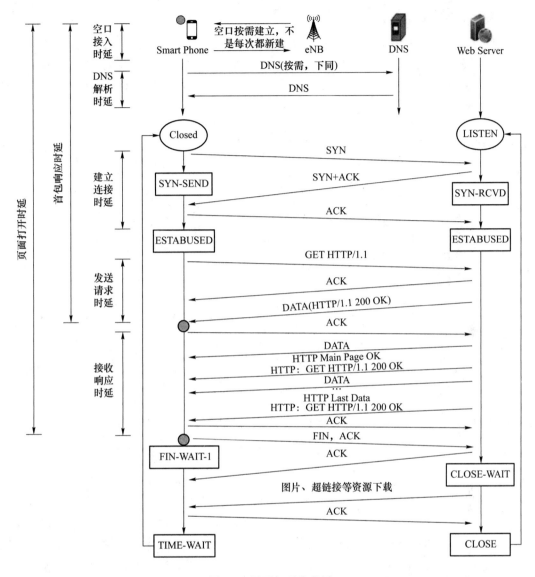

图 8-2　网页打开流程图

② DNS 解析时延:智能终端的浏览器客户端向 DNS 服务器查询目的域名的 IP 地址过程中引入的时延。客户端在获取一次 DNS 查询结果后,会将此结果缓存,直至达到查询结果老化时间,才会再次发起 DNS 查询。这就意味着 DNS 查询不是每次网页浏览业务必须经历的业务环节。

③ 建立连接时延:TCP 握手时延,在获取服务器 IP 地址后,客户端即发起对应 IP 的 TCP 连接建立请求,与服务器侧交互,完成 TCP 连接建立。

④ 发送请求时延:从客户端发起第一个 GET 请求获取浏览网页对应的 HTML 文件到收到服务器针对该 TCP 报文的 TCP ACK 的时延。

⑤ 接收响应时延:从客户端收到服务器下发的首个业务包到收到服务器下发的最后一个业务包的时延。

2. 首包响应时延的分析

使用业务感知软件(移动互联网业务感知系统)对百度浏览类业务进行测试。相关结果如图 8-3 所示,其中,DNS 解析时延为 30 ms,建立连接时延为 55 ms,发送请求时延为 636 ms,首包响应时延为 721 ms,页面打开时延为 1 176 ms。从软件统计来看,首包响应时延较长,主要是发送请求时延比较长导致的。

浏览业务	
开始时间	2022/6/13 10:07:06'
结束时间	2022/6/13 10:07:15'
网络制式	LTE
经纬度	118.6008/24.90406
地址	福建省/泉州市/丰泽街
网址名称	百度
网址	http://m.baidu.com
目标IP	163.177.151.99
平均速率	989.84 kbit/s
DNS解析时延	30 ms
建立连接时延	55 ms
发送请求时延	636 ms
接收响应时延	455 ms
首包时延	721 ms
页面打开时延	1 176 ms
首屏时延	2 976 ms
页面大小	145.56 KB
TAC-ENBID-CELLID-PCI	22851-531792-4-1
SINR	6

图 8-3　6 月 13 日网页浏览测试结果

(1) 空口接入时延

在 LTE 系统中,处于空闲态的智能终端发起网页浏览业务时,需要建立无线空口连接,智能终端会发起 Service Request 触发物理层初始随机接入,建立 RRC 连接,再通过初始直传建立传输 NAS 消息的信令连接,最后建立 E-RAB,这整个过程称为空口接入过程。空口接入过程的时延相对比较短,大约有 50 ms,但空口接入过程受无线环境的影响较大,空口接入时延会增大。

(2) DNS 解析时延

使用 Wireshark 对抓取的数据包进行分析,软件测试显示 DNS 时延为 30 ms,单次测试后台信令共抓取到 3 次到 m. baidu. com 的 DNS 请求,均值大概为 30 ms。

(3) 建立连接时延

DNS 每次时延分别对应一次 TCP 建立请求,多次抓包统计分析,DNS 时延约为 55 ms。

(4) 发送请求时延

因百度网页进行了加密传输,首先是加密过程,然后是应用数据的传输。结合软件测试的时延统计,发送请求时延有可能是以 Client Hello 为起点,以百度服务器下发的第一个 Application Data 为节点统计的。

第一次访问网址 163. 177. 151. 98,从发起 get 请求到网页响应时延为 156 ms,多次测试分析中,发送请求时延大部分都是在 636 ms,如表 8-1 所示。

表 8-1　发送请求时延测试表

测　试	IP 地址	发送请求时延/ms	页面大小/KB
No.1	163.177.151.98	156	105
No.2	163.177.151.98	636	164
No.3	163.177.151.98	634	164
No.4	163.177.151.98	634	165
No.5	163.177.151.98	635	165
No.6	163.177.151.98	637	164
No.7	163.177.151.98	633	164
No.8	163.177.151.98	636	165

（5）页面大小的分析

从上面的几个阶段时延来看，发送请求时延相对比较长。对发送请求时延较长的几次测试进行分析发现，首包从与服务器建立加密链路后又经过多个数据包，当页面大于 150 KB 的首包分解成了多个应用包时，需要所有的包都全部获取到后才算完成，因此导致发送请求时延较长。页面大小会影响发送请求时延，从而影响首包响应时延，如表 8-2 所示。

表 8-2　百度大小页面在各个阶段的时延

页　面	DNS 解析时延/ms	建立连接时延/ms	发送请求时延/ms	首包响应时延/ms	页面打开时延/ms	页面大小/KB
百度小页面	39	60	272	371	764	105.6
百度大页面	41	66	511	618	1 209	164.7

3. 减小首包响应时延的优化方法

首包响应时延在信令上由空口建立时延、DNS 解析时延、建立连接时延和发送请求时延几个部分组成，对这几部分时延对应阶段的优化主要涉及无线侧优化、无线 Feature 应用、服务器和路由器的优化。

（1）无线环境优化

对于覆盖不好的区域，通过天馈下倾角和方位角的调整，提高 RSRP 值。在 RSRP 较好的区域，减少网内外的干扰，提高 SINR 值，适当在 RSRP 与重叠覆盖系数上进行互换取舍，降低重叠覆盖率。

（2）避免处于休眠

基于包的数据流通常是突发性的，在一段时间内有数据传输，但在接下来的一段较长时间内没有数据传输。在没有数据传输的时候，可以通过停止接收 PDCCH 来降低功耗，从而延长电池使用时间，这就是休眠（DRX）的由来。DRX 的基本机制是为处于 RRC_CONNECTED 态的 UE 配置一个 DRX Cycle，如图 8-4 所示。DRX Cycle 由"On Duration"和"Opportunity for DRX"组成：在"On Duration"时间内，UE 监听并接收 PDCCH（激活期）；在"Opportunity for DRX"时间内，UE 不接收 PDCCH 以减少功耗（休眠期）。图 8-5 为 DRX 流程图。

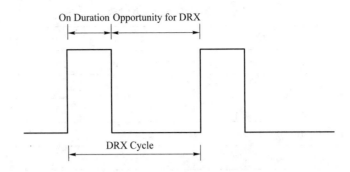

图 8-4　DRX Cycle 示意图

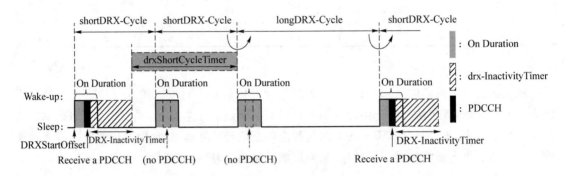

图 8-5　DRX 流程图

如图 8-5 所示,在时域上时间被划分成一个个连续的 DRX Cycle。每当 UE 被调度以初传数据时,就会启动(或重启)一个定时器 DRX-InactivityTimer,UE 将一直位于激活态直到该定时器超时。DRX-InactivityTimer 指定了当 UE 接收用户数据的 PDCCH 后,持续位于激活态的连续子帧数,即每当 UE 有数据被调度时,该定时器就重启一次。当 UE 在 On Duration 期间收到一个调度时,UE 会启动一个 DRX-InactivityTimer 并在该 Timer 运行期间的每个子帧监听 PDCCH。当 DRX-InactivityTimer 运行期间收到一个调度信息时,UE 会重启该 Timer。当 DRX-InactivityTimer 超时或收到 DRX Command MAC Control Element 时:

① 如果 UE 没有配置 shortDRX-Cycle,则直接使用 longDRX-Cycle;

② 如果 UE 配置了 shortDRX-Cycle,UE 会使用 shortDRX-Cycle 并启动(或重启) DRXShortCycleTimer,若 DRXShortCycleTimer 超时,UE 再使用 longDRX-Cycle。

在 UE 打开网页的过程中,由于 UE 终端的不连续接收,若在首包响应时延统计过程中终端处在休眠态,则会导致首包响应时延增加。因此,可以通过调整 DRX 参数,降低 UE 进入休眠态的周期,以减少首包响应时延和页面打开时延。

(3) 增加混合自动重传请求次数

混合自动重传请求(HARQ)是一种结合前向纠错(FEC)与自动重传请求(ARQ)方法的技术。FEC 通过添加冗余信息,使得接收端能够纠正一部分错误,从而减少重传的次数。对于 FEC 无法纠正的错误,接收端会通过 ARQ 机制请求发送端重发数据。接收端使用检错码(通常为 CRC 校验)来检测接收到的数据包是否出错。如果无错,则接收端会发送一个肯定的确认(ACK)给发送端,发送端收到 ACK 后,会接着发送下一个数据包。如果出错,则接收端会丢弃该数据包,并发送一个否定的确认(NACK)给发送端,发送端收到 NACK 后,会重发相同的数据。ARQ 机制采用丢弃数据包并请求重传的方式。虽然这些数据包无法被正确解码,但其中还是包含了有用的信息,如果丢弃了,这些有用的信息就丢失了。通过使用带软合并的 HARQ(HARQ with Soft Combining),接收到的错误数据包会保存在一个 HARQ Buffer 中,并与后续接收到的重传数据包进行合并,从而得到一个比单独解码更可靠的数据包("软合并"的过程)。对合并后的数据包进行解码,如果还是失败,则重复"请求重传,再进行软合并"的过程。

HARQ 对无线网络性能的影响:HARQ 重传次数设置得越小,由 HARQ 重传导致的无线资源开销越小,但无线链路的可靠性越低;HARQ 重传次数设置得越大,无线链路的可靠性越高,但由 HARQ 重传导致的无线资源开销越大。通过增加上下行的 HARQ 重传次数,可以增加传输成功的概率,进而缩短空口传输时延。

（4）DNS 代理功能

DNS 代理功能指基站保存域名和 IP 的对应关系信息,UE 请求 DNS 查询,如果基站存在对应的域名和 IP 对应关系,eNB 直接给 UE 发送 DNS 查询响应,同时把 DNS 请求发送给应用服务器,并根据影响结果更新域名和 IP 对应关系。

（5）预调度

用户在访问网页时,一般都会发起 TCP 建链,TCP 建链完成后则会发起 Get/Post 以及回应对应下行报文 ACK 等其他请求,发起这些请求都需要申请上行资源,在申请到上行资源之后才能发送这些请求,而使用正常的流程来申请上行资源的过程所耗费的时间较多,导致网页访问时延过长。

在图 8-6 所示的预调度流程中,基站侧通过识别 HTTP 相关报文,判断终端是否需要进行回应,预估回应的字节大小以及时间点,在对应时间给予一个精准的授权,这样终端在需要发送上行数据时,不再需要走动态调度流程,而是直接使用这个授权(不再使用流程图中的虚线流程),这样可以极大地改善上行数据发送时延,进而改善网页的访问时延。

HTTP 预调度:通过对 TCP 端口进行识别,如果是识别为 80/8080/443 端口,则有下行数据包主动进行上行的预调度用于反馈上行的 TCP ACK,根据每个下行数据包的大小,预估 TCP ACK 的个数,根据预配置的 ACK 的大小,预估上行预调度的大小。

GET 预调度:对下行的 SYN ACK 进行识别,当识别后,主动进行上行的预调度把 3 次握手的上行 ACK 消息以及后续的 GET 消息包住,不需要通过触发 SR 上行数据发送。

（6）TCP 乱序重排

基站侧对核心网发来的乱序的 TCP 数据包进行重新排序,从而可在一定程度上减少不必要的下行重传,提高发送效率,可能对时延和速率都有一定增益,对下行传输报文乱序的场景有效。此参数指示了 eNB 是否允许使用 TCP 重排序功能。在该开关打开的情况下,核心网来的乱序 TCP 业务在 eNB 侧被重新排序,按照 TCP 的序号顺序被发送到空口中。在该开关关闭的情况下,eNB 按照从核心网接收到的顺序,将业务数据发送到空口中。打开该开关,有利于减少 TCP 业务的传输时延和抖动。

（7）服务器和路由优化

通过对多个网站信令进行跟踪分析发现,不少浏览类业务访问的地址都在省外,导致路由长及时延增大。因此,可以通过采取 IDC 托管、路由选择优化、服务器性能优化、镜像服务器部署等措施减少首包响应时延,优化相关感知指标。

4. 首包响应时延优化提升效果

通过采取以上的首包响应时延提升优化手段,并且与百度技术人员沟通了解减少发送请求时延页面大小的影响,访问百度的首包响应时延得到明显改善。通过移动互联网业务感知

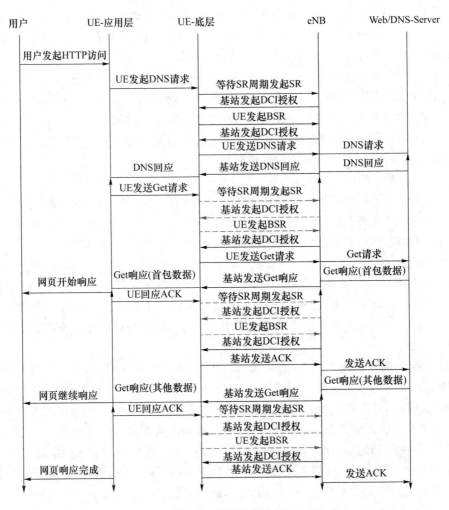

图 8-6 预调度流程图

系统测试,首包响应时延减少到 454 ms。用 Wireshark 进行抓包时延分析发现,首包响应时延减少到 452 ms。优化后,各个阶段的时延均有改善,特别是发送请求时延由优化前的 636 ms 减小到优化后 388 ms,减小的幅度达到 40%,使得首包响应时延从 721 ms 减小到 454 ms,减小幅度为 37%,达到了优良率的要求。

四、游戏业务《王者荣耀》时延优化

(一)《王者荣耀》业务特性分析

《王者荣耀》作为 2017 年度全球手游综合收入榜冠军,月均流水超过 30 亿元,注册用户已达 2.2 亿人,日活跃用户超过 5 500 万人,单用户日均对局达 2.33 场,单用户日均使用时长达 47.2 min。

通过分析手机侧抓包和用户话单提取的数据,发现《王者荣耀》游戏的特性如下。

• 3 条数据流贯穿客户端与服务器。
• UDP 与 SP 频繁交互导致用户对时延要求较高。

1. 数据流协议特征

《王者荣耀》游戏的运行主要采用两种协议,TCP 数据包用来数据保活,而 UDP 数据包则用来实现时延探测和同步交互。通过对业务感知平台的解析可知,游戏过程中有 3 条数据流贯穿于客户端与服务器之间,如图 8-7 所示。

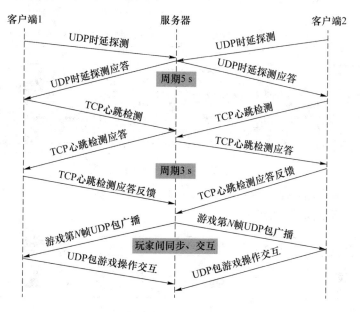

图 8-7　《王者荣耀》游戏交互示意图

（1）时延探测流

UE 向服务器发起 UDP 报文进行链路时延评估,报文包含 Start 字段,周期为 5 s,净负荷为 60 B;服务器应答报文包含 Stop 字段,净负荷为 58 B。

（2）TCP 心跳检测流

UE 向服务器发起 TCP 报文,周期为 3 s,保持链路激活,同时服务器采用 TCP 数据包向用户推送皮肤、广告等数据展示。

（3）玩家同步交互流

通过 UDP 流的频繁小包交互,实现玩家间状态同步及信息传递,且游戏界面内置的网络诊断功能主要通过发送 3 个 15 B 的 UDP 包测试网络延迟,导致用户对延迟特别敏感。

2. 时延敏感特性

游戏中信息交互和时延评估均采用 UDP 小包数据,其链路贯穿游戏始终,而通过手机侧抓包显示,《王者荣耀》对网络带宽的要求较低,仅在游戏结束上传战绩时出现上行瞬时峰值速率。

由用户话单提取和投诉分析可知,虽然游戏消耗流量较少,但对时延的要求较高。游戏界面实时显示网络延迟值,随着游戏交互时延增加,游戏体验逐渐变差。时延在 105 ms 以下时体验流畅;时延为 105～150 ms 时略有卡顿;时延为 150 ms 以上时明显卡顿,影响正常游戏;时延为 200 ms 以上时非常卡顿,无法正常游戏。

（二）《王者荣耀》时延优化方案

1. 业务感知提升思路

从终端到服务器之间,王者荣耀数据传输需通过多层网络的共同作用,每一个环节都会对实际体验产生影响,如图 8-8 所示。

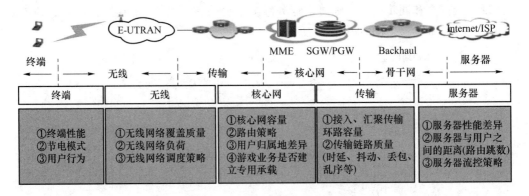

图 8-8　影响游戏感知的网络因素

针对各层网络,采用六维时延探测法,在不同网元实施抓包分析和 ping 测试,实现时延分段定位,精准定位网络问题,如图 8-9 所示。

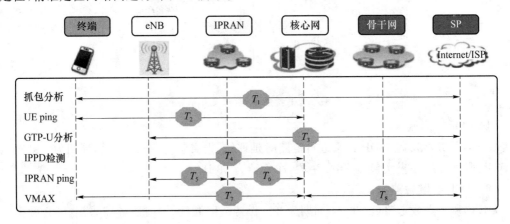

图 8-9　六维时延探测法

通过对影响游戏感知网络因素的分析和六维时延探测法,总结出提升游戏感知的 6 个方面。

① 无线调度优化:SR、PRB、DRX 等参数优化。

② 无线干扰处理:外部干扰排查,提升覆盖质量。

③ 无线覆盖提升:新建站点,故障处理。

④ 无线容量提升:载波扩容,频谱复用。

⑤ 传输通路优化:传输容量和质量提升。

⑥ 核心网络优化:容量提升和路由策略优化。

2.《王者荣耀》感知提升举措——无线高负荷问题处理

高负荷问题的影响:高负荷主要表现为下行 PRB 利用率高,需要调度的用户数多,小区负荷较高,会影响需调度的游戏用户时延。

高负荷处理举措:提升网络容量,降低单载波 PRB 利用率,采用载波扩容、新增站址等方式,对 4G 网络实施扩容。

以某校园 L1.8&L2.1 双频站点为例,该站连续两周为《王者荣耀》卡顿小区,通过查询关键指标,本站负荷最轻小区自忙时 PRB 利用率持续高于 80%,下行 PDCP SDU 时延超过 100 ms,

如图 8-10 所示,已无载波扩容和负荷均衡的空间。

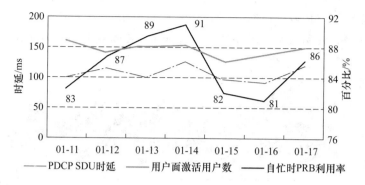

图 8-10　负荷最轻小区自忙时的关键指标

　　宏基站物业谈判难,覆盖难控制,所以选择在学生聚集地部署小站吸收话务,既能改善容量效果,又易于覆盖控制。图 8-11 给出了采用小站扩容后整站忙时的关键指标变化趋势。

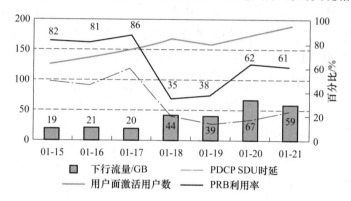

图 8-11　采用小站扩容后整站忙时的关键指标变化趋势

3.《王者荣耀》感知提升举措——上行干扰规避处理

　　上行干扰的影响:小区上行干扰较大时会导致上行 BLER 突变较大,引发上行 MCS 和 Tbsize 偏低,导致游戏时延突变较大,尤其对于闲时平均底噪高于−100 dBm 的小区,游戏卡顿较为明显。图 8-12 所示为不同底噪小区 UDP 小包时延采样值的对比。

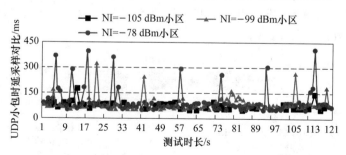

图 8-12　不同底噪小区 UDP 小包时延采样值的对比

　　干扰规避举措:针对上行干扰较大的小区,一方面通过外部干扰排查和老旧射频元器件替换等方式予以解决;另一方面可以通过打开上行频选参数的方式,选择干扰低的频段有效降低游戏用户所在小区卡顿比率。

4.《王者荣耀》感知提升举措——无线参数优化

调度效率参数:将 SR 调度周期由 40 ms 和 20 ms 优化为 20 ms 和 10 ms,减小游戏用户调度周期,并增加小 SR 使用概率。图 8-13 给出了不同 SR 配置下游戏 UDP 时延采样的对比。

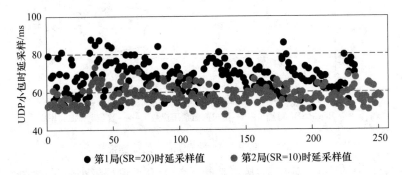

图 8-13　不同 SR 配置下游戏 UDP 时延采样的对比

资源配置参数:将高负荷站点下行优先比特率(Prioritised Bit Rate,PBR)由 32 kbit/s 调整至 256 kbit/s,保障 PBR 配置大于用户的游戏交互速率(约 80 kbit/s)。

DRX 功能参数:通过将 NGBR 业务的 DRX 去使能化,减小 UE 进入不连续接收状态带来的较大游戏时延。图 8-14 所示为 DRX 修改前后下行 PDCP SDU 时延采样的对比。

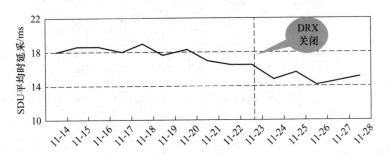

图 8-14　DRX 修改前后下行 PDCP SDU 时延采样对比

5.《王者荣耀》感知提升举措——传输环路扩容

传输带宽会对游戏运行造成影响,传输接入环资源利用率过高,将导致该接入环下小区传输时延偏大,如图 8-15 所示,进而引发游戏卡顿现象。为此,需对相应的传输环链路进行扩容,缓解传输接入环的高负荷问题。

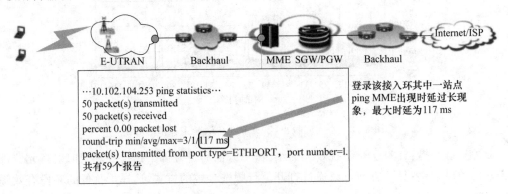

图 8-15　传输接入环负荷过高导致 MME 时延过长

通过对高负荷环路进行扩容,峰值带宽利用率显著下降,该接入环下的日均卡顿小区数改善明显,如图 8-16 所示。

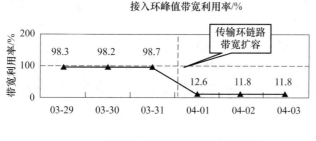

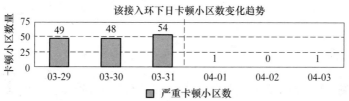

图 8-16　扩容后带宽利用率和卡顿小区改善情况

6.《王者荣耀》感知提升举措——QCI 专载游戏加速

在一般情况下,用户对战时采用默认的 QoS(QCI9)进行数据转发,游戏业务没有差异化对待。通过为《王者荣耀》用户设置专载 QCI(QCI3)进行游戏加速,而小包业务(微信、网页浏览)继续使用 QCI9,从而能够有针对性地保障游戏的带宽和时延。图 8-17 所示为 QCI 专载前向加速示意。

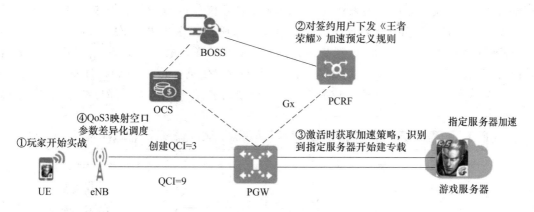

图 8-17　QCI 专载前向加速示意图

为了提高核心网层面的灵活性以及减少对 OTT 参与要求的限制,可采用前向加速方案进行部署,具体的网元要求如下。

① PCRF:配置《王者荣耀》签约策略和签约用户。

② PGW:基于《王者荣耀》提供服务器地址加速策略和匹配后的 QoS 参数。

③ eNB:配置小区 QCI3 调度优先级、预调度策略和 DRX 等参数。

以某地为例,通过开启 QCI 专载,手游加速,用户游戏体验提升明显,无卡顿比例显著上升,严重卡顿比例大幅下降。

① 无卡顿情况:相比于保障前,无卡顿比例从 66.11% 提高到 81.21%,相对提高 15.1%。

② 有卡顿情况：较严重和严重卡顿比例从 4.44％ 和 8.33％ 均下降到 1.82％，改善比例超过 59％。

图 8-17 中的参数解释如下。

① BOSS：业务运营支撑系统。

② OCS：在线计费系统。

③ PCRF：Policy and Charging Rule Function，策略和计费规则功能。

④ OTT：互联网公司越过运营商，发展基于开放互联网的各种视频及数据服务业务，强调服务与物理网络的无关性。

【算法分析】

一、算法设计

数据来源：测试团队使用测试终端对指定区域进行路测，收集上报数据给服务器，服务器对测试数据进行数据解码处理后，生成对应的微信测试事件统计原始表、抖音播放事件统计原始表、采样点汇总表等数据表，自动任务定时将这些数据同步到集群所在服务器，并告知集群数据到达。其他类型的数据通过其他定时类的自动任务同步进入集群。

算法设计逻辑如图 8-18 所示，设计思路如下。

① 从抖音播放事件统计原始表中筛选出抖音播放成功的任务事件，根据卡顿判断的条件，即卡顿次数＞0，筛选出卡顿的播放事件；根据卡顿播放事件的开始时间和结束时间，得到该时段内的采样点信息，判断该时段内的所有采样点的平均 RSRP 值是否小于弱覆盖门限，筛选出满足弱覆盖门限的相关采样点，并和卡顿事件信息合并，缓存到临时表。

② 从微信测试事件统计原始表中筛选出超时的任务事件；根据本次任务的起始、结束时间，得到该时段内的采样点信息，判断该时段内的所有采样点的平均 RSRP 值是否小于弱覆盖门限，筛选出满足弱覆盖门限的相关采样点，并和超时信息合并，缓存到临时表。

③ 对微信超时和抖音卡顿生成的临时表字段结构进行一致化，合并输出结果表。

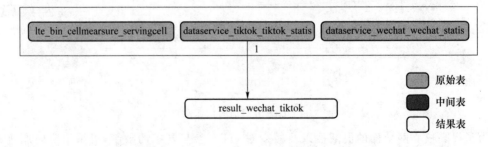

图 8-18　热门 App 业务质量算法建模流程

二、表字段

（一）输入表

lte_bin_cellmearsure_servingcell（采样点汇总表）如表 8-3 所示。该表以秒为单位记录了每秒路测采样点汇聚后的各个指标。dataid 代表对应当次测试的采样点。

表 8-3　lte_bin_cellmearsure_servingcell

字段名	字符类型	字段说明
dataid	int	测试数据流 ID
logdate	date	测试日期
timestamp	timestamp	采样点时间
longitude	double	采样点经度
latitude	double	采样点纬度
EARFCN	bigint	频点
servingPCI	bigint	PCI
servingRSRP	float	采样点 RSRP
servingRSRQ	float	采样点 RSRQ
servingSINR	float	采样点 SINR
input_date	string	数据入库日期分区
input_hour	int	数据入库小时分区

dataservice_tiktok_tiktok_statis(抖音业务统计表)如表 8-4 所示。该表用于记录数据服务下每次抖音业务发生的任务统计情况。

表 8-4　dataservice_tiktok_tiktok_statis

字段名	字符类型	字段说明
dataid	int	数据流 ID
logdate	date	测试日期
taskid	int	抖音业务测试记录 ID
playstart	string	记录状态
interruptnum	int	卡顿次数
playstarttimestamp	timestamp	业务测试开始时间
endtimestamp	timestamp	业务测试结束时间
input_date	string	数据入库日期分区
input_hour	int	数据入库小时分区

dataservice_wechat_wechat_statis(微信业务统计表)如表 8-5 所示。该表记录了数据服务下每次微信业务发生的任务统计情况。

表 8-5　dataservice_wechat_wechat_statis

字段名	字符类型	字段说明
dataid	int	数据流 ID
logdate	date	测试日期
taskid	int	微信业务测试记录 ID
serviceresult	string	测试业务结果
starttimestamp	timestamp	业务测试开始时间
endtimestamp	timestamp	业务测试结束时间
input_date	string	数据入库日期分区
input_hour	int	数据入库小时分区

（二）输出表

result_wechat_tiktok（微信超时抖音卡顿问题结果表）如表 8-6 所示。该表用于存储发生微信超时和抖音卡顿问题的任务，并判断是否由弱覆盖造成，并对弱覆盖情况进行展示。

表 8-6　微信超时抖音卡顿问题结果表

字段名	字符类型	说　明
dataid	bigint	数据流 ID
taskid	int	任务 ID
problem_type	string	问题类型名称
starttime	decimal(10,6)	问题开始时间
endtimestamp	int	问题结束时间
timestamp	timestamp	采样时间
lon	int	采样经度
lat	float	采样纬度
playstart	bigint	事件状态
interruptnum	bigint	卡顿次数/发送超时时长
servingrsrp	text	采样点 RSRP
avg_rsrp	integer	问题时段内平均 RSRP
max_rsrp	integer	问题时段内最大 RSRP
min_rsrp	integer	问题时段内最小 RSRP

【任务实施】

1. 新建目录

登录可视化开发平台，单击进入 Education 项目，在项目树中右击"应用开发"模块，在弹出的"新建目录"对话框中输入目录名"tiktok"，单击"确定"按钮，如图 8-19 所示。

热门 App 业务
质量问题自动
分析实操

新建目录　　　　　　　　　　　　　　　　　　　　　　　　×

＊目录名称　　tiktok

目录描述

取消　　确定

图 8-19　新建目录

2. 建表

拖拽表类型中 Spark 表的算子到画布中,弹出"新建 Spark 表"对话框。定义好表存储的数据库名 education_tc 和表名 result_wechat_tiktok_tc,版本号可不填,伴生算法选择"否",如图 8-20、图 8-21 所示。

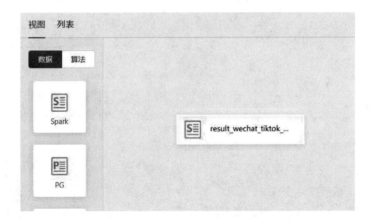

图 8-20　新建 Spark 表

图 8-21　result_wechat_tiktok_tc 表

3. 表配置

result_wechat_tiktok_tc 表创建成功后,需要进一步进行表配置,设置表结构。双击"result_wechat_tiktok_tc"表,打开表配置界面,进行基本配置。表结构的设计可以采用两种方式:①通过界面操作,在普通字段列表中单击添加,设置字段名、字符类型、注释等,在分区字段列表中添加分区信息,包括分区类型、分区名、字段类型、变量、格式、持续时间等,如图 8-22 所示;②通过 DDL 定义字段和字段类型。

```
--************************************************************--
-- 说明:以下语句为表 result_wechat_tiktok_tc DDL 部分的数据配置
--************************************************************--
```

```
-- 创建 result_wechat_tiktok_tc 表
CREATE TABLE education_tc.result_wechat_tiktok_tc (
    dataid int,
    taskid int,
    problem_type string,
    starttime timestamp,
    endtimestamp timestamp,
    timestamp timestamp,
    lon double,
    lat double,
    playstart string,
    interruptnum int,
    servingrsrp float,
    avg_rsrp float,
    max_rsrp float,
    min_rsrp float
) PARTITIONED BY (input_date string, input_hour int);
```

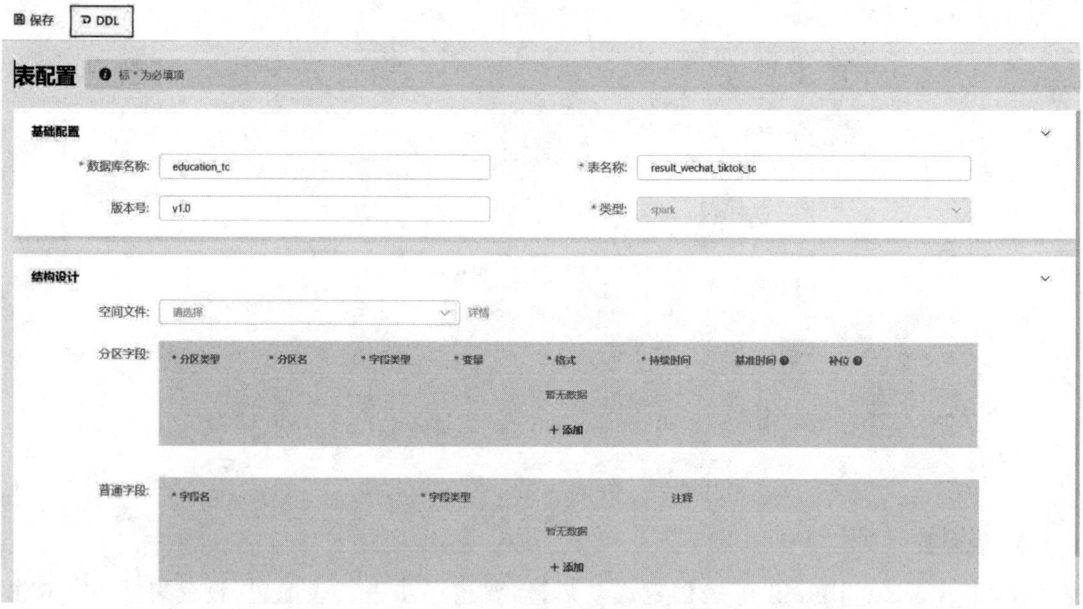

图 8-22　表配置界面

通过数据定义语言写入建表语句后，单击"确定"按钮。在表配置界面即可看到普通字段部分已经添加了字段，如图 8-23 所示。

为提高查询效率，需要给 result_wechat_tiktok_tc 表添加时间分区，即在结构设计处添加清洗计算的时间，方便后续通过日期来查询计算的结果，并进行保存，如图 8-24 所示，配置完成后单击"保存"按钮。

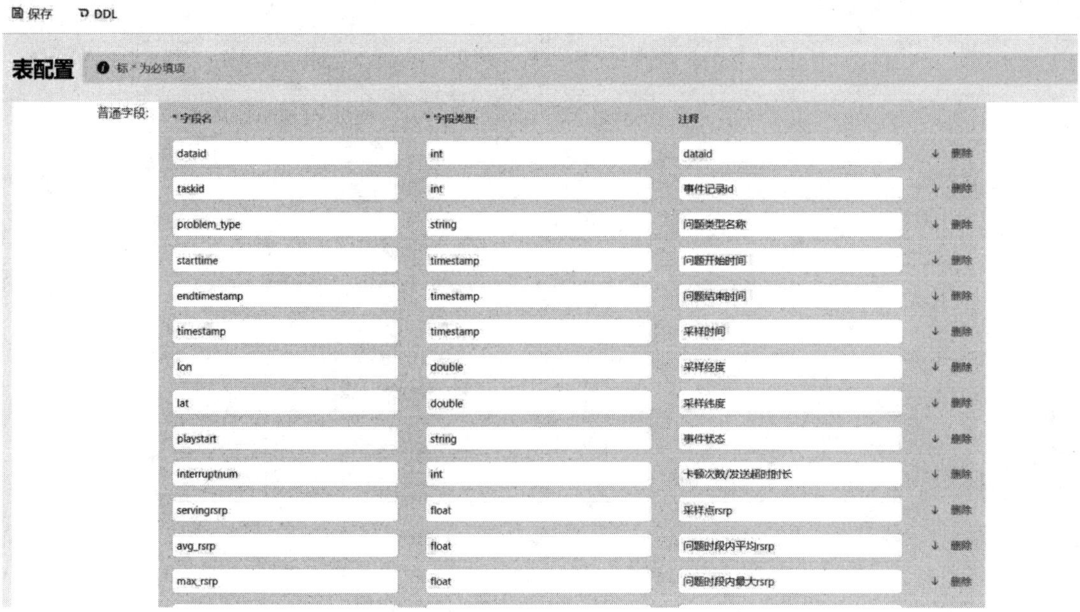

圖 保存   ᄀ DDL

图 8-23   查看普通字段

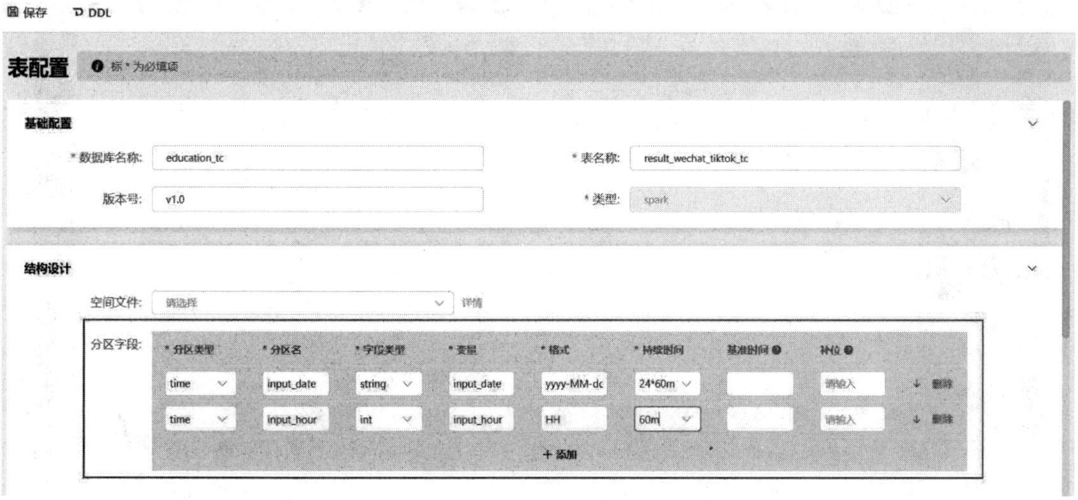

圖 保存   ᄀ DDL

图 8-24   分区字段配置

4. 数据表发布

右击 result_wechat_tiktok_tc 表,先将数据提交开发库,然后再右击发布生产,如图 8-25 所示。

5. 算法开发

拖拽 Spark-Sql 算子到画布上,弹出"新建算法"对话框,输入算法信息即可创建算法,如图 8-26 所示。

建好算法后,会在算法视图中显示该算法节点,如图 8-27 所示。双击算法节点或在左侧项目中单击算法,会进入算法开发页面。

图 8-25　将表提交开发库和将表发布生产

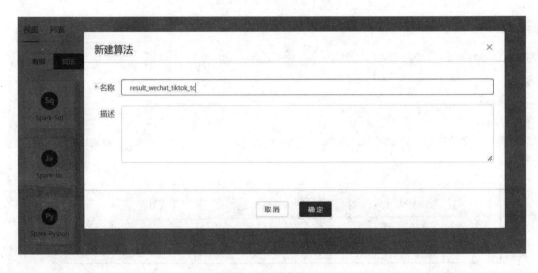

图 8-26　新建算法

图 8-27　算法画布

双击所创建的"算法",填写热门 App 业务质量问题的算法 SQL 代码。

```
--*****************************************--
-- 说明:可使用 $ 引用输入输出表分区变量;使用 # 引用业务参数变量
--*****************************************--
-- 筛选出入库时间为当天且测试业务正常的抖音业务,并存入临时表
drop table if exists temp_dataservice_tiktok_tiktok_statis_t1;
cache table temp_dataservice_tiktok_tiktok_statis_t1 as
select *
from education.dataservice_tiktok_tiktok_statis
where input_date ='$ dataservice_tiktok_tiktok_statis.input_date $'
    and input_hour = $ dataservice_tiktok_tiktok_statis.input_hour $
    and playstart ='Success';
-- 筛选当天的采样点数据存入临时表
drop table if exists temp_dataservice_wechat_wechat_statis_t1;
cache table temp_dataservice_wechat_wechat_statis_t1 as
select *
from education.dataservice_wechat_wechat_statis
where input_date ='$ dataservice_tiktok_tiktok_statis.input_date $'
    and input_hour = $ dataservice_tiktok_tiktok_statis.input_hour $ ;
-- 筛选微信当日的业务数据存入临时表
drop table if exists temp_lte_bin_cellmearsure_servingcell_t1;
cache table temp_lte_bin_cellmearsure_servingcell_t1 as
select *
from education.lte_bin_cellmearsure_servingcell
where input_date ='$ dataservice_tiktok_tiktok_statis.input_date $'
    and input_hour = $ dataservice_tiktok_tiktok_statis.input_hour $ ;
-- 筛选抖音卡顿且 avg_rsrp <-105 的抖音卡顿采样点信息存入结果表
insert overwrite table education_tc.result_wechat_tiktok_tc partition(input_
date ='$ dataservice_tiktok_tiktok_statis.input_date $',input_hour = $ dataservice_
tiktok_tiktok_statis.input_hour $ )
select
        a.dataid,
        a.taskid,
        '抖音卡顿' as problem_type,
        a.playstarttimestamp as starttime,
        a.endtimestamp,
        b.timestamp,
        b.longitude as lon,
        b.latitude as lat,
        a.playstart,
```

热门 App 业务
质量问题自动
分析算法

```
        a.interruptnum,
        cast(b.servingrsrp as decimal(10,2)) as servingrsrp,
        avg(servingrsrp) over (partition by a.dataid,a.taskid) as avg_rsrp,
        max(servingrsrp) over (partition by a.dataid,a.taskid) as max_rsrp,
        min(servingrsrp) over (partition by a.dataid,a.taskid) as min_rsrp
from temp_dataservice_tiktok_tiktok_statis_t1 a
left join temp_lte_bin_cellmearsure_servingcell_t1 b on a.dataid=b.dataid and
  a.playstarttimestamp<=b.timestamp and b.timestamp<=a.endtimestamp
where a.interruptnum>0
having avg_rsrp<-105
union all
select
        a.dataid,
        a.taskid,
        '微信超时' as problem_type,
        a.starttimestamp as starttime,
        a.endtimestamp,
        b.timestamp,
        b.longitude as lon,
        b.latitude as lat,
        serviceresult as playstart,
        unix_timestamp(a.endtimestamp)-unix_timestamp(a.starttimestamp) as interruptnum,
        cast(b.servingrsrp as decimal(10,2)) as servingrsrp,
        avg(servingrsrp) over (partition by a.dataid,a.taskid) as avg_rsrp,
        max(servingrsrp) over (partition by a.dataid,a.taskid) as max_rsrp,
        min(servingrsrp) over (partition by a.dataid,a.taskid) as min_rsrp
from temp_dataservice_wechat_wechat_statis_t1 a
left join temp_lte_bin_cellmearsure_servingcell_t1 b on a.dataid=b.dataid and
  a.starttimestamp<=b.timestamp and b.timestamp<=a.endtimestamp
where a.serviceresult='Timeout'
having avg_rsrp<-105
order by problem_type asc,taskid asc,timestamp asc;
```

注释：

① 表达式转换为指定数据类型的函数：

`cast(b.servingrsrp as decimal(10,2)) as servingrsrp,`

② AVG 函数返回数值列的平均值，以 dataid、taskid 为分组，求记录数平均值：

`avg(servingrsrp) over (partition by a.dataid,a.taskid) as avg_rsrp`

MAX 函数返回一列中的最大值，以 dataid、taskid 为分组，求记录数据最大值：

`max(servingrsrp) over (partition by a.dataid,a.taskid) as max_rsrp`

MIN 函数返回一列中的最小值,以 dataid、taskid 为分组,求记录数据最小值:

min(servingrsrp) over (partition by a.dataid,a.taskid) as min_rsrp

③ where 用于提取满足指定条件的记录,having 对分组后的数据进行筛选,按组筛选:

where a.interruptnum > 0 having avg_rsrp < − 105

④ 算法筛选微信超时且 avg_rsrp < −105 的微信业务问题采样点信息存入结果表,并将抖音卡顿和微信超时按问题类型任务 ID 和时间戳进行排序。

⑤ 以下语句用于对结果集进行排序,ASC:升序,DESC:降序。将字段按升序的方式排序,先按 problem_type 升序排序,当 problem_type 相同时按 taskid 升序排序,前面两者都相同,再按 timestamp 升序排序。

order by problem_type asc,taskid asc,timestamp asc

6. 算法配置

双击 result_wechat_tiktok_tc 算法节点或在左侧项目中单击算法,进入算法开发页面。单击右侧的"算法配置",在基础配置模块中选择"data"驱动类型,在任务实例化配置中设置 cron 配置为"小时",如图 8-28 所示。

图 8-28　result_wechat_tiktok_tc 算法配置

在输入数据配置中,在选择数据节点处将 lte_bin_cellmearsure_servingcell、dataservice_tiktok_tiktok_statis、dataservice_wechat_wechat_statis 3 个原始表选择出来进行关联,如图 8-29 所示。在输出数据配置中,选择前面所创建的 result_wechat_tiktok_tc 表,如图 8-30 所示。

单击"调试"按钮,可以在运行日志中看到运行结果,如图 8-31 所示。

7. 算法发布

将配置好的 result_wechat_tiktok_tc 算法提交发布生产库。在算法发布时选择开始时间和结束时间为"2021-09-16",需要注意勾选"是否重新生成已存在任务"复选框,如图 8-32 所示。

注意:选择该时间段是因为管理员设置在该时间拥有原始表数据,选择其他日期则没有该原始表数据。

8. 任务监控

通过上述步骤,可以在数据视图中看到本任务中所有表的依赖关系,如图 8-33 所示。

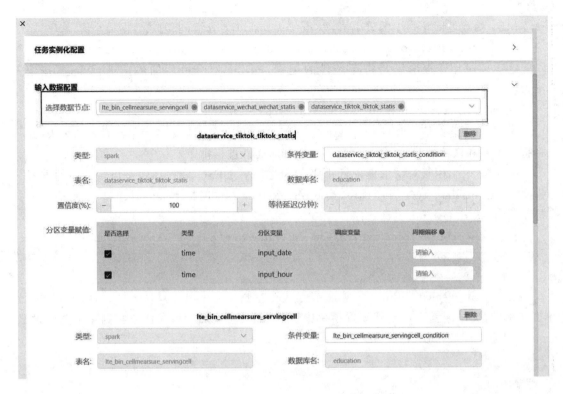

图 8-29　result_wechat_tiktok_tc 输入数据配置

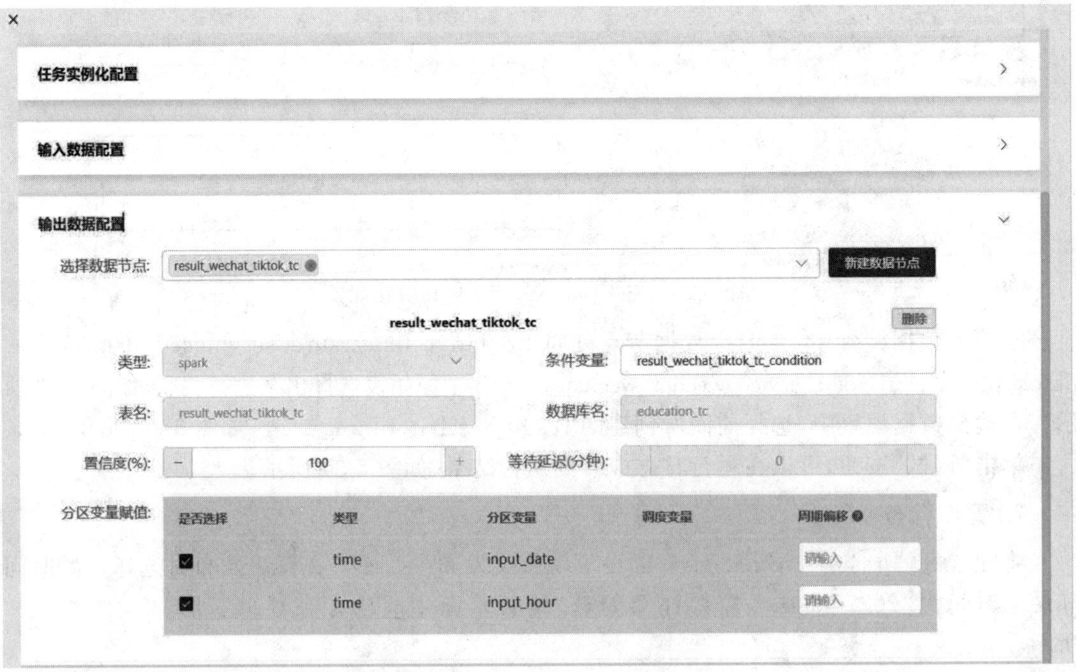

图 8-30　result_wechat_tiktok_tc 输出数据配置

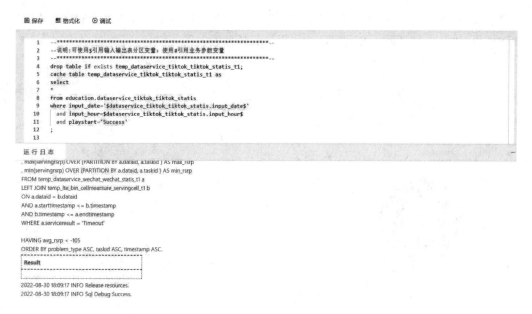

图 8-31　调试结果

图 8-32　result_wechat_tiktok_tc 算法发布

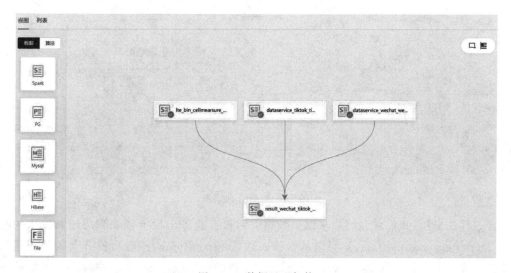

图 8-33　数据呈现架构

算法发布生产环境进行数据清洗后，可以通过单击右上角的任务看板查看清洗任务的运行状态和结果，如图 8-34 所示。创建时间为当天执行任务的时间，计划时间为 2021 年 9 月 16 日，看是否有运行数量。

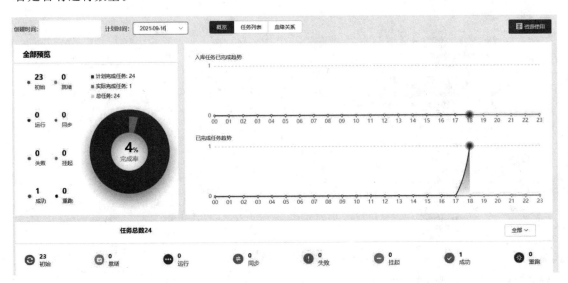

图 8-34　任务看板界面

在可视化开发平台中，通过数据查询命令“select * from education_tc. result_wechat_tiktok_tc limit 10;”查询是否已经将数据成功清洗至 result_wechat_tiktok_tc 表中，如图 8-35 所示。

select * from education_tc.result_wechat_tiktok_tc;

dataid	taskid	problem_type	starttime	endtimestamp	timestamp	lon	lat	playstart	interruptnum	servingrsrp	avg_rsrp	max_rsrp	min_rsrp	input_date	input_hour
0	144	微信超时	1652427909495	1652427918171	1652427910000	108.848	34.23199	Timeout	9	-115.62000274658203	-115.33097076416016	-114.9176025390625	-115.77059936523438	2021-09-16	0
0	144	微信超时	1652427909495	1652427918171	1652427910000	108.848	34.23199	Timeout	9	-115.62000274658203	-115.33097076416016	-114.9176025390625	-115.77059936523438	2021-09-16	0
0	144	微信超时	1652427909495	1652427918171	1652427910000	108.848	34.23199	Timeout	9	-115.62000274658203	-115.33097076416016	-114.9176025390625	-115.77059936523438	2021-09-16	0
0	144	微信超时	1652427909495	1652427918171	1652427911000	108.848	34.23199	Timeout	9	-115.20999908447266	-115.33097076416016	-114.9176025390625	-115.77059936523438	2021-09-16	0
0	144	微信超时	1652427909495	1652427918171	1652427911000	108.848	34.23199	Timeout	9	-115.20999908447266	-115.33097076416016	-114.9176025390625	-115.77059936523438	2021-09-16	0
0	144	微信超时	1652427909495	1652427918171	1652427911000	108.848	34.23199	Timeout	9	-115.20999908447266	-115.33097076416016	-114.9176025390625	-115.77059936523438	2021-09-16	0
0	144	微信超时	1652427909495	1652427918171	1652427912000	108.848	34.23199	Timeout	9	-114.93000030517578	-115.33097076416016	-114.9176025390625	-115.77059936523438	2021-09-16	0
0	144	微信超时	1652427909495	1652427918171	1652427912000	108.848	34.23199	Timeout	9	-114.93000030517578	-115.33097076416016	-114.9176025390625	-115.77059936523438	2021-09-16	0
0	144	微信超时	1652427909495	1652427918171	1652427912000	108.848	34.23199	Timeout	9	-114.93000030517578	-115.33097076416016	-114.9176025390625	-115.77059936523438	2021-09-16	0
0	144	微信超时	1652427909495	1652427918171	1652427913000	108.848	34.23199	Timeout	9	-115.7699966430664	-115.33097076416016	-114.9176025390625	-115.77059936523438	2021-09-16	0
0	144	微信超时	1652427909495	1652427918171	1652427913000	108.848	34.23199	Timeout	9	-115.7699966430664	-115.33097076416016	-114.9176025390625	-115.77059936523438	2021-09-16	0
0	144	微信超时	1652427909495	1652427918171	1652427913000	108.848	34.23199	Timeout	9	-115.7699966430664	-115.33097076416016	-114.9176025390625	-115.77059936523438	2021-09-16	0
0	144	微信超时	1652427909495	1652427918171	1652427914000	108.848	34.23199	Timeout	9	-115.66000366210938	-115.33097076416016	-114.9176025390625	-115.77059936523438	2021-09-16	0
0	144	微信超时	1652427909495	1652427918171	1652427914000	108.848	34.23199	Timeout	9	-115.66000366210938	-115.33097076416016	-114.9176025390625	-115.77059936523438	2021-09-16	0
0	144	微信超时	1652427909495	1652427918171	1652427914000	108.848	34.23199	Timeout	9	-115.66000366210938	-115.33097076416016	-114.9176025390625	-115.77059936523438	2021-09-16	0
0	144	微信超时	1652427909495	1652427918171	1652427915000	108.848	34.23199	Timeout	9	-115.27999877929688	-115.33097076416016	-114.9176025390625	-115.77059936523438	2021-09-16	0
0	144	微信超时	1652427909495	1652427918171	1652427915000	108.848	34.23199	Timeout	9	-115.27999877929688	-115.33097076416016	-114.9176025390625	-115.77059936523438	2021-09-16	0
0	144	微信超时	1652427909495	1652427918171	1652427915000	108.848	34.23199	Timeout	9	-115.27999877929688	-115.33097076416016	-114.9176025390625	-115.77059936523438	2021-09-16	0
0	144	微信超时	1652427909495	1652427918171	1652427916000	108.848	34.23199	Timeout	9	-114.91999816894531	-115.33097076416016	-114.9176025390625	-115.77059936523438	2021-09-16	0
0	144	微信超时	1652427909495	1652427918171	1652427916000	108.848	34.23199	Timeout	9	-114.91999816894531	-115.33097076416016	-114.9176025390625	-115.77059936523438	2021-09-16	0
0	144	微信超时	1652427909495	1652427918171	1652427916000	108.848	34.23199	Timeout	9	-114.91999816894531	-115.33097076416016	-114.9176025390625	-115.77059936523438	2021-09-16	0
0	144	微信超时	1652427909495	1652427918171	1652427917000	108.848	34.23199	Timeout	9	-115.33000183105469	-115.33097076416016	-114.9176025390625	-115.77059936523438	2021-09-16	0
0	144	微信超时	1652427909495	1652427918171	1652427917000	108.848	34.23199	Timeout	9	-115.33000183105469	-115.33097076416016	-114.9176025390625	-115.77059936523438	2021-09-16	0
0	144	微信超时	1652427909495	1652427918171	1652427917000	108.848	34.23199	Timeout	9	-115.33000183105469	-115.33097076416016	-114.9176025390625	-115.77059936523438	2021-09-16	0
0	144	微信超时	1652427909495	1652427918171	1652427918000	108.848	34.23199	Timeout	9	-115.26000213623047	-115.33097076416016	-114.9176025390625	-115.77059936523438	2021-09-16	0
0	144	微信超时	1652427909495	1652427918171	1652427918000	108.848	34.23199	Timeout	9	-115.26000213623047	-115.33097076416016	-114.9176025390625	-115.77059936523438	2021-09-16	0
0	144	微信超时	1652427909495	1652427918171	1652427918000	108.848	34.23199	Timeout	9	-115.26000213623047	-115.33097076416016	-114.9176025390625	-115.77059936523438	2021-09-16	0
0	2	抖音卡顿	1652428068251	1652428084995	1652428069000	0	0	Success	1	-119.94999694824219	-120.9581527709961	-119.94999694824219	-121.57080078125	2021-09-16	0
0	2	抖音卡顿	1652428068251	1652428084995	1652428069000	0	0	Success	1	-119.94999694824219	-120.9581527709961	-119.94999694824219	-121.57080078125	2021-09-16	0
0	2	抖音卡顿	1652428068251	1652428084995	1652428069000	0	0	Success	1	-119.94999694824219	-120.9581527709961	-119.94999694824219	-121.57080078125	2021-09-16	0
0	2	抖音卡顿	1652428068251	1652428084995	1652428070000	0	0	Success	1	-120.27999877929688	-120.9581527709961	-119.94999694824219	-121.57080078125	2021-09-16	0
0	2	抖音卡顿	1652428068251	1652428084995	1652428070000	0	0	Success	1	-120.27999877929688	-120.9581527709961	-119.94999694824219	-121.57080078125	2021-09-16	0
0	2	抖音卡顿	1652428068251	1652428084995	1652428070000	0	0	Success	1	-120.27999877929688	-120.9581527709961	-119.94999694824219	-121.57080078125	2021-09-16	0
0	2	抖音卡顿	1652428068251	1652428084995	1652428071000	0	0	Success	1	-120.66000366210938	-120.9581527709961	-119.94999694824219	-121.57080078125	2021-09-16	0
0	2	抖音卡顿	1652428068251	1652428084995	1652428071000	0	0	Success	1	-120.66000366210938	-120.9581527709961	-119.94999694824219	-121.57080078125	2021-09-16	0
0	2	抖音卡顿	1652428068251	1652428084995	1652428071000	0	0	Success	1	-120.66000366210938	-120.9581527709961	-119.94999694824219	-121.57080078125	2021-09-16	0
0	2	抖音卡顿	1652428068251	1652428084995	1652428072000	0	0	Success	1	-120.30999755859375	-120.9581527709961	-119.94999694824219	-121.57080078125	2021-09-16	0
0	2	抖音卡顿	1652428068251	1652428084995	1652428072000	0	0	Success	1	-120.30999755859375	-120.9581527709961	-119.94999694824219	-121.57080078125	2021-09-16	0

图 8-35 数据查询结果

经过算法分析，我们首先可以从结果数据得到抖音业务出现卡顿和微信超时发生的时间范围(starttime，endtimestamp)，可以从卡顿次数(interruptnum)中看出抖音卡顿和微信超时都是由于该时段内信号质量差(RSRP＜－105)导致的，可以从 avg_rsrp 中看出各时段的平均

RSRP 信号质量。针对此类质差问题,我们可以参考以下方式进行网络优化。

①终端问题导致的微信超时或抖音卡顿,需要更新设备状态或进行参数调整。

②出现区域无线网络弱覆盖时,需要先针对该问题发生区域的小区信号覆盖情况分析导致弱覆盖的根因,然后根据相关原因解决无线网络问题。

9. 数据同步

在可视化开发平台中拖拽 PG 图标,新建 PG 表,自定义库名和表名,同时勾选伴生算法选项"是",如图 8-36 所示。

注意:新建 PG 表的库名需与结果表数据库名一致。

图 8-36 新建 PG 表

拖拽结果表 result_wechat_tiktok_tc 的箭头,将其连接至新建的"result_wechat_tiktok_tc" PG 表,如图 8-37 所示。

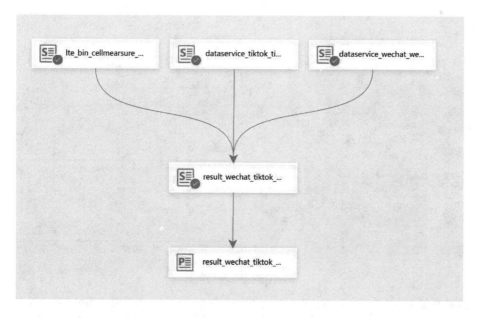

图 8-37 连接 PG 表

创建"result_wechat_tiktok_tc"PG 表时勾选了伴生算法"是",所以在算法视图中会发现自动生成了"alg_pgsync_result_wechat_tiktok_tc"伴生算法。双击算法进行算法配置,选择默认的数据去向,同步时是否覆盖选择"是",同步字段可以全部选择,如图 8-38 所示。

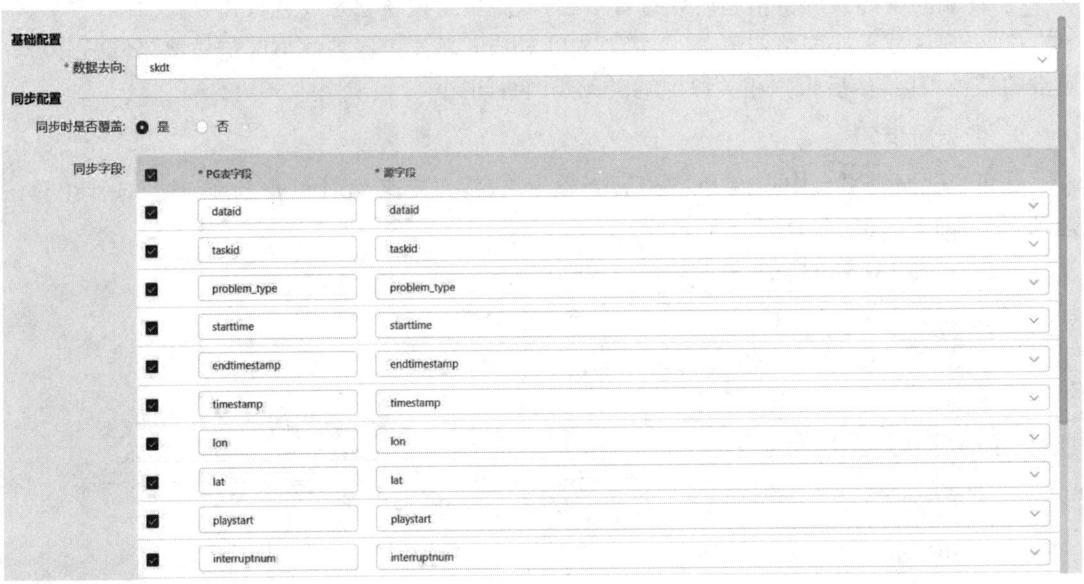

图 8-38　PG 算法配置

单击右侧的"算法配置"标签,对算法进行其他配置,驱动类型选择"data"驱动,在任务实例化配置中 cron 配置选择"小时",如图 8-39 所示。

注意:"驱动类型"需与 result_wechat_tiktok_tc 算法配置中的"驱动类型"一致。采用数据驱动类型,则清洗任务完成后驱动同步任务的运行。

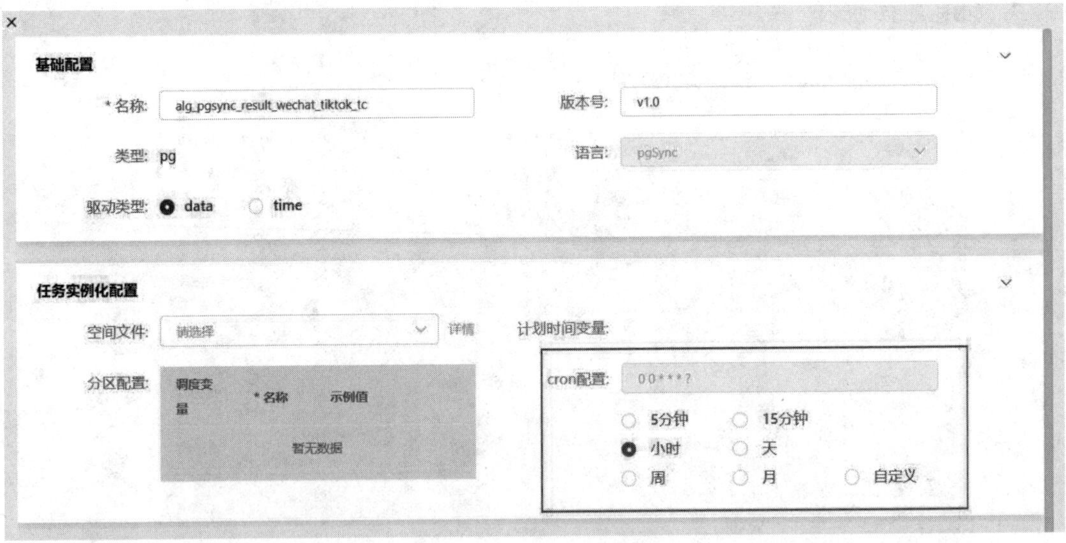

图 8-39　PG 基础配置

将算法配置好后,右击 alg_pgsync_result_wechat_tiktok_tc 算法,选择"发布生产",配置算法发布时间时选择开始时间和结束时间为"2021-09-16",需注意勾选"是否重新生成已存在任务"复选框,单击"确定"按钮,将算法发布到生产环境,如图 8-40 所示。

图 8-40　PG 算法发布

10. 数据展示

在大数据平台清洗完数据并将数据推送到指定的 PG 数据后,我们需要用 SKA 来做数据的最后呈现。打开 SKA 工具,连接 PG 库,具体操作可参考"任务三 重点区域人流监控大数据分析"。连接成功后,如图 8-41 所示。

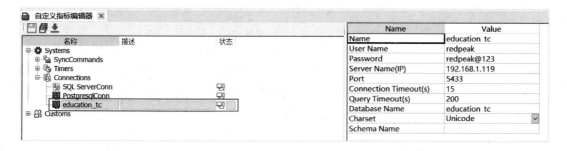

图 8-41　连接 PG 库

设置好连接后,在 Parameters 处右键选择"添加 SQL",如图 8-42 所示。

图 8-42　添加 SQL

通过查询命令可以查询数据是否成功同步至 PG 数据库,如图 8-43、图 8-44 所示。具体步骤如下。

① 单击 SqlIE1。

② 在右侧弹出的对话框下面的属性里,选择数据库连接,下拉修改为自己创建的连接名称。

③ 在右侧弹出的对话框上面的输入框内输入查询 SQL 语句"select * from result_wechat_tiktok_tc;"。

④ 单击右上角的放大镜标识(预览数据),即在下方看到查询的数据内容。

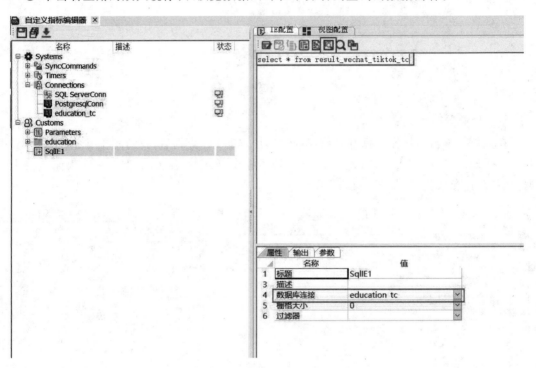

图 8-43　在 SKA 上查询结果表

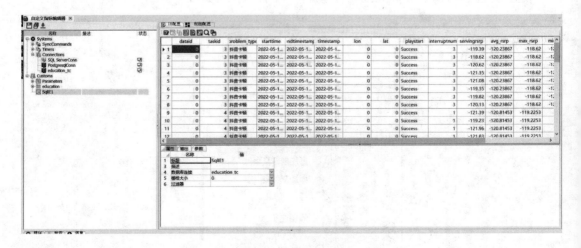

图 8-44　SKA 数据呈现

【任务小结】

本任务系统介绍了移动互联网业务感知获取方式,业务感知测试 App 的测试和监控功能,浏览类业务感知测试 App 的优化案例,游戏业务《王者荣耀》时延优化,热门 App 业务质量大数据算法设计、算法开发、算法实现。通过对本任务的学习,学生应掌握业务感知测试 App 有哪些测试和监控功能、浏览类首包响应时延优化和游戏类《王者荣耀》时延优化的指标定义和优化方法、热门 App 业务质量大数据的算法开发。

【巩固练习】

一、选择题

1. 以下选项中哪一项为卡顿次数/发送超时时长的字段名?(　　　)

A. playstart　　　　B. problem_type　　C. servingrsrp　　　D. interruptnum

2. 首包时延在信令上由几个部分组成?(　　　)

A. 1　　　　　　　B. 3　　　　　　　C. 4　　　　　　　D. 2

3. 在网络测速采集方面,其指标包括以下哪些选项?(　　　)

A. 下载平均速率　　B. 下载峰值速率　　C. 上传平均速率　　D. 上传峰值速率

二、判断题

1. 移动互联网业务感知数据的获取主要有两种方式:第一种方式为测试 App 方式,第二种方式为信令及 DPI 监测方式。(　　　)

2. 业务感知测试 App 具备一键式半自动测试功能。(　　　)

3.《王者荣耀》游戏运行主要采用两种协议,其中 TCP 数据包用来数据保活,而 UDP 数据包则用来实现时延探测和同步交互。(　　　)

4. 对于覆盖不好的区域,可以通过调整天馈下倾角和方位角提升 RSRP。(　　　)

三、填空题

1. 业务感知测试 App 可对主流页面浏览类网站/应用发起_____的_____,通过指定_____和_____,在_____对_____发起_____请求,对请求和响应流程各阶段进行时间戳捕获。

2. 浏览类业务感知测试可以一次进行_____站点或者_____站点的访问测试,按照既定_____执行测试并回传测试结果。

3. 首包响应时延的公式为_____。

4. 无线高负荷处理举措:_____,_____,_____,_____等方式,对 4G 网络实施_____。

5. 业务感知测试 App 可对网络的_____进行测试,测试过程包括_____测试和_____测试。

拓展阅读

任务九 高误包率问题大数据分析

【任务背景】

高误包率问题案例: 在江西某路段测试过程中,测试车辆自西向东由××塘口工业区基站往××罗凤双桥工业区行驶过程中部分路段 RSRP 值在−98 dB 左右,SINR 较差(在−1 dB 左右),FTP 下载速率持续偏低。经分析发现,车辆自西向东行驶时,UE 终端临时占用××罗凤双桥工业区第二扇区(PCI＝232)信号,RSRP 在−98 dB 左右,UE 接收到的信号还有××塘口工业区第二扇区(PCI＝286),RSRP 在−101 dB 左右,这两个扇区方向对打,模相同(均为1),存在 MODE3 干扰,导致 SINR 较差。再结合角度分析发现,该路段误块率较高,且持续发生,出现了高误包率情况。得知原因后,工程师修改××罗凤双桥工业区第二扇区 PCI,模由1 调整为 2,同时保证不与周边基站产生新的 MODE3 干扰,后经复测,BLER 降低很多,SINR值恢复正常,FTP 下载速率恢复到正常水平 。

现代通信已经由语音通信为主转变为数据通信为主,影响数据通信的主要指标为误包率,高误包率问题的大数据分析是解决网络质差问题的重要方法。除了通过技术手段解决高误包问题以外,我们也要引导身边的人认识到"黑广播"的危害。如果发现"黑广播",要积极举报,为净化无线电通信环境奉献一份力量,从而排除"黑广播"对人民群众的生命健康和财产安全的隐患。

【任务描述】

本任务包含 3 方面的内容:一是相关理论的学习,包括高误包率问题产生的原因、高误包率问题产生的场景、高误包率问题的优化方法等;二是完成高误包率问题的算法分析;三是完成高误包率问题的算法开发和平台实操。

【任务目标】

- 理解高误包率问题产生的原因;
- 了解高误包率问题产生的场景;
- 掌握高误包率问题的优化方法;
- 具备针对高误包率问题进行分析和算法设计的能力;
- 具备熟练使用可视化开发平台的能力。

【知识图谱】

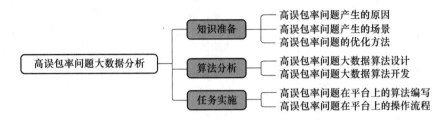

【知识准备】

一、高误包率问题产生的原因

误包即丢包,丢包率是指测试中所丢失数据包数量占所发送数据包的比率。计算方法是:[(输入报文－输出报文)/输入报文]×100%。丢包率与数据包长度以及包发送频率相关。

空口丢包带来 VoLTE 的 RTP 包丢失,导致 VoLTE 业务出现吞字、断续、杂音等降低用户感知问题。对吞字断续的量化分析可以直观反映出用户感知变差的情况:1 个字约占用 8～10 个 RTP 包,1 个 RTP 包时长约为 20 ms,因此 1 个字约占 200 ms,如果丢包持续超过 1 s,用户将约有 5 个字听不到。

图 9-1 所示是丢包导致被叫用户感受到吞字的典型示例:主叫发出的 50 个包对应 5 个字,持续 1 s 在空口丢失,被叫没有检测到,被叫用户有明显吞字感。

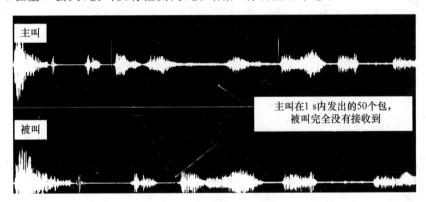

图 9-1　语言通话中主叫丢包

VoLTE 高清语音编码速率为 23.85 kbit/s,终端每 20 ms 生成一个 VoLTE 语音包〔使用实时传输协议(RIP)〕,再加上 UDP 包头、IP 包头,在应用层最终打包成 IP 包进行传输。在无线空口,按照协议 IP 包进一步被转换成 PDCP 包,PDCP 包就是空口传输的有效数据,PDCP 包在终端和基站间传输异常会导致应用层 RTP 包的丢失,从而引起语音感知差。

用户面的 RTP 包在空口是承载在 PDCP 包中的,终端或基站调度发出 PDCP 包后,由于空口质量问题导致在空口传输过程中包丢失称为空口丢包,无线问题导致的丢包即 PDCP 的丢包,从丢包统计方面分析,上下行略有差别,如图 9-2 所示。

① 上行空口丢包从 PDCP 层统计,基站根据收到的终端上发的 PDCP SN 序列号判断上行空口丢包。例如,终端发送了 PDCP SN 为 1、2、3、4、5 共 5 个包,而基站收到 PDCP SN 为 1、2、3、5 共 4 个包,那么基站侧统计的丢包率为 1/5=20%。

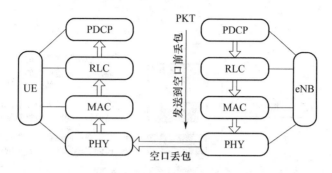

图 9-2　数据传输过程中的空口丢包

② 下行空口丢包较上行复杂,基站根据 MAC 层反馈的 ACK/NACK 统计空口丢包。例如,一个 TBSize 初传反馈 NACK,第一次重传反馈 ACK,这个包不统计为丢包。一个 TBSize 初传反馈 NACK,第一次、第二次……直到最大重传次数都反馈 NACK,计为 1 次 MAC 丢包。因为 RLC 层为 UM 透传模式,当 MAC 层 NACK 达到最大次数且基站侧的 PDCP Discard 定时器超时后,基站会丢弃因 MAC 无法调度的 PDCP 下行包,所以基站侧的 PCDP 弃包为下行空口丢包。

导致丢包的原因可从 UE 侧、空口、基站侧 3 个方面分析。

① 在 UE 侧,主要是 UE 的 PHR 受限、SR 漏检、DCI 漏检、RLC 分段过多、上行调度不及时,这些都会导致 UE 的 PDCP 层丢包定时器超时后弃包。

② 在空口方面,主要是传输质量差,MAC 层多次传输错误后,失败导致丢包。

③ 在基站侧,主要是基站配置的 PDCP 层 discard timer 过小,SR 周期过大,存在 UE 得不到及时调度的情况,导致 PDCP 超时丢包。

二、高误包率问题产生的场景

无线感知丢包在弱覆盖、干扰、高话务、频繁切换 4 类场景下多发,优化策略可以从覆盖优化、上行干扰优化、高负荷优化、频繁切换优化入手,并适当开启 VoLTE 的部分增强功能以提升网络整体性能。

图 9-3 所示是高误包率问题的处理流程,依次是故障告警、干扰、高话务、越区覆盖、弱覆盖、其他等几种场景的排查。每种场景有对应的外在表现,通过网管的相关指标可以识别。识别思路如下。

1. 干扰场景

干扰场景主要是上行干扰,上行的每 PRB 干扰噪声抬升(噪声抬升过大将导致部分信道覆盖的丢失,终端可能不具备足够的发射功率来达到基站),因此上行链路调度时必须将噪声抬升保持在可接受的范围之内(<-110 dBm)。

2. 高话务场景

用户密集、资源利用率高,PDCCH CCE 资源有限且易受限,导致基站 CCE 资源分配失败,引发高误包率问题。

3. 弱覆盖场景

当出现上行弱覆盖时,为了达到基站上行接收期望功率,终端需要以较大的功率发射,导致终端 PHR(功率余量)较小,PHR<0 比例增加(PHR 为 UE 允许的最大传输功率与当前评估得到的 PUSCH 传输功率之间的差值,如果是负值则表示网络侧给 UE 调度了一个高于其

当时可用发射功率所能支持的数据传输速率);同时为了对抗更差的无线环境,基站自适应调整 CCE 聚合等级(聚合等级越高,码率越低,解调性能越好,漏检概率越低),上行误码率变大,上行丢包率增加。

4. 频繁切换场景

通过软件侧对乒乓切换进行统计可以识别频繁切换场景。

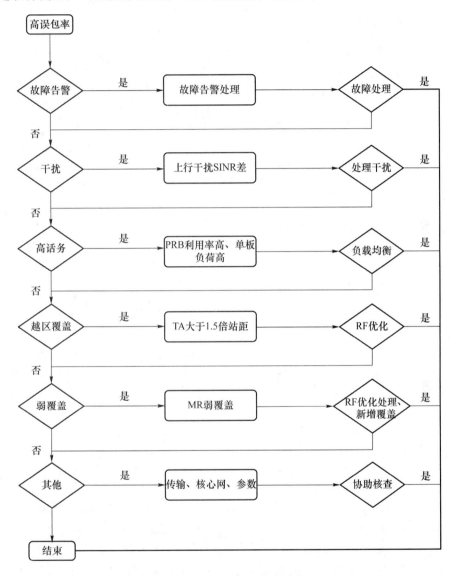

图 9-3　高误包率问题的处理流程

三、高误包率问题的优化方法

可分场景进行高误包率问题优化,如图 9-4 所示。例如,对于弱覆盖场景,主要考虑增强上行覆盖和优化下行 SINR;对于上行干扰场景,考虑开启基于干扰的动态功控功能;对于高话务场景,考虑优化 CCE 容量并开启 ROHC 功能;对于频繁切换场景,考虑 CIO 参数调整结合覆盖优化;同时根据业务需求,考虑部分增强型参数策略的启用,如定时器优化、HARQ

Max优化、包聚合优化、上行分片优化等。

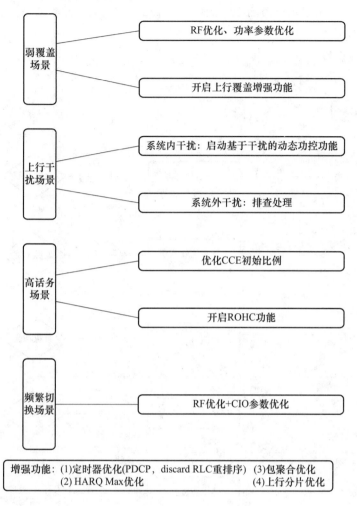

图 9-4　分场景进行高误包率问题优化

（一）覆盖优化

1. 下行覆盖优化

主要使用天馈调整、功率控制、最小接入电平调整手段提升 SINR，可分 3 步开展：第一步，天馈调整控制覆盖；第二步，调整受限站点或室分信号泄露站点，通过功率收缩及调整最小接收电平 qrxlevmin 从 −128 dBm 到 −122 dBm 的优化，减少上下行不平衡带来的丢包；第三步，通过切换优化门限，尽快使终端由 2.1GB&1.8GB 质差区域切换至 800 MB，如农村广覆盖场景。

2. 上行覆盖优化

上行功率受限是导致 VoLTE 高丢包的主要原因之一。UE 上下行覆盖差距为 10 dB 左右，由于传输功率的限制，UE 可能没有足够的功率发送上行资源给 eNB，这会导致上行丢包或者掉话。目前主要考虑通过参数优化手段开启上行覆盖增强功能，改善上行受限问题。主要目的是，在覆盖边缘功率受限情况下自动调整最优的 MCS 和 PRB 组合发送上行 RTP 数据包，并改进非周期 CQI 上报，提升上行覆盖能力，让基站更易解调上行信号。

（1）上行 MCS/PRB 调度算法

根据上行无线环境，自动计算出最优的 UL 资源分配，提升上行信号解调成功率。图 9-5 所示为上行 MCS/PRB 调度算法。

MCS Index	Mod. Order	N_prb TBS Index	1		2		3		...
			TBS	req. SINR	TBS	req. SINR	TBS	req. SINR	—
0	2	0	16	-0.5	32	-2.2	56	-2.7	...
1	2	1	24	0.1	56	-1.2	88	-1.7	...
2	2	2	32	0.6	72	-0.6	144	-0.4	...
3	2	3	40	1.0	104	0.4	176	0.2	...
4	2	4	56	1.7	120	0.8	208	0.8	...
5	2	5	72	2.3	144	1.3	224	0.9	...
6	2	6	328	#N/A	176	2.0	256	1.4	...
7	2	7	104	3.7	224	3.1	328	2.5	...
8	2	8	120	4.4	256	3.8	392	3.5	...
9	2	9	136	5.0	296	4.6	456	4.4	...
10	2	10	144	5.4	328	5.4	504	5.1	...
11	2	10	144	6.2	328	5.9	504	5.7	...
12	4	11	176	7.0	376	6.5	584	6.3	...
13	4	12	208	8.0	440	7.5	680	7.1	...
14	4	13	224	8.5	488	8.3	744	8.0	...
...	...	...	...	...	...	...	...	...	...

图 9-5　上行 MCS/PRB 调度算法

（2）非周期 CQI 上报改进

由于非周期 CQI 是 MAC 层开销，当添加语音负载时，它增加了语音包样本传输所需的 TBS，当开启上行覆盖增强功能后，在初始的语音数据包传输中，将不要求对非周期 CQI 进行 HARQ 重传（仅在一个语音包片段中，VoIP 样本是分段的，或者在第一个 TTI 中，VoIP 样本以 TTI 捆绑模式传输时，再触发非周期 CQI 上报）。

（二）干扰处理优化

密集城区场景整体 RSSI PUCCH 高。这是因为手机发射功率过高，SINR 值较低，给邻区带来较大的上行干扰，并易发生连锁反应，抬高某个区域的整体干扰水平、上行底噪，形成系统内干扰，影响上行业务质量，如图 9-6 所示。

随着用户量的提升，日常指标将会受到严重影响

图 9-6　用户量提升导致上行干扰恶化

上行干扰优化的主要原理是将上行静态 SINR 目标值功控方式改为动态功控，使得中心用户获得更好的 SINR 值，同时让边缘用户抑制基于 SINR 的抬升，降低功率和整体的底噪，提升上行质量。

上行干扰优化的主要手段是开启上行干扰感知功控（actUlpcMethod＝PuschIAwPucchCL），

使得基站通过 PDCCH（下行物理控制信道）向 UE 发送功率调整命令对发射功率进行微调（与闭环功控类似），基站根据上行目标 SINR 值来控制终端的发射功率，这个目标值是通过基站测量和 UE 报告数据来计算得到的。

（三）负荷容量优化

在 LTE 网络中，PDCCH 以 CCE 为单元，承载特定 UE 的调度、资源分配信息 DCI，如下行资源分配、上行授权、PRACH 接入响应、上行功率控制命令、信令消息（如系统消息、寻呼消息等）的公共调度指配。

因为上下行共享 PDCCH 的 CCE 资源，且该资源最大仅占每个子帧的前 3 个符号，对于高话务区域丢包，容易出现上行 PDCCH 受限，导致 VoLTE 语音包来不及调度，从而造成丢包影响用户感知。

若上行 CCE 利用率、上行 SRB 调度资源占比指标中任意一项出现大于 60％的情况，即可判断为小区负荷受限。

针对上述问题，主要采用两种手段进行优化。

1. 增大 PDCCH CCE 初始比例

减少由于上行 CCE 资源不足带来的丢包，从而改善负载及丢包问题，该手段对上行丢包问题改善明显。针对 LTE 系统上行受限，优化参数"CCE 最大初始比例"，增大上下行分配的初始值（增大 PDCCH 上行 CCE 初始比例），进而动态调整 CCE 功率分配，减少由于上行 CCE 资源不足带来的丢包，从而改善负载及丢包问题，达到优化语音感知的目的。

参数具体原理：用于配置 PDCCH 的上下行最大初始比例值。默认配置该参数为 1/2，表示上下行 CCE 占比最大值为 1/2。当修改参数大于 1/2 时，上下行 CCE 初始占比最大值可以根据上下行负载状况进行动态调整，调整范围为 1/2 到配置值之间的所有枚举值。

例如，当参数配置为 1/2，上行负载较重，下行负载轻时，上行业务感受较差。当参数配置大于 1/2，上行负载较重，下行负载轻时，上行业务感受有改善，下行部分子帧 PRB 利用率略有下降。该参数推荐优化至 10/1。

2. 开启健壮性包头压缩功能

健壮性包头压缩（Robust Header Compression，ROHC）指让基站通过 RRC 重配置消息下发终端执行压缩包头，提高信道效率和分组数据的有效性，从而达到改善丢包问题的目的。该手段对上下行丢包均有效果。

承载语音数据的经典数据包格式如图 9-7 所示。

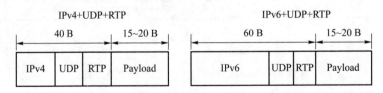

图 9-7　承载语音数据的经典数据包格式

从图 9-7 可以发现，一个 IP 包的包头长度远大于实际用户所传输的数据，这些包头每次均在网络上传输，势必导致网络资源的极大浪费。例如，使用 IPv4，报头长度有 40 B，数据部分有 15～20 B，则 66％～73％的资源将用于承载报文的包头；使用 IPv6，报头长度有 60 B，则 75％～80％的资源用于承载报头。

在图 9-8 中，IPv4＋UDP＋RTP 的包头是 320 bit，经过头压缩后，只有 40 bit。

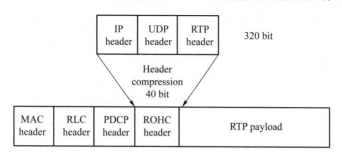

图 9-8　RTP 包的 ROHC 头压缩

从终端方面分析，终端的上行 MCS 受无线环境影响，可用 PRB 数目受终端功率限制，且每个 TTI 可发送的数据包大小是有限的，1 个语音包需要多个 TTI 才能传送完毕，对于 1T2R 终端，可用资源更少，在高话务场景下，用户 VoLTE 通话质量就无法得到保障。

从网络方面分析，上行语音包分多个 TTI 发送，需要消耗更多的 PDCCH 资源，在需要分 TTI 发送的场景，通常用 8 CCE，对 PDCCH 资源消耗较大。

打开 ROHC 功能，可对这部分协议头进行压缩，VoLTE 数据包减小一半，则 20 ms 时间间隔内传送数据量可增加 1 倍，同时减少上下行 PDCCH 资源消耗。节省的资源可以提高用户上网感知，提升小区吞吐率，对下行丢包率起到改善作用。

（四）切换优化

频繁的切换会带来较大的用户面时延，丢包率上升，影响用户感知。频繁切换问题在高铁场景下尤其突出，RTP 丢包明显，如图 9-9 所示。

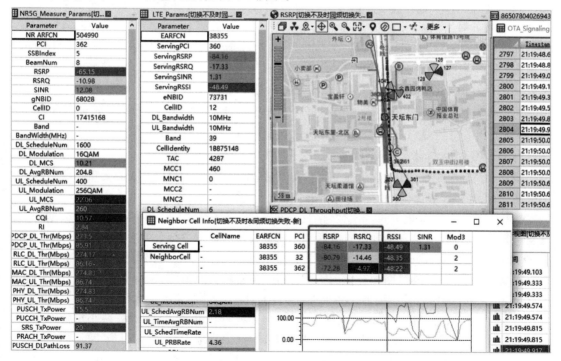

图 9-9　在高铁场景下频繁切换造成 RTP 丢包高

251

切换优化的主要目的是尽可能降低频繁切换、乒乓切换的概率,通过增强非竞争性接入的成功率,减少切换准备失败事件的发生。

在切换优化的手段方面,应先通过 RF 手段做好切换带优化,在合理设置切换带的基础上,通过 CIO 参数优化进一步降低乒乓切换概率。注意,要尽量避免单纯优化 CIO 参数。

(五) 功能参数优化

增强功能是在覆盖、干扰、负荷、切换等优化完成的基础上,进一步改善网络丢包性能的手段,主要有定时器优化、HARQ Max 优化、语音包聚合优化、上行分片优化。

1. 定时器优化

(1) PDCP Discard Timer 优化

PDCP Discard Timer 在上行传输中,是控制数据包上传的一个定时器,每一个 PDCP SDU 对应一个 Discard Timer。当 UE 从上层接收到 PDCP SDU 时,开始启动该 SDU 对应的定时器,当该定时器超时或者已经通过 PDCP 状态报告确认将相应的 PDCP SDU 传到下层时,UE 需要将 PDCP SDU 以及相应的 PDCP PDU 丢弃。如果 PDCP PDU 被提交到下层,则丢弃这一状态也应一并通知下层,即 PDCP 这层把相应的包彻底清空。

当 UE 高层要求数据承载对应的 RLC 在非确认模式(VoLTE 话音业务)下进行 PDCP 重建立时,在重建之前没发出的 PDCP SDU 不需要重新触发 Discard Timer。因此,该定时器设置过小,对于 PDCP 重建成功有一定影响,会影响丢包率。

(2) RLC 重排序定时器

VoLTE 业务是实时的 GBR 业务,对时延要求高,RLC 层采用 UM(非确认模式)进行传输,该模式提供除重传和重分段外的所有 RLC 功能,是一种不可靠的传输服务,当无线环境较差的时候,容易丢包。

RLC data PDU 重排序(reordering,只适用于 UM 和 AM 模式)的方式:MAC 层的 HARQ 操作可能导致到达 RLC 层的报文是乱序的,所以需要 RLC 层对数据进行重排序。

重排序是根据序列号(Sequence Number,SN)的先后顺序对 RLC data PDU 进行排序的。重排序需要一定的时间保证,对重排序定时器的设置要求是,定时器时长＞HARQ 最大重传次数×HARQ RTT,其中下行 HARQ RTT 默认是 10 ms,现网重传 5~7 次,BLER 为 10%,根据理论将定时器由默认的 50 ms 调整至 80 ms,对个别"顽固"小区可考虑优化至最大 200 ms,增加时间上的冗余,改善丢包。

2. HARQ Max 优化

涉及对两部分参数优化:第一部分是重传次数,即 QCI1 专载 HARQ 最大重传次数;第二部分是目标 BLER,即优化 QCI1 专载目标 BLER。

QCI1 专载 HARQ 最大重传次数:接收方在解码失败的情况下,保存接收到的数据,并要求发送方重传数据,接收方将重传的数据和先前接收到的数据进行合并后再解码。

QCI1 专载目标 Bler:当设置较低的目标 Bler 时,上行和下行链路可更快地调整 MCS 以适应不断变化的无线环境,因为补偿因子 CQIstepdown/stepup 和 Cstepdown/stepup 的值较高,BLERTarget 的值较低。因此,MCS 可以比 BLER=10% 的情况下更快地降级或升级。

增大重传次数可以提升无线链路的可靠性,但无线资源开销也会增大;减小重传次数,无线链路的可靠性会降低。因此,需要将上述两部分参数恰当地组合,以获得最小的丢包率。

3. 语音包聚合优化

多个语音数据包先在 MAC 层汇聚后,再被基站调度发送。语音包聚合功能可以缓解基站的调度资源。

例如,上行两个数据包进行聚合,UE 用户面产生的数据包从 IP→PDCP→RLC→MAC,第一个数据包传送到 MAC 层后等待,第二个数据包传递到 MAC 层后两个数据包一起被基站调度,如图 9-10 所示。

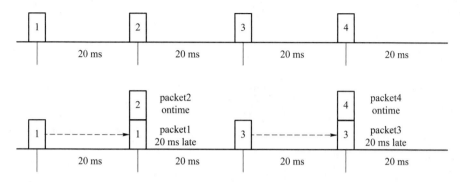

图 9-10　语音包聚合功能

① SR 周期＝20 ms,不进行包聚合。如图 9-11 所示,UE 每 20 ms 产生一个包,SR 周期＝20 ms,UE 每间隔 20 ms 发起一次 SR,eNB 调度一次分配的数据量可以使 UE 把数据发送完,UE 上报的 BSR 为 0。

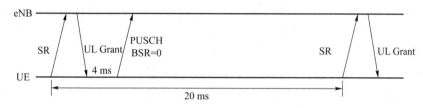

图 9-11　SR 周期为 20 ms

② SR 周期＝20 ms & 上行 2 个包进行聚合。如图 9-12 所示,SR＝40 ms,UE 每 20 ms 产生一个包,UE 每 40 ms 发起一次 SR(包聚合或者 SR 周期配置等于 40 ms),eNB 调度分配的数据量不能使 UE 把数据发完,UE 上报 BSR≠0,eNB 需要再调度一次。

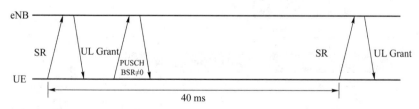

图 9-12　包聚合 SR 周期为 40 ms

包聚合功能虽然可以节省 eNB 的调度资源,但是一旦无线环境问题导致 SR 漏检或者调度失败,会导致数据包丢失。关闭上行包聚合功能,避免由于无线环境问题导致 SR 漏检造成的丢包,对上行丢包率改善较为明显。

4. 上行分片优化

对适当个数的数据包进行拆分,可以获得有利的上行增益,改善丢包率,从而提升 MOS。定义上行最小 PRB 分配数量(ulsMinRbPerUe)、最小传输块大小 TBS(ulsMinTbs),ulsMinTbs 设置为 72,ulsMinRbPerUe 设置为 3,VoLTE 性能最好。同时,应注意数据包不能拆分得太小,否则会导致包头开销大、RLC 重组成功率低,造成负面影响。上行最小 PRB 个数不能设置为 2,PRB 个数较小,需要较大的 MCS 传输数据,无线环境较差的地方大概率会造成解调失败,影响 VoLTE 的性能。

【算法分析】

一、算法设计

数据来源:测试团队使用测试终端对指定区域进行路测,收集上报数据给服务器,服务器对测试数据进行数据解码处理后,生成对应的采样点信息表、物理层调度信息表等数据表,自动任务定时将这些数据同步到集群所在服务器,并告知集群数据到达。其他类型的数据通过其他定时类的自动任务同步进入集群。

算法设计逻辑如图 9-13 所示,设计思路如下。

① 通过 dataservice_ftp_ftp_downloadspeed(原始采样点信息表),获取低速率采样点信息,并根据相关门限值,进行问题路段的汇聚,形成 nr_ftp_low_speed_segments(低速率路段并生成路段中间表)。该过程为汇聚低速率路段算法,和质差问题路段一样,了解即可。

② Python 算法实现:将按照时间分布的速率采样点数据进行筛选过滤,以及按照对应判别汇聚门限(路段持续 50 m 以上,速率小于 100M 的采样点占总采样点的 80% 以上),汇聚成满足低速率路段的汇聚数据,实现了由点到段的过程。

③ 将低速率路段表 nr_ftp_low_speed_segments 通过时间字段关联 nr5g_bin_mac_pdschstatis(物理层调度信息表),得到该低速率路段的整秒调度样本,获取 BLER 值。

④ 如果该路段每个样本的 DL_BLER 值大于 10%,则为一个高误块率样本;如果整段路的高误块率样本占整体样本比大于 50%,则该路路段被判断为高误包率情况,说明该低速率路段为高误包率引起低速率的情况。

⑤ 将满足条件的路段信息各个调度样本信息输出到新创建的高误包率导致的低速率问题结果表 nr_ftp_low_speed_segments_dl_bler 中。

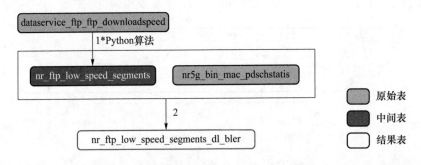

图 9-13　高误包率问题自动分析算法建模流程

二、表字段

(一) 输入表

nr_ftp_low_speed_segments(低速率路段表)如表 9-1 所示。该表记录了符合低速率算法的路段信息。

表 9-1　低速率路段表

字段名称	字符类型	说明
dataid	bigint	数据 ID
logdate	date	日期
timestamp	timestamp	时间戳
longitude	double	经度
latitude	double	纬度
gridx	int	栅格坐标 x
gridy	int	栅格坐标 y
segmentid	int	路段 ID
startts	timestamp	路段起点时间戳
endts	timestamp	路段终点时间戳
startlon	double	路段起点经度
startlat	double	路段起点纬度
duration	int	路段持续时间总时长
distance	float	路段总长度
avgthroughput	float	平均流量
cnt	int	误包率高于 10 的总次数
sample	int	路段采样点总数量

nr5g_bin_mac_pdschstatis（物理层调度信息表）如表 9-2 所示。该表记录了本次测试所有数据下载业务的每次调度信息。

表 9-2　物理层调度信息表

字段名称	字符类型	说明
dataid	bigint	数据 ID
logdate	date	日期
timestamp	timestamp	时间戳
longitude	double	经度
latitude	double	纬度
dl_bler	double	误码率
dl_avgschednum	int	下行平均调度次数
dl_schednum	int	下行调度次数
dl_totaltbnum	int	TB 总次数
dl_crcfailtbnum	int	CRC 失败次数
dl_retxnum	int	RETX 次数
dl_harqfailnum	int	HARQ 失败次数
dl_maxrbnum	int	下行最大 RB 次数

（1）低速率采样点的判断算法

对于低速率采样点，ftp_dl_speed≤100 Mbit/s。

（2）路段聚合算法

判断是否由低速率问题引起的高误包率有以下几个判断条件。

① 低速率采样点比例≥50%。

② 持续时长≥3 s。

③ 路段长度≥50 m。

（二）结果表

nr_ftp_low_speed_segments_dl_bler（高误包导致低速率结果表）如表 9-3 所示。该表记录了由于高误包率导致的低速率路段信息。

表 9-3　高误包导致低速率结果表

字段名称	字符类型	说明
dataid	bigint	数据 ID
logdate	date	日期
timestamp	timestamp	时间戳
longitude	double	经度
latitude	double	纬度
starts	timestamp	路段起点时间戳
endts	timestamp	路段终点时间戳
segmentid	int	路段 ID
duration	int	时长
distance	float	距离
avgthroughput	float	平均下载速率
cnt	int	高误包率的采样点数量
sample	int	总采样点数量
avg_dl_bler	double	平均误码率

【任务实施】

高误包率问题
自动分析实操

1. 新建目录

登录可视化开发平台，单击进入 Education 项目，在项目树中右击"应用开发"模块，在弹出的"新建目录"对话框中输入目录名称"error_package"，单击"确定"按钮，如图 9-14 所示。

2. 建表

拖拽表类型中 Spark 表的算子到画布中，弹出"新建 Spark 表"对话框，定义好表存储的数据库名 education_tc 和表名 nr_ftp_low_speed_segments_dl_bler_tc，版本号可不填，伴生算法选择"否"，如图 9-15、图 9-16 所示。

图 9-14　新建目录

图 9-15　新建 Spark 表

图 9-16　nr_ftp_low_speed_segments_dl_bler_tc 表

3. 表配置

创建表成功后,需要进一步进行表配置,设置表结构。双击"nr_ftp_low_speed_segments_dl_bler_tc"表,打开表配置界面,可以看到这张表的基本配置,包括之前定义的表名和库名。表结构的设计可以采用两种方式:①通过界面操作,在普通字段列表中单击"添加",设置字段名、字符类型、注释等,在分区字段列表中添加分区信息,包括分区类型、分区名、字段类型、变量、格式、持续时间等,如图 9-17 所示;②通过 DDL 定义字段和字段类型。

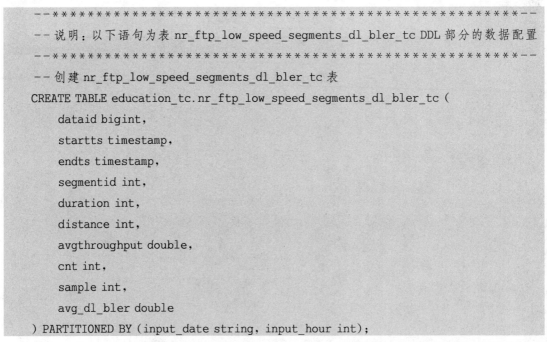

图 9-17 表配置界面

```
-- ********************************************************* --
-- 说明:以下语句为表 nr_ftp_low_speed_segments_dl_bler_tc DDL 部分的数据配置
-- ********************************************************* --
-- 创建 nr_ftp_low_speed_segments_dl_bler_tc 表
CREATE TABLE education_tc.nr_ftp_low_speed_segments_dl_bler_tc (
    dataid bigint,
    startts timestamp,
    endts timestamp,
    segmentid int,
    duration int,
    distance int,
    avgthroughput double,
    cnt int,
    sample int,
    avg_dl_bler double
) PARTITIONED BY (input_date string, input_hour int);
```

通过 DDL 写入建表语句后,单击"确定"按钮。在表配置界面即可看到普通字段部分已经添加了字段,如图 9-18 所示。

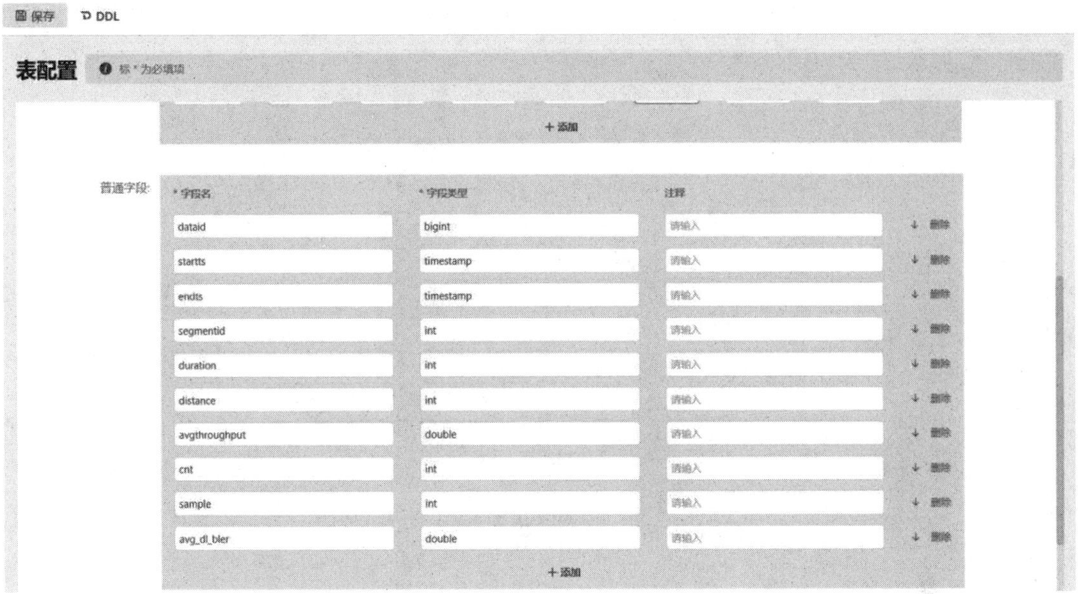

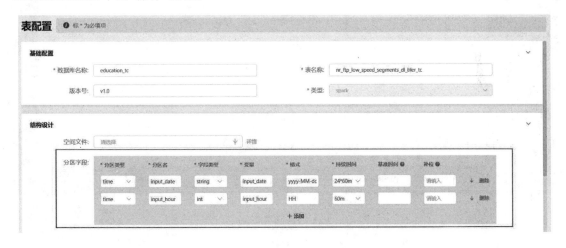

图 9-18　查看普通字段

为提高查询效率,需要给 nr_ftp_low_speed_segments_dl_bler_tc 表添加时间分区,即在结构设计处添加清洗计算的时间,方便后续通过日期来查询计算结果,并进行保存,如图 9-19 所示,配置完成后单击"保存"按钮。

图 9-19　分区字段配置

4. 数据表发布

将 nr_ftp_low_speed_segments_dl_bler_tc 表数据提交开发库、发布生产,如图 9-20 所示。

5. 算法开发

拖拽 Spark-Sql 算子到画布上,弹出"新建算法"对话框,输入算法信息即可创建算法,如图 9-21 所示。

图 9-20　将表提交开发库和发布生产

图 9-21　新建算法

高误包率问题
自动分析算法

建好算法后,会在算法视图中显示该算法节点,如图 9-22 所示。双击算法节点或在左侧项目中单击算法,会进入算法开发页面。

双击所创建的"算法",填写高误包率问题的算法 SQL 代码。

```
--*************************************************--
-- 说明:可使用 $ 引用输入输出表分区变量;使用 # 引用业务参数变量
--*************************************************--
-- 如果数据库中存在 nr_ftp_low_speed_segments_t1 表,就把它从数据库中删除
drop table if exists temp_nr_ftp_low_speed_segments_t1;
```

图 9-22　算法画布

```
-- 筛选原始表 nr_ftp_low_speed_segments 中满足指定条件的数据创建成临时表
cache table temp_nr_ftp_low_speed_segments_t1 as
select *
from education.nr_ftp_low_speed_segments
where input_date = '$ nr_ftp_low_speed_segments.input_date $'
    and input_hour = $ nr_ftp_low_speed_segments.input_hour $;
-- 创建高误包临时表
drop table if exists temp_nr5g_bin_mac_pdschstatis_t2;
cache table temp_nr5g_bin_mac_pdschstatis_t2 as
select *
from education.nr5g_bin_mac_pdschstatis
where input_date = '$ nr_ftp_low_speed_segments.input_date $'
    and input_hour = $ nr_ftp_low_speed_segments.input_hour $;
-- 创建关联算法合成低速率高误包临时表
drop table if exists temp_nr_ftp_low_speed_segments_t3;
cache table temp_nr_ftp_low_speed_segments_t3 as
select
        a.dataid,
        a.logdate,
        a.startts,
        a.endts,
        b.timestamp,
        b.longitude,
        b.latitude,
        a.segmentid,
```

```
            a.duration,
            a.distance,
            sum(1)over(partition by a.dataid,a.segmentid) as sample,
            a.avgthroughput,
            b.dl_bler,
            b.dl_avgschednum,
            b.dl_schednum,
            b.dl_totaltbnum,
            b.dl_crcfailtbnum,
            b.dl_retxnum,
            b.dl_harqfailnum,
            b.dl_maxrbnum,
            a.dataid
from temp_nr_ftp_low_speed_segments_t1 a
left join temp_nr5g_bin_mac_pdschstatis_t2 b on a.dataid = b.dataid
where b.timestamp > = a.startts and b.timestamp < = a.endts;
```

> **注释:**
>
> SUM 函数是一个聚合函数,over 是一个开窗函数,聚集函数可以结合开窗函数使用,它返回所有或不同值的总和。以 dataid、segmentid 为分组,求记录数总和:
>
> sum(1)over(partition by a.dataid,a.segmentid) as sample

```
-- 低速率高误包(误包率>10)临时表
drop table if exists temp_nr_ftp_low_speed_segments_t4;
cache table temp_nr_ftp_low_speed_segments_t4 as
select *,
        sum(1)over(partition by dataid,segmentid) as cnt
from temp_nr_ftp_low_speed_segments_t3
where dl_bler > 10;
-- 创建低速率高误包(误包率>10 的占比大于 50%)临时表
drop table if exists temp_nr_ftp_low_speed_segments_t5;
cache table temp_nr_ftp_low_speed_segments_t5 as
select *
from temp_nr_ftp_low_speed_segments_t4
where cnt > = sample/2;
-- 筛选数据插入结果表
insert overwrite table education_tc.nr_ftp_low_speed_segments_dl_bler_tc
partition(input_date = '$ nr_ftp_low_speed_segments.input_date $',
input_hour = $ nr_ftp_low_speed_segments.input_hour $ )
```

```
select
        dataid,
        startts,
        endts,
        segmentid,
        duration,
        distance,
        avgthroughput,
        cnt,
        sample,
        avg(dl_bler) as avg_dl_bler
from temp_nr_ftp_low_speed_segments_t5
group by
        dataid,
        startts,
        endts,
        segmentid,
        duration,
        distance,
        avgthroughput,
        cnt,
        sample;
```

6. 算法配置

算法开发完成后,单击右侧的"算法配置",在基础配置模块中驱动类型选择"data"类型,在任务实例化配置中 cron 配置选择"小时",如图 9-23 所示。在输入数据配置中,在选择数据节点处将中间表 nr_ftp_low_speed_segments 与原始表 nr5g_bin_mac_pdschstatis 选择出来进行关联,如图 9-24 所示;在输出数据配置中,选择前面所创建的 nr_ftp_low_speed_segments_dl_bler_tc 表,如图 9-25 所示。

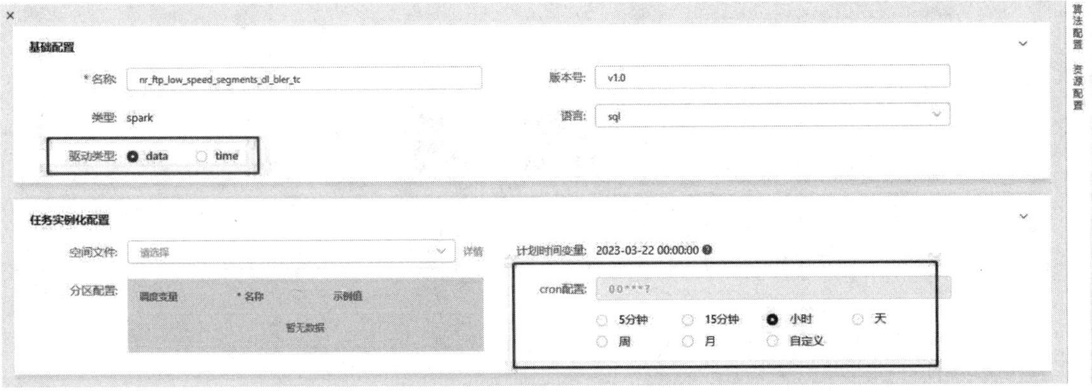

图 9-23　nr_ftp_low_speed_segments_dl_bler_tc 算法配置

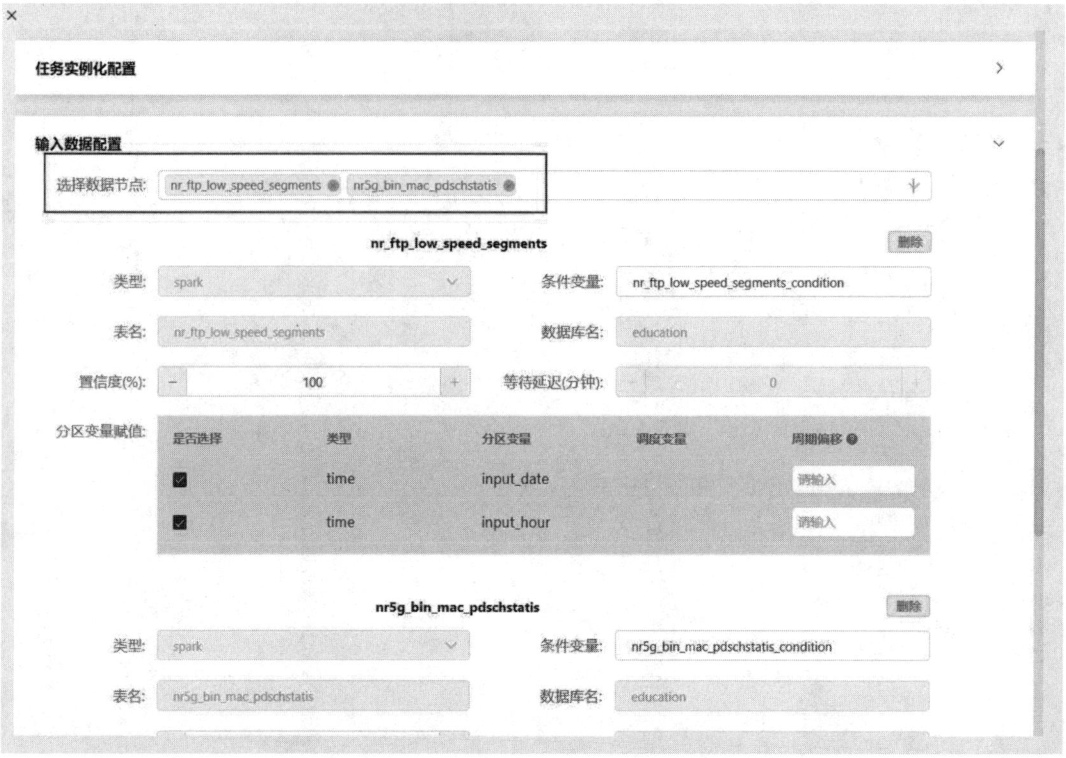

图 9-24　nr_ftp_low_speed_segments_dl_bler_tc 输入数据配置

图 9-25　nr_ftp_low_speed_segments_dl_bler_tc 输出数据配置

单击"调试"按钮,可以在运行日志中看到运行结果,如图 9-26 所示。

图 9-26　调试结果

7. 算法发布

将配置好的 nr_ftp_low_speed_segments_dl_bler_tc 算法提交发布生产库,在算法发布时选择开始时间和结束时间为"2021-09-16",需注意勾选"是否重新生成已存在任务"复选框,如图 9-27 所示。

注意:选择该时间段是因为管理员设置在该时段拥有原始表数据,选择其他日期则没有该原始表数据。

图 9-27　nr_ftp_low_speed_segments_dl_bler_tc算法发布

8. 任务监控

通过上述步骤,可以在数据视图中看到本任务中所有表的依赖关系,如图 9-28 所示。

算法发布生产环境进行数据清洗后,可以通过单击右上角的任务看板查看清洗任务的运行状态和结果,如图 9-29 所示。创建时间为当天执行任务的时间,计划时间为 2021 年 9 月 16 日,看是否有运行数量。

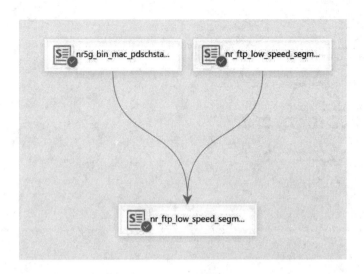

图 9-28　数据模型

图 9-29　任务看板界面

在可视化开发平台中,通过数据查询命令查询是否已经将数据成功清洗至结果表中,语句为

```
select * from 数据库名. + 结果表名;
```

数据查询结果如图 9-30 所示。

dataid	startts	endts	segmentid	duration	distance	avgthroughput	cnt	sample	avg_dl_bler	input_date	input_hour
2	1594012507831	1594012512423	5	6000	56	3.5199999809265137	4	5	52.557500000000005	2021-09-16	15
2	1594011960823	1594011963822	1	4000	30	75.88999938964844	2	2	12.895	2021-09-16	15
2	1594012967467	1594012971468	6	5000	41	93.80000305175781	3	4	11.54	2021-09-16	15
2	1594013909640	1594013912640	9	4000	25	79.58000183105469	3	3	16.526666666666667	2021-09-16	15
2	1594013277900	1594013280900	7	4000	11	64.41999816894531	2	3	21.490000000000002	2021-09-16	15
2	1594014071326	1594014080542	11	10000	90	38.56999969482422	7	8	18.041428571428572	2021-09-16	15
2	1594016253080	1594016254431	14	3000	7	8.1099996566677246	1	1	54.29	2021-09-16	15

图 9-30　数据查询结果

经过算法分析,我们可以发现编号为 5、1、6、9、11、14 路段的低速率问题是由于高误包率引起的,这些路段的平均误块率(avg_dl_bler)超过了 10%,平均下载速率(avgthroughput)低于 100。观察发现,平均误块率越高,其平均下载速率越低。针对此问题,我们可采用知识准备中的高误包率问题优化方法进行网络优化。

① 若存在切换问题,通过邻区优化及小区间切换偏移、时延等参数进行优化,同时伴随站点的 RF 调整,梳理覆盖合理性,优化切换关系。

② 判断是不是硬件故障,可通过对天线接反/硬件故障等问题落实好日常的维护工作;室分泄露问题通过室分整改推动解决;高话务问题通过 R4 载波扩容或硬件更换后实施载波扩容解决。

9. 数据同步

在可视化开发平台中拖拽 PG 图标,新建 PG 表,自定义库名和表名,同时勾选伴生算法选项"是",如图 9-31 所示。

注意:新建 PG 表的库名需与结果表数据库名一致。

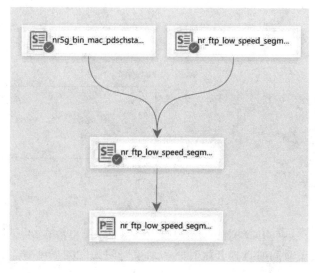

图 9-31　新建 PG 表

拖拽结果表的箭头,将其连接至新建的"nr_ftp_low_speed_segments_dl_bler_tc" PG 表,如图 9-32 所示。

图 9-32　连接 PG 表

创建"nr_ftp_low_speed_segments_dl_bler_tc"PG 表时勾选了伴生算法"是",所以在算法视图中会发现自动生成了"alg_pgsync_nr_ftp_low_speed_segments_dl_bler_tc"伴生算法。双击算法进行算法配置,选择默认的数据去向,同步时是否覆盖选择"是",同步字段可以全部选择,如图 9-33 所示。

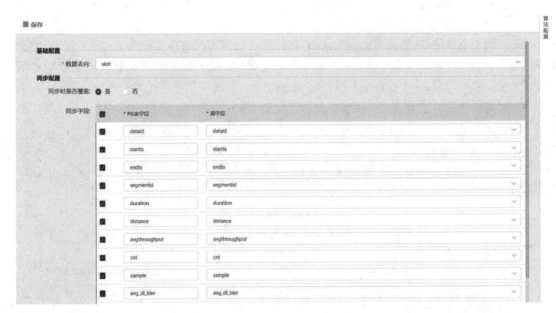

图 9-33　PG 算法配置

驱动类型选择"data"数据驱动,清洗任务完成后驱动同步任务的运行,如图 9-34 所示。

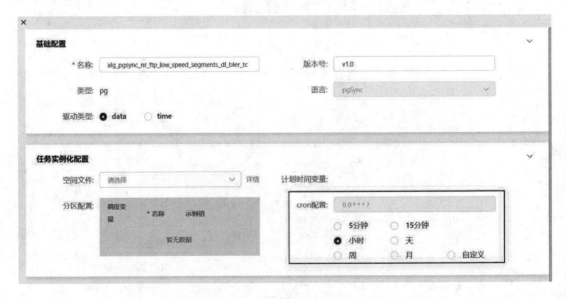

图 9-34　PG 表配置

将算法配置好后,右击 alg_pgsync_nr_ftp_low_speed_segments_dl_bler_tc 算法,选择"发布生产",配置算法发布时间时选择开始时间和结束时间为"2021-09-16",需注意勾选"是否重新生成已存在任务"复选框,单击"确定"按钮,将算法发布到生产环境,如图 9-35 所示。

图 9-35　PG 算法发布

10. 数据展示

在大数据平台清洗完数据并将数据推送到指定的 PG 数据后,我们需要用 SKA 来做数据的最后呈现。打开 SKA 工具,连接 PG 库,具体操作可参考"任务三 重点区域人流监控大数据分析"。连接成功后,如图 9-36 所示。

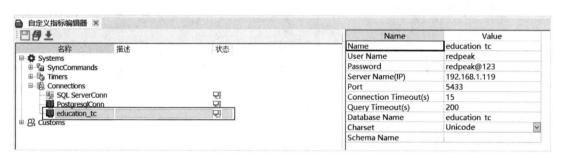

图 9-36　连接 PG 库

通过查询命令可以查询数据是否成功同步至 PG 数据库,如图 9-37、图 9-38 所示。具体步骤如下。

① 在"Customs"目录下选择"公用信息",选择"education"目录下的高误包结果表。

② 在右侧弹出的对话框下面的属性里选择数据库连接,下拉修改为自己创建的连接名称。

③ 在右侧弹出的对话框上面的输入框内修改表名称,将"from"后面的表名改为在本任务中创建的表名。

④ 单击右上角的放大镜标识(预览数据),即可在下方看到查询的数据内容。

引用已定义的公用信息,拖拽进入右边界面,SKA 数据展示效果示例如图 9-39 所示。图中小方框标识的就是由高误包率问题引起的低速率路段位置。

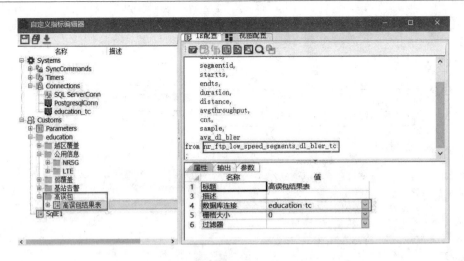

图 9-37　在 SKA 上查询结果表

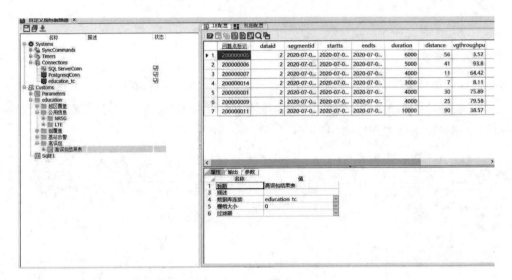

图 9-38　SKA 数据呈现

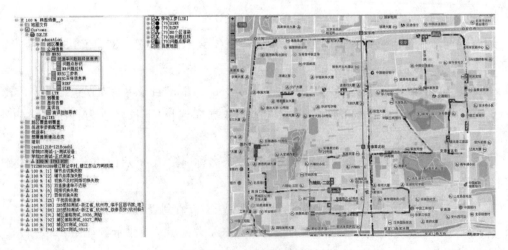

图 9-39　SKA 图形结果界面

【任务小结】

本任务系统介绍了高误包率问题产生的原因、高误包率问题产生的场景及高误包率问题的优化方法,并引入了高误包率问题大数据分析的设计与开发。通过对本任务的学习,学生应掌握高误包率问题产生的低速率现象的算法开发。

【巩固练习】

一、选择题

1. 以下哪个字段名称为误码率?( )

A. dl_avgschednum B. avgthroughput

C. dl_bler D. duration

2. 以下选项中哪个为下行物理控制信道?( )

A. PUCCH B. PDCCH C. PUSCH D. PDSCH

3. 以选项中哪些选项为高话务场景识别思路?( )

A. RF 优化、功率参数优化 B. 优化 CCE 初始比例

C. 开启上行覆盖增强功能 D. 开启 ROHC 功能

二、判断题

1. VoLTE 高清语音编码速率为 23.85 kbit/s。( )

2. PDCP 包就是空口传输的有效数据。( )

3. 非周期 CQI 是应用层开销。( )

4. 在数据传输过程中,空口方面主要是 PDCP 层 Discard Timer 过小,SR 周期过大,存在 UE 得不到及时调度的情况,导致 PDCP 超时丢包。( )

5. 下行空口丢包较上行复杂,基站是根据 MAC 层反馈的 ACK/NACK 统计空口丢包的。( )

6. 丢包率与数据包长度以及包发送频率不相关。( )

三、填空题

1. 丢包率的计算公式为_____。

2. 无线感知丢包在_____、_____、_____、_____ 4 类场景下多发。

3. 数据传输中导致丢包的原因可从_____、_____、_____ 3 个方面分析。

4. 下行覆盖优化主要使用_____、_____、_____ 调整手段提升_____。

5. 上行干扰优化的主要原理是通过将上行_____目标值_____改为_____,使得_____用户获得更好的 SINR 值,同时让_____用户抑制基于_____的抬升,降低功率和整体的_____,提升_____。

6. nr_ftp_low_speed_segments 按时间关联 nr5g_bin_mac_pdschstatis,判决每段路的_____值是否大于_____,并且占比大于_____。

拓展阅读

参 考 文 献

[1] 章坚武.移动通信[M]. 6 版.西安:电子科技大学出版社,2020.

[2] 王振世.一本书读懂 5G 技术[M].北京:机械工业出版社,2021.

[3] 张守国,沈保华,李曙海,等.5G 无线网络优化实践[M].北京:清华大学出版社,2021.

[4] 王强,等.5G 无线网络优化[M].北京:人民邮电出版社,2020.

[5] 怀特.Hadoop 权威指南:大数据的存储与分析[M].王海,华东,刘喻,等译.4 版.北京:清华大学出版社,2017.

[6] 林子雨,赖永炫,陶继平.Spark 编程基础(Scala 版)[M].北京:人民邮电出版社,2018.

[7] 答嘉曦.LTE 高话务量场景的优化策略及保障方案研究[J].移动通信,2017,41(8):10-16.

[8] 贾英杰,梁松柏,刘亚柯,等.基于空口丢包的 VoLTE 网络质量与感知提升研究[J].电声技术,2022,46(7):133-137+146.

附录　智能网优关键参数

一、4G/5G 互操作参数

1. IRAT 空闲态重选

附表 1　IRAT 空闲态重选表(5G→4G 重选参数,NR 侧设置)

参数英文名	中文含义	所在消息	功能含义	对网络质量的影响
cellReselection Priority	服务小区重选优先级	SIB2→ cellReselectionServing FreqInfo	该参数表示服务频点的小区重选优先级,0 表示最低优先级,对应 3GPP TS38.331 协议 SIB2 中的 cellReselectionPriority 信元	值设置得越大,绝对优先级就越高,则 UE 就越优先重选到该频点
cellReselection SubPriority	NR 服务小区重选子优先级	SIB2→ cellReselectionServing FreqInfo	该参数表示服务频点的小区重选子优先级	
CarrierFreq EUTRA	EUTRA 邻频点	SIB5→ carrierFreqListEUTRA→ CarrierFreqEUTRA	该参数表示 EUTRA 邻频点	
s-NonInra SearchP	异频异系统重选起测门限 RSRP	SIB2→ cellReselectionServing FreqInfo	该参数表示异频异系统小区重选测量触发 RSRP 门限。对于重选优先级大于服务频点的异系统,UE 总是启动测量;对于重选优先级小于等于服务频点的异频或者重选优先级小于服务频点的异系统,当测量 RSRP 值大于该值时,UE 无须启动异系统测量;当测量 RSRP 值小于或等于该值时,UE 需启动异系统测量	该参数配置得越小,则异频异系统小区重选中测量的触发难度越大;该参数配置得越大,则降低异频异系统小区重选中测量的触发难度越小
threshSering LowP	异频异系统低优先级重选门限 RSRP	SIB2→ cellReselectionServing FreqInfo	该参数表示服务频点向低优先级异频异系统重选时的 RSRP 门限	该参数配置得越小,越难触发到低优先级异频或异系统的小区重选。该参数配置得越大,越容易触发到低优先级异频或异系统的小区重选

参数英文名	中文含义	所在消息	功能含义	对网络质量的影响
q-Hyst	小区重选迟滞	SIB2→cellReselectionCommon→speedStateReselectionPars	该参数表示 UE 在小区重选时,服务小区 RSRP 测量值的迟滞值	该参数设置得越小,同频或异频同优先级重选越容易,但是乒乓重选的概率越大;该参数设置得越大,同频或异频同优先级重选越难,乒乓重选的概率越小
Treselection EUTRA	重选信号判决时长	SIB5	该参数表示重选 EUTRAN 小区定时器时长。在重选 EUTRAN 小区定时器时长内,当服务小区的信号质量和新小区信号质量满足重选门限,且 UE 在当前服务小区驻留超过 1 s 时,UE 才会向 EUTRAN 小区发起重选	该参数配置得越小,UE 在本小区就越容易发起重选,但会增大乒乓重选的概率;该参数配置得越大,UE 在本小区越难发起重选,但会减小乒乓重选的概率
threshX-High	EUTRAN 频点高优先级重选 RSRP 门限	SIB5→CarrierFreqEUTRA	该参数表示异系统 EUTRAN 频点高优先级重选的 RSRP 门限值,在目标频点的小区重选优先级比服务小区的小区重选优先级要高时,作为 UE 从服务小区重选至目标频点下小区的接入电平门限	该参数设置得越小,触发 UE 对高优先级小区重选的难度越小;该参数设置得越大,触发 UE 对高优先级小区重选的难度越大
threshX-low	EUTRAN 频点低优先级重选 RSRP 门限	SIB5→CarrierFreqEUTRA	该参数表示异系统 EUTRAN 频点低优先级重选的 RSRP 门限值,在目标频点的绝对优先级低于服务小区的绝对优先级时,作为 UE 从服务小区重选至目标频点下的小区的接入电平门限	该参数设置得越小,触发 UE 对低优先级小区重选的难度越小;该参数设置得越大,触发 UE 对低优先级小区重选的难度越大
q-RxlevMin	EUTRA 最小接入电平	SIB5→CarrierFreqEUTRA	该参数表示异系统 EUTRAN 小区最低接入 RSRP 电平,应用于小区选择准则(S 准则)的判决	该参数设置得越小,触发 UE 重选的难度越小;该参数设置得越大,触发 UE 重选的难度越大

附表 2　IRAT 空闲态重选表(4G→5G 重选参数,LTE 侧设置)

参数英文名	中文含义	所在消息	功能含义	对网络质量的影响
cellReselection Priority	小区重选优先级	SystemInformation BlockType3→ cellReselectionServing FreqInfo	该参数表示服务频点的小区重选优先级,0 表示最低优先级,7 表示最高优先级	
CarrierFreq NR-r15	NR 邻频点	SystemInformation BlockType24-r15	该参数表示该异系统 NR 邻区的 SSB 下行频点	
periodicityAnd Offset-r15	SSB 测量周期	SystemInformationBlock Type24-r15→ CarrierFreqNR-r15→ MTC-SSB-NR-r15	该参数用于配置 NR 小区的 SSB 周期	
ssb-Duration-r15	SSB 测量时间窗	SystemInformation BlockType24-r15→ CarrierFreqNR-r15→ MTC-SSB-NR-r15	该参数表示 UE 测量 NR 小区的 SSB Burst Set 的持续时间	
subcarrier SpacingSSB	SSB 子载波间隔	SystemInformation BlockType24-r15→ CarrierFreqNR-r15	该参数表示 NR 邻频点的 SSB 子载波间隔	
cellReselection Priority	NR 频点重选优先级	SystemInformation BlockType24-r15→ CarrierFreqNR-r15	NR 频点重选优先级	
threshX-High-r15	NR 频点高优先级重选 RSRP 门限	SystemInformation BlockType24-r15→ CarrierFreqNR-r15	该参数表示异系统 NR 频点高优先级重选的 RSRP 门限值,在目标频点的小区重选优先级比服务小区的小区重选优先级要高时,作为 UE 从服务小区重选至目标频点下小区的接入电平门限	该参数配置得越小,对 NR 的重选信号质量要求越低,越容易发起 L2NR 重选,但是 NR 侧远点用户会增多
threshX-low-r15	NR 频点低优先级重选 RSRP 门限	SystemInformation BlockType24-r15→ CarrierFreqNR-r15	该参数表示异系统 NR 频点低优先级重选的 RSRP 门限值,在目标频点的绝对优先级低于服务小区的绝对优先级时,作为 UE 从服务小区重选至目标频点下的小区的接入电平门限	该参数配置得越小,对 NR 的重选信号质量要求越低,越容易发起 L2NR 重选,但是 NR 侧远点用户会增多
q-RxlevMin-r15	最小接收电平	SystemInformation BlockType24-r15→ CarrierFreqNR-r15	该参数表示异系统 NR 小区最低接入 RSRP 电平,应用于小区选择准则(S 准则)的判决	该值建议与 NR 系统内 NR 最低接入电平保持一致,通常不建议修改

2. IRAT 连接态切换/重定向

附表 3　IRAT 连接态切换/重定向(5G→4G 切换/重定向参数,NR 侧设置)

参数英文名	中文含义	所在消息	功能含义	对网络质量的影响
eventId	异系统切换/测量重定向触发事件类型	RRCCReconfiguration→MeasConfig-ReportConfigInterRAT-EventTriggerConfigInterRAT→eventId	该参数表示异系统切换/测量重定向的测量事件类型	
b2-Threshold1	切换/测量重定向至EUTRAN B2RSRP 门限 1	RRCCReconfiguration→MeasConfig→ReportConfigInterRAT→EventTriggerConfigInterRAT→eventId→eventB2	该参数表示异系统切换/测量重定向的 B2 事件的 RSRP 门限 1	
b2-Threshold2 ERAUT	切换/测量重定向至 EUTRAN B2RSRP 门限 1	RRCCReconfiguration→MeasConfig→ReportConfigInterRAT→EventTriggerConfigInterRAT→eventId→eventB2	该参数表示异系统切换/测量重定向的 B2 事件的 RSRP 门限 2	
hysteresis	切换/测量重定向至EUTRAN B2幅度迟滞	RRCCReconfiguration→MeasConfig→ReportConfigInterRAT→EventTriggerConfigInterRAT→eventId→eventB2	该参数表示基于覆盖的切换/测量重定向至 EUTRAN B2 幅度迟滞	
timeToTrigger	切换/测量重定向至 EUTRAN B2 时间迟滞	RRCCReconfiguration→MeasConfig→ReportConfigInterRAT→EventTriggerConfigInterRAT→eventId→eventB2	该参数表示基于覆盖的切换/测量重定向至 EUTRAN B2 时间迟滞	

附表 4　IRAT 连接态切换/重定向(5G→4G 切换/重定向参数,LTE 侧设置)

参数英文名	中文含义	所在消息	功能含义	对网络质量的影响
CarrierFreqNR-r15	NR 邻频点	RRCCReconfiguration→MeasConfig→MeasObjectToAddMod→MeasObjectNR-r15	该参数表示该异系统 NR 邻区的 SSB 下行频点	
periodicityAndOffset-r15	SSB 测量周期	RRCCReconfiguration→MeasConfig→MeasObjectToAddMod→MeasObjectNR-r15	该参数用于配置 NR 小区的 SSB 周期	

参数英文名	中文含义	所在消息	功能含义	对网络质量的影响
ssb-Duration-r15	SSB 测量时间窗	RRCCReconfiguration→MeasConfig→MeasObjectToAddMod→MeasObjectNR-r15	该参数表示 UE 测量 NR 小区的 SSB Burst Set 的持续时间	
subcarrier SpacingSSB	SSB 子载波间隔	RRCCReconfiguration→MeasConfig→MeasObjectToAddMod→MeasObjectNR-r15	该参数表示 NR 邻频点的 SSB 子载波间隔	
MaxRS-Index CellQualNR-r15	计算小区质量的最低参考信号数	RRCCReconfiguration→MeasConfig→MeasObjectToAddMod→MeasObjectNR-r15	该参数表示 UE 基于波束级 RSRP 计算得到小区级 RSRP 时,允许使用的最大 SSB 波束个数	
ThresholdList NR-r15	计算小区质量的参考信号门限值	RRCCReconfiguration→MeasConfig→MeasObjectToAddMod→MeasObjectNR-r15	该参数表示配置计算小区级 SSB 测量结果时波束级测量结果合并需要满足的门限值。当小区内存在 1 个或多个 SSB 波束的 RSRP 大于该参数的取值时,小区级 RSRP 大于等于该参数取值的 RSRP 线性平均值	
gapOffset	GAP 周期及偏置	MeasConfig→MeasGapConfig	异系统测量 GAP 周期及 offset 配置	GAP 周期太长,则测量时长变长;GAP 周期太短,则测量导致的性能损失增大

3. EPS FB

附表 5　EPS FB 参数(NR 侧)

参数英文名	中文含义	所在消息	功能含义	对网络质量的影响
b1-Threshold EUTRA	EPSFB B1 RSRP 门限	RRCCReconfiguration→MeasConfig→ReportConfigInterRAT	该参数表示 EPSFB 至 EUTRAN 的 B1 事件的 RSRP 触发门限	该参数设置得越小,EPSFB B1 事件越容易触发
hysteresis	EPSFB B1 幅度迟滞	RRCCReconfiguration→MeasConfig→ReportConfigInterRAT	该参数表示 EPSFB 至 EUTRAN 的 B1 事件的幅度迟滞	该参数配置的越小,EPSFB B1 事件上报触发条件和退出上报条件的难度越小

参数英文名	中文含义	所在消息	功能含义	对网络质量的影响
timeToTrigger	EPSFB B1 时间迟滞	RRCCReconfiguration→ MeasConfig→ ReportConfigInterRAT	该参数表示 EPSFB 至 EUTRAN 的 B1 事件的时间迟滞	该参数配置的越小，EPSFB B1 事件上报触发条件和退出上报条件的难度越小
eutra-Q-OffsetRange	连接态频率偏置	RRCCReconfiguration→ MeasConfig→ MeasObjectEUTRA	该参数表示 NR 小区的 EUTRAN 邻区频点的频率偏置	减小 ofn,将增加 B1 和 B2 事件触发的难度,延缓切换,影响用户感受
cellIndividualOffset	EUTRAN 小区偏移量	RRCCReconfiguration→ MeasConfig→ MeasObjectEUTRA	该参数表示本地小区与 EUTRAN 邻区之间的小区偏移量	该参数设置的越大,越容易触发 B1/B2 测量报告和切换

附表 6 EPS FB Fastturn 参数(LTE 设置)

参数英文名	中文含义	所在消息	功能含义	对网络质量的影响
b1-ThresholdNR-r15	EUTRAN 切换至 NR B1 事件 RSRP 触发门限	RRCReconfig→ MeasConfig→ ReportConfigInterRAT→ TriggerType→ event→eventId→ eventB1-NR-r15	该参数表示基于业务的 EUTRAN 切换至 NR 的 B1 事件的 RSRP 触发门限,如果邻区 RSRP 测量值高于该触发门限,则上报 B1 测量报告	增大该参数将提高对 NR 的信号质量要求,相对越难测量到 NR;减小该参数将降低对 NR 的信号质量要求
hysteresis	NR 切换 B1/B2 事件幅度迟滞	RRCCReconfiguration→ MeasConfig→ ReportConfigInterRAT	该参数表示 EURAN 切换到 NR 的 B1/B2 事件幅度迟滞	该参数设置得越大,则越会增加 B1/B2 事件触发的难度,延缓切换,影响用户感受;该参数设置得越小,则越会使得 B1/B2 事件容易触发,容易导致误判和乒乓切换
timeToTrigger	NR 切换 B1/B2 事件时间迟滞	RRCCReconfiguration→ MeasConfig→ ReportConfigInterRAT	该参数表示 EURAN 切换到 NR 的 B1/B2 事件时间迟滞	该参数设置得越大,则切换到 NR 小区的难度越大;该参数设置得越小,则切换到 NR 小区的难度越小

参数英文名	中文含义	所在消息	功能含义	对网络质量的影响
offsetFreq-r15	频率偏置	RRCCReconfiguration→MeasConfig→MeasObjectNR-r15	该参数表示 NR 频点的频率偏置，用于控制 UE 上报 B1 和 B2 测量报告的难易	减小 ofn，将增加 B1 和 B2 事件触发的难度，延缓切换，影响用户感受

二、NR 随机接入参数

附表 7　　NR 随机接入参数

参数英文名	中文含义	所在消息	功能含义	对网络质量的影响
PRACH Format	PRACH 格式	无	指示 Preamble 长格式/短格式	
prach-Configuration Index	PRACH 索引	RACH-ConfigGeneric	指示 PRACH 格式、周期等	该参数对应的 PRACH 周期越大，gNB 支持的接入容量越低，占用的上行资源越少
msg1-FDM	MSG1 的 FDMgroup 数量	RACH-ConfigGeneric	指示频域 PRACH 资源的个数	
msg1-FrequencyStart	MSG1 的 FDMgroup 数量	RACH-ConfigGeneric	指示频域 PRACH 所占用的频域资源的起始位置	
Rsrp-ThresholdSSB	RA 发起需要的 SSB RSRP 门限	RACH-ConfigCommon	指示 UE 可以选择满足该门限的 SSB 和相关的 PRACH 资源来进行 PRACH 发送或重传，或进行路损估计	
Prach-Root SequenceIndex	PRACH 根序列索引	RACH-ConfigCommon	该字段指示了 PRACH 根序列索引。该参数取值范围取决于选用的 $L=839$ 长序列还是 $L=139$ 短序列	
ZeroCorrelation ZoneConfig	零相关区间配置	RACH-ConfigGeneric	该参数是索引值，对应指示 Ncs 的大小，即用于 ZC 根序列的循环移位值	规划参数，与小区接入半径相关。Ncs 配置大，小区覆盖半径大，每小区需要的根序列数量多

三、寻呼类参数

附表 8　寻呼类参数表

参数英文名	中文含义	所在消息	功能含义	对网络质量的影响
defaultPaging Cycle	默认寻呼周期	PCCH-Config→ defaultPagingCycle	指示 PCCH 的默认寻呼周期	该参数配置越大，UE 耗电越小，但寻呼消息的平均延迟越大
n	寻呼周期内 PF 个数	PCCH-Config→ nAndPagingFrameOffset	指示寻呼周期内寻呼帧的个数	该参数配置过小，可能导致无线侧寻呼拥塞；配置过大，可能导致控制信道浪费
pfOffset	寻呼帧偏置	PCCH-Config→ nAndPagingFrameOffset	指示寻呼帧偏置	该参数配置不同，导致寻呼系统帧的时序不同
ns	PF 中 PO 个数	PCCH-Config→ns	指示 PF 中寻呼时机 PO 的个数	该参数配置过小，可能导致无线侧寻呼拥塞；配置过大，可能导致控制信道浪费